ビア・マーグス

――ビールに魅せられた修道士

サウザンブックス社

凡（およ）そ事の初めには不思議な力が宿っている。
それがわれわれを守り、生きるよすがとなる。
「階段」ヘルマン・ヘッセ（高橋健二訳）

私の小さな太陽、リーヌスへ

目次

主な登場人物

ニクラス・ハーンフルト……ビール醸造家
ダウアーリンクのベルナルト……修道士
キリアン……ウルブラッハ修道院院長
トーマス……ウルブラッハ修道院のビール醸造修道士
アルノルト……ヴァイエンシュテファン修道院院長
ペーター……ヴァイエンシュテファン修道院のビール醸造修道士
アルベルト……ヴァイエンシュテファン修道院のビール醸造修練士
ハインリヒ・デア・モリナリウス……製紙用水車を持つ男
ノートカー……ザンクト・ガレン修道院のビール醸造責任者
ダーヴィト
ディート
レギナルト
……ザンクト・ガレン修道院のビール醸造修道士
ルトガー……ザンクト・ガレン修道院のワイン醸造所とパン工房を手伝う修道士
ヨアヒム……商人
マリーア……ヨアヒムの娘、後にニクラスと結婚マルクス・〝シュナイター〟
ルーカス・〝ヴェルザー〟……レーゲンスブルクでのニクラスの徒弟

マティアス・フリードリヒ
アグネス・マリーア……ニクラスの子

マンフレート・デ・ポルタ……ビットブルクの市長

トーマス（〝エリ〟）
フーゴー・ラ・ペンナ……ビットブルクでのニクラスの徒弟

ヨハネス・キュッパー……商人。ニクラスの得意客

マルガレーテ
エマ……ケルンの女性醸造家（ブラクサトリーケ）

ボードー……ケルンのビール醸造家。参審員

ザーロモン
モシェ……ユダヤ人書店主の息子。ケルンでのニクラスの徒弟

ハラルト・ブラウベルガー……リューベックのビール醸造家

〈二度目の神の裁き〉

ケルンでの最後の夜、ニクラスは、がんらんとした家の中にいた。

小さな食卓に向かい、両手で頭を抱え込み考えた、なぜこうなってしまったのだろうと。

扉のそばには荷づくりを終えた箱が二つ。ウルブラッハに持っていくものは、これですべてだ。

コンコンとドアを叩く音がした。

「どなたか知りませんがどうぞ。扉は開いていますよ」

さっと扉が開くと、冷たい空気が部屋の中に流れ込んだ。目の粗い麻布の修道服が視界に入った。ニクラスは、扉の方を向こうともせずに言った。

「ベルナルト、おまえは俺の人生すべてを踏みにじった。俺が愛する大切なものすべてをな。それでもまだ足りないのか？」

ニクラスは立ち上がり、乾いた笑いをもらした。

「俺の命までも奪いに来たのか？　だがそう簡単にはいかない」

ベルナルトは部屋に残されていた二脚の椅子の片方になにも言わず座った。ニクラスはその時はじめて、ベルナルトが何やら袋を携えていることに気付いた。中でカタカタと音がする。

「ここへ座れ！」荒々しい口調でベルナルトが言う。「まだ決着がついていない」

ニクラスは向かい側に腰を下ろした。

ベルナルトはチーズのようなきつい臭いを放っていた。長いこと体を洗っていないようだ。顔を見れば、ほとんど寝ていないとはっきりわかる。目は深く落ちくぼみ、異様にぎらついている。

持ってきた袋の中から同じ形のジョッキを二つ取りだすと、食卓の上に置いた。

「ウルブラッハでは神の裁きがおまえを救った。覚えているな？」

ニクラスは無言でうなずいた。

「今日こそ神の裁きで決着をつけよう。このジョッキの片方には新鮮でうまいビール、もう片方にはヒヨス[1]、ベラドンナ[2]、ジギタリス[3]が入った悪魔のビールが入っている。両方ともおまえの好きなホップを使っているから、どちらにも同じ苦味と香りがある」

ベルナルトが何をたくらんでいるか、見当がついた。自分は無実ではあったが、ニクラスはどちらかが死ぬことでベルナルトとの対決に終止符を打つことに同意した。

ベルナルトが両方のジョッキを持ち上げた。

「ひとつ選べ。同時にビールを飲み干そう。どちらかがここでくたばるというわけだ」

ニクラスは掲げられたジョッキの左を選び、相手の目をまっすぐ見つめた。

1　麻酔薬として昔から使われてきたが有毒。十一世紀から十六世紀にホップに代用されるまで、ヒヨスはビールの原料として風味付けに用いられてきた。

2　ナス科オオカミナスビ属の草本。薬用にもなるが、全体的に毒を持つ。

3　オオバコ科ジギリタリス属の総称。全草に猛毒がある。

互いの目に浮かんだのは憎悪だけだった。

「さらば、わが人生の悪夢よ！　どう転ぶにせよ、もう二度と会うことはない」

そう言うと、ニクラスはベルナルトとジョッキを合わせずに、まっすぐ口に運び、一気に飲み干した。

床にくずれ落ちる寸前、目にしたのは、飲むふりをしているベルナルトの姿だった。

顔が紅潮し、白目を剝き、しだいに眼窩から目が飛び出さんばかりになる。口から唾液を垂れ流し、四肢を二、三度痙攣させると、ニクラスは静かに床に横たわった。

ベルナルトは立ち上がり、ジョッキを掲げて言った。

「地獄で釜茹でになるがいい、悪魔の醸造家ニクラスよ！」

そして自分のビールを飲み干した。

狩りは終わった。

〈驚くべき発見〉

これから述べる出来事は、十三世紀に実在したあるビール醸造家の一代記に綴られていたものだ。私のようなごく普通の人間が、なぜそのような古い書物を所有しているのか不思議に思われるかもしれない。しかもこれほど貴重で興味深い本を。この本は、グーテンベルクの聖書より百二十五年以上も前に書かれている！

世界中のどの博物館も、こんな宝物を所蔵できれば幸運だろうし、歴史家なら誰もがちらとのぞくだけでは物足りず、熟読したいと願うだろう。

さらにこの本は、ドイツ醸造界で最も名高い一族の秘密にまつわるものでもある。

とはいえ、これは、歴史上最も驚嘆すべき本をいかに発見したかを語る物語ではない。その本をめぐる長い歴史そのものである。

それほど貴重な本のわりに、この本にたどり着いたいきさつはあまりに平凡だ。だがビールについて書かれた古色蒼然たる本を見つけるのに、ビール醸造の環境ほど適した場所もないだろう。

ビール醸造とモルト製造の専門教育の一環で、私は一九八五年、ライン川河畔の町アンダーナハにあるモルト工場で夏の数週間を過ごした。このモルト工場は十九世紀中葉の創業で、必要に応じて増築を重ねた古い建物の集合体だった。そのため年を経るにつれて、工場はまさしく〝迷宮〟の様相を呈していた。

数えきれないほどの通路、階段、穀類運搬用のエレベーターやベルトコンベアが、いくつもの発芽室や乾燥室、サイロ、オフィス、作業場を結んでいた。その多くは埃をかぶって汚れており、長年使われていないのは明らかだった。

私たち研修生が、まがりなりにも勝手を知るようになるにはしばらくかかった。私はよくひとりで内部をうろついては、何か新しい発見はないかと期待したものだ。サイロ内の掃除を命じられた時が、格好の機会だった。

そもそもサイロの掃除は退屈以外の何物でもなかったが、誰にも見つからずにすばやく逃げ出すことができた。なのでこれは、早朝ライン川に停泊中の穀物運搬船から荷降ろしをする作業と並んで好きな役目だった。

ある日、理想的なシフトが割り当てられた。朝五時に船の荷降ろし、十一時頃に大型パイプでの搬入作業を終え、その後二時間ほどサイロ内の床を掃いたら、その日の業務は終わり、というものだった。

船の荷降ろしは予定より早くすみ、十時にはまた高いサイロを覆う屋根の上にいた。ちなみにここからはライン川の絶景が臨める。骨の折れる荷降ろし作業の後で、退屈な掃き掃除をする気になどまったくなれなかった。

少し離れた所にある階段室を探検することに決めていた。ドアがいくつもあり、一度じっくり見てみたかったのだ。ところがドアにはすべて鍵がかかっており、期待していた分、失望も大きかった。探索はあきらめて、週末に帰省するための荷づくりでもするかとサイロへ戻ろうとしたちょうどその時、もう一つ小さなドアがあるのに気づいた。

そのドアへ近寄ってみると、なんと鍵はかかっていなかった。だがきつくてなかなか開かない。力いっぱい押してようやく開いた。すばやく中へ入り、ドアを閉めた。

中は真っ暗で、空気はよどんでいて、少しカビ臭かった。しばらくしてスイッチを見つけ、照明をつけると、そこは小さな部屋だった。おそらく以前は事務室として使われていたのだろう。黒木の木材でできた小さくて古い机とそれにおあつらえ向きの椅子、何もかも埃と蜘蛛の巣まみれだった。壁にかかっているカレンダーからすると、この部屋が最後に使われたのは一九二八年らしい。

私は好奇心を抑えられなかった。

何より魅了されたのは、この部屋の三つ目の家具、ガラス扉のついた小さな木製の本棚だ。鍵が鍵穴に挿してあり、中には本が並んでいる。埃をかぶってはいるが状態は悪くない。

数冊取りだして机の上に並べてみた。このモルト工場の出納帳が数冊あった。穀類の買入、経費、人件費などが記してある。

それらを本棚に戻すと、別の一冊が目に留まった。他の本とは材質も大きさも違い、目立っている。革製のずっしりした本は、本当に古いものに見える。古風な料理本のように、凝った装丁が施された大型本だ。革表紙についている大きな星が目を引いた。「ダビデの星」とも呼ばれる六芒星（ろくぼうせい）だ。

本を手に取り、ざっと目を通した。手稿で、大昔のドイツ語で書かれていてほとんど判読不能だが、それでも数行なんとか読める箇所があった。

渦巻状の飾りの少ない文字できちんと書かれた部分は、ラテン語だとわかった。すっかり黄ばんではいたが、紙質はかなりよかった。どのくらい古いものなのか、見当もつかなかったが、それでも何か特別なものであることだけは感じられた。

とにかく、これまで手に取った本の中で一番古いものであることは間違いない。ページをめくっていると、紙が数枚落ちた。違う素材のもっと白い紙で、新しい時代のもののようだ。

紙を拾って脇へ置き、本の最初のページを開いた。

「これは、一二四八年に生まれた醸造家ニクラス・ハーンフルトの、高度なビール醸造業についての記録である」

こんなことがあるだろうか？　このモルト工場に中世に書かれた本があるなんて！

それにしても、本当に中世に書かれた本なら、どうやってここにたどり着いたのだろう？

私はその本を持ちかえり、トリーア大学で中世学を教え、古い言語や文字に精通する友人に見せた。友人は本の後ろをめくり、最後の数行にさっと目を通した。

「我が波乱の人生は終わろうとしている。一三二六年の終わりまで生きてはいないだろう。ウルブラッハに戻ってきてから、これまでの経験とビールの配合など、記憶に留めるべきと思ったことをここに書き留めてきた。

我が人生が記録に残すに足るものであったかどうかはわからない、ただ神を畏(おそ)れ、多くを見聞きしてきたつもりだ」

言語学者の友人は興奮した。

私たちは前に戻って読み進めようとした。

「上質なこの紙にすべてを書き記す。親愛なる読者よ、今あなたの手中にあるこの紙に。これは若いころ、ラーヴェンスブルクで聞いた新しい製紙技術によって作られたもので、パピルスのように見えるがよりきめが細かい。従来の羊皮紙よりこちらの方が、羽根ペンで書きやすく、本に綴じるのも簡単だ。誰であれ、今あなたは、この新しい素材でできたわが国最初の本のひとつを手にしているのだ。

この本を私は五十年以上携えてきた。そろそろ伝えておきたいことを書き残す時がきたようだ。我が人生について、優れたビール醸造術について、そして半生にわたって私を追い詰めてきた、人の姿をしたあのケダモノについても」

畏敬と驚きが入り混じった思いで私たちは本を置き、さっき落ちてよけておいた数枚の紙を手に取った。一枚目の紙も手書きだった。

「この本は今、私が所有している。私が入手するまでには紆余曲折があったが、多分語ることはないだろう。もしこれを読んでいるあなたが、この本を持つ定めにない場合は、どうか元の場所へ戻してほしい。一八七八年アンダーナハにて、ビットブルク出身のテーオバルト・ジーモン」

これまた何たることか！　テーオバルト・ジーモンといえば、ドイツ最大手の醸造所のひとつ、ビットブルク醸造所が輩出した最も重要な醸造家のひとりだ。私は彼についてはは後でまた調べることに決め、次の紙に目をやった。

そこにある署名を見ただけで、この本には何か特別な、神秘的とさえいえる秘密があると確信した。

その紙は次の言葉で締めくくられていた。

「これをもって、この素晴らしい本を生かせる人に見つけてもらうのに最適な場所へ置くこととする。一八一九年　ガーブリエル・ゼードルマイヤー」

ガーブリエル・ゼードルマイヤーはミュンヘンのシュパーテン醸造所の醸造家であり、同時にドイツのビール醸造史に不可欠な存在でもある。彼もまたこの本を所有していたのだ。

しかし、「この素晴らしい本を生かせる人に見つけてもらうのに最適な場所へ置くこととする」という謎めいた言葉は何を意味するのか。この本にはどんな秘密が隠されているのだろう。私たちは、この分厚い本を読むことに、というか解読することに決めた。

その後数週間、私は寸暇を惜しんでこの本に取り組んだ。仕事の時間を削ってまでも。読めば読むほどこの本の価値を確信するに至り、読みながら、より読みやすく書きなおそうとしたが、その作業は思ったほど簡単ではなかった。

それで専門教育が終わると、この本をひそかに家へ持ち帰った。自力で解読できない部分は少なくなく、そこは友人に見てもらった。

それでは十三世紀から十四世紀初頭にかけての中世の世界へと旅立つことにしよう。書き記したのは、フランケン地方出身のごく普通の農家の息子で、長い人生の間、複数の修道院に暮らし、ビール醸造の技術を学んだ。町に出て生ビール醸造に着手し、そのために一度ならず投獄された。戦場におもむき、当時知られていた世界の大半を旅した。その間、命をつけねらう危険な敵にほぼ常時追われていた。多くの不幸と共に、大成功も手にしたが、人生の最後にはほとんど何も残らなかった。

さあ、ではどうぞ旅をご一緒に！

第一部　ビール造りは女の仕事

一章

背中をぴしゃっと叩かれ、激しい痛みが走った。ニクラスは、かすかな叫び声をあげ、すぐに目を覚ました。ベッドと呼ぶにはあまりにも粗末な寝床で寝返りを打つと上を見た。父が威嚇するように立ちはだかっていた。幅広の肩、畑の重労働に慣れた大きな両手、こん棒のような脚、そんな父が目の前に立っていた。太い眉毛と肉付きのよい鼻をした角ばった顔で、息子を咎めるような表情で見ていた。

「小僧、さっさと起きろ。それとも母さんの手伝いはしたくないってか？」

低い大きな声が部屋中に響いた。

そこでハッとした。（今日はビール造りの日、一週間で一番大事な日だ！）

「もちろん起きるよ、父さん」小さな声で答えると、藁の布団から身を起こした。朝の新鮮な香りに家畜小屋の臭いが混じっている。ニクラスはこの朝の空気が好きだ。特に今日は。父の厳しい態度に別段怒りは感じなかった。父さんはいつもこうだ。悪気があるわけじゃない。

父は部屋を出て行き、日課の仕事に取りかかった。十五時間に及ぶきつい畑仕事。空が白んできた。ニクラスは台所へ行った。入るやいなや、パンの香りが漂ってきた。炒った甘い麦芽の香りが鼻をついた。

母はごつごつした大きな木の食卓の前に背中を向けて立っていた。こげ茶色の髪を後ろでまとめ、その上に頭巾を被っている。近づいても、頭巾の隙間から出ている鼻しか見えない。母が振り向いてはじめて痩せこけた顔の全体が見えた。

「おはよう、母さん！」

母はにっこりほほ笑んだ。

「あら、起きたのね、いいわ、じゃあ始めましょうか」

母はとっくに仕事に取りかかっていた。いつもみんなより一時間は早く起きる。起きる順番はいつも同じだ。まず母、次に父、それから一番上のニクラス。下の兄弟たちは父が畑仕事に出るまで寝かされていた。朝からぎゃあぎゃあ騒がれると、父はすぐにいらだつ。朝っぱらから殴られたくはない。

今日はビール造りだけでなくパンを焼く日でもあった。ただパン焼きはありふれた家事で、取り立てて言うまでもない。

ニクラスは、母が用意してくれた大麦の牛乳粥を一杯すばやくかき込んだ。前日、ニクラスはふたつ違いの弟マティアスと粉挽き場へ行き、一日中粉を挽いた。半シェッフェル（約一二〇リットル）の大麦粉があれば二週間分のビールとパンを造るには十分だ。

前回造ったビールはもう悪くなっていた。なのに六日後には聖ミカエルの日（九月二十九日）が迫っている。父ミヒャエルの聖名祝日にビールを切らすわけにはいかない。怒りだすにきまっている。幸いこれまで、切らしたことはなかったが。

もちろんビール造りが不首尾に終わることもままあったが、それはそれでよかった。誰がやってもそんなものだからだ。常にビール造りがうまくいっていたら、そういう輩（やから）は悪しき者や超自然の存在と繋がっていると疑われて、忌避される。だがそれでも、聖ミカエルの日にはちゃんとしたビールがなくては困る。九月の終りには畑仕事もほぼ終わっているから、どうしてもおいしいビールが必要だ。

母はすでに大きな木桶に水をいっぱいに入れていた。長年使っているせいで桶の色は褪せ、底はもろくなっている。もうすぐ新しいものが必要になるだろう。

母とニクラスの二人がかりで、挽いて粉にした大麦を一袋桶にあけた。

ニクラスは木の棒を手に取り、桶の中をかきまぜ始めた。これが彼にとってはビール造りの中で一番大変な作業だ。母が真っ赤に燃える窯に薪をくべている間、ニクラスは十一歳なりに全身の力を込めて桶の中をかき回すのだ。

かきまぜ始めて数分後、母がいつものようにニクラスの仕事ぶりを見にきた。そしてまとまってきた生地をひと固まり取りだし、慣れた手つきで捏ねた。まずパンを焼き、続いてビールを造るのがいつものやり方だ。最初のパンを窯へ入れると、母はすぐに次の生地を捏ねた。全部でパンが十五個くらいつくれるはずだ。七個は食べ、八個はビール造りに使う。生地が残ったらそれでパンをもう一つ焼き、貧しい人用に修道院へ納める。ニクラスの家も貧乏だったが、自分たちより貧しい人に常にいくばくか残した。

それに修道院長たちは、領内の収穫高を熟知していて、キリスト教徒なら少なくとも収穫の一割を喜捨するのが当然とみなしていた。

最初のパンが焼き上がった。外側が真っ黒に焦げたパンを出し、次のパンを入れる。外側がどのくらい焼けていれば真ん中がちょうどよい具合か、母にはちゃんとわかっている。ニクラスはパンの焦げをこそげ落として、ついでに焼き立てのパンを一口かじるのが好きだった。

穀類と水がニクラスの一家の主食だ。幼い兄弟たちにはときどき乳が与えられ、大人たちにはビールがあった。肉類はめったに食べられない。クリスマスに鶏肉にありつけたらいい方だ。その代わり粥やスープはたっぷりあった。大麦、キビ、燕麦などで、たいていは何種類かを混ぜて使う。たまに野菜や根菜が少し入ることも。

食生活が代わり映えしないせいで、ニクラスはパンとビール造りの日が大好きだった。なんといっても焼き立てのパンが、しかもできあがったその場で食べられる。

七個目のパンが窯に入る頃には、ニクラスと母はビール用のパン生地八個分を捏ね終えていた。生地が少し余ったので、それを丸めて小さいパンを作った。ニクラスはすばやく床を掃いて、落ちた麦の粒を集め、それを小さいパンにくっつけた。

母がおこした火の上に湯沸かし用の大鍋をかけると、ニクラスは素早く中に水を注ぎ入れた。ビール用のパンは焦げるまで焼かない。外側が薄茶色になったところで母はさっと窯からパンを取りだす。

ニクラスがその熱いパンを受け取り、縦に裂いていく。中がまだどろどろで生焼けのパンをニクラスはまた桶に放り込む。まだやわらかい表皮も小さくちぎって入れた。

焼き立てのパンにはじめて触れた時、ニクラスは両手をやけどし、かなり痛い目に遭ったが、何度かパン焼きをするうちにすっかり慣れた。

一時間半も経つ頃には、八個のビール用パンすべてが桶におさまった。母が鍋を火からおろし、熱湯をどろどろのパンに注いだ。ニクラスがそれをまたかきまぜる。そのうち腕の感覚がなくなった。

その間に母はふたたび鍋に水を入れ、薬草をいくつか加えた。何を入れるのか、母は誰にも秘密を明かさなかったが、ニクラスは、それがジュニパー、オークの葉、トネリコの樹皮と葉だと知っていた。

ニクラスにはほとんどわからなかったが、母はそれらの材料について説明してくれた。

「ジュニパーは利尿作用があって血液をきれいにするのよ。オークの葉は消化をよくする。トネリコは痛風とかリューマチ、婦人病の症状を和らげたり、体の中の悪い粘液を減らしたり、かたくなった脾臓を柔らかくする働きがあるわ」

どの家にも独自のレシピがある。いずれにせよニクラスの父は『うちのビール』は常に格別だと褒めていた。レシピは特別な場合には大幅に変えることもある。ビールと、ビールに使われる薬草は、ほぼどんな病気にも薬として使われた。母は鍋に入れた薬草を少し煮立ててから、それを、ビール用のパンに加えた。

薬草のつんとする渋みのある香りと、パンの甘くかぐわしい香りが漂ってきた。

最後にひと混ぜしたらビール造りの作業は終わり。あとはうまくできるよう祈るだけだ。

昨夜遅く雷が鳴ったが、あれはいい兆候だ。母はいつも、ビール桶が冷めたら蓋を閉め、その上にパンをひとつ置く。これは幸運を呼ぶおまじないで、おかげでたいていうまくいった。まずくて酸っぱいビールができてしまうこともあるにはあったが、それほど多くはない。

だがビールがなぜ、ある時はおいしく、またある時は酸っぱくなってしまうのか、ニクラスにも両親にも皆目見当がつかなかった。

そしてこの時のニクラスには、フランケン地方の貧しい農家の息子である自分が、三十年経つか経たないうちに恐らくは世界中の誰よりもビール醸造に精通し、裕福になることも知る由もなかった。

聖ミカエルの日のビールは素晴らしいできばえで、母もニクラスもとても誇らしかった。

ただ『うちのビール』に誰よりも満足していたのは父だったが。

二章

一二五〇年、皇帝フリードリヒ二世の死をもって二百年続いたシュタウフェン朝は終わった。だがシュタウフェン朝は多様な素晴らしい文化を後に残し、神聖ローマ帝国内のみならず他のヨーロッパ地域にも影響を及ぼした。

パリとボローニャでは最初の大学が設立された。アッシジのフランチェスコとドミニコはそれぞれ重要な修道会を創設した。

すでに長期にわたって続いていた教皇と皇帝の対立は、フリードリヒ二世の死後双方の軍の弱体化を招き、いわゆる「大空位時代」が一二五六年から一二七三年まで続く。その後、ハプスブルク家のルドルフがドイツ王となった。

シュタウフェン朝の終焉後、教皇側は世俗勢力に対する勝利を確信し、全権力を行使した。ヨーロッパ全域で教会の富にひき比べ、庶民の貧困は想像を絶するものだった。

こうした変化と興隆の真っただ中の一二四八年、ニュルンベルクから四十キロほど離れたハーンフルトというフランケン地方の村で、ニクラスは隷農ミヒャエルの息子として生まれた。ミヒャエルも、また同じく農家の出である妻のエリーザベトも、政治や文化の変化には疎かった。ホーエンツォレルン家が一一九二年にニュルンベルクの城主となっても領主が変わっただけで、庶民の暮らし向きに変化はなかった。生活は困難で、日々の糧を得るのにきゅうきゅうとし、領主と教会へ納める年貢に苦しめられていた。

家族を養う苦労から、みな早く老けた。ニクラスの父も三十四歳にしてすでに老人のようだった。背中は曲がり、心労によるしわが顔中に刻みこまれていた。母も結婚して十二年経つうちに、ミヒャエルが結婚を申し込んだ決め手の多くをなくしてしまった。以前はふっくらしていたバラ色の頬も、今では見る影もなく、体も痩せてしまった。

一歳の誕生日を迎えられなかった最初のふたりの子供をはじめ、合計七度もの出産は、こけた顔以外にもその痕跡を残していた。

ニクラス誕生には予兆があった。出産が近づくと太陽がふいに姿を隠した。家の中は暗くなり、戸外では稲妻が光り、嵐が吹き、雷鳴が轟いた。真っ昼間にもかかわらず、出産部屋はまるで真夜中の蠟人形館のようだった。出産が無事終わって、太陽がふたたび顔を出し、エリーザベトが赤子を抱き上げてみると、生まれてきたその子はひ弱に見えた。

ミヒャエルは、また以前と同じように、洗礼用にビールや家畜の乳を用意する時間も残されていないのではと危惧した。しかしエリーザベトはミヒャエルに赤子をゆだねると、母としての直感で、こうささやいた。

「今日の兆しを信じるわ。この子はきっと元気になる。ニクラスと名付けましょう。一週間以内に洗礼を受けさせましょう」

子供を原罪から解くために、夫婦は生まれて十日以内には洗礼を受けさせていた。ふたりは、洗礼を受けた子供の方が受けない子供より生き延びるチャンスがあると信じていた。まだ名もなく洗礼も受けていないよその赤子たちは妖精に連れ去られるかもしれない、だが、洗礼を受けたうちのニクラスには妖精も手は出せないはずだと考えたのだ。

エリーザベトの直感は当たった。まもなくニクラスには生き延びる力があるとわかった。ニクラスの誕生をきっかけにまるで呪縛が解けたかのごとく、その後生まれてきた子に急いで洗礼を受けさせる必要はなくなり、二年おきに元気な子が生まれた。次男マティアス、長女エリーザベト、次女ルート、そして三女のアーデルハイト。

ニクラスは六歳になるまで両親に大事に守られて育った。両親は、生き延びた最初の子を事故や病気で失うことを恐れたのだ。

その一方、二人はその日その日を生きるのに忙しかった。ミヒャエルとエリーザベトは、常に空腹を訴える子供たちの腹を満たすだけで精一杯だった。おかげでニクラスはあちこち歩き回ったり、冒険したり、他の子供たちと喧嘩したり、その他様々なことができた。

こうした憂いのない日々は、ニクラスが六歳の誕生日を迎えると同時に終わった。緊急の洗礼が必要と思われるほどひ弱だった赤ん坊は、利発な少年に育っていた。他の子より大きく強いわけではないが、しょっちゅう取っ組み合いの喧嘩をしたおかげで粘り強くなり、みなからも一目置かれていた。

それにニクラスの生き生きとした目、上を向いた鼻、もじゃもじゃの髪が見る者に訴えかけていた。「見くびるなよ！」と。

母が三人目の赤ん坊を産んだばかりで体が弱っていたため、ニクラスは家事を手伝い、できることはすべて母の代わりにしなければならなかった。

だが新しいことを始めた時のワクワクした気分は長く続かず、ニクラスはすぐに家事に飽きた。そうなると何もかもが、骨折り仕事に感じられ、毎晩疲れ果てて寝床に倒れこんだ。小さな少年には重労働でも、母には大いに助けとなる。ニクラスにはもうくだらないことを考えている余裕がなくなった。

当時の最大の慰めは、父と一緒に畑に出るにはまだ小さすぎることだった。十二歳の誕生日が来たら畑へ連れていくと言われていて、その日が来るのをニクラスはひそかに恐れていた。人生の厳しさに直面するからという理由もあるが、それだけではない。

父親が息子を十二歳の誕生日に畑へ連れていくのは、その当時のしきたりだった。畑で、父親は隣との境界線として並べてある石を息子に見せ、その位置をしっかり覚えさせる。農民たちは互いに石を並べかえて境界線を変え、自分の畑を不法に広げようとするのが常だったからだ。

そして息子にその位置を決して忘れないようにさせるのに、唯一確実な方法は、その場で徹底的に殴ることだった。ただ石が並べてあるだけの場所よりも、さんざん殴られた場所の方が嫌でも忘れないというわけだ！

ニクラスが、日々の生活の中で唯一の気分転換として心待ちにしたのはビール造りの日だった。母からパン焼きとビール造りの仕事に駆り出されて以来、その日が一番好きな日になった。

弟や妹と違い、すでにしっかり働かされていたニクラスにとって、ビール造りはご褒美のようなものだった。初めはそばで見ているだけだったが、やがて手伝わされるようになり、五年が経過するうちに、ニクラスの分担はどんどん増えていった。

近頃では、弟と一緒に粉ひき小屋から持ち帰った粉を、ひとりで計量させてもらえるようになったし、パン生地を混ぜ、パン焼き窯の火入れも任せてもらえた。しかし今でも一番好きなのは、焼き立てのパンを窯から取り出すことだ。

ただし、パン生地の成形とビール用ハーブを混ぜ合わせて煮る作業だけは、母は誰にもやらせなかった。五年もビール造りを手伝ってきたニクラスは、何もかも母より知っているつもりだったのだが。

自分に任せてもらえればもっとおいしいビールが造れるのに、とニクラスは内心思っていた。ビール用のハーブだって、自分ならもっといい配合ができるのに。いつかきっとやらせてもらえる日が来る、と自分を励ます。畑へ連れて行かれる日さえ来なければ。あと一年で家事手伝いは終わる。そうなればもちろん、ビール造りもできなくなる。本格的に働かされるのだ。

おまけに領主から命じられる使役もある。畑に肥料をまき、羊小屋を建て、水車の池を清掃し、柵を造り、羊を洗って毛を刈り、畑を耕す。数え上げたら切りがない。

さらに自分の庭や、傾いた家や、所有する小さな畑の面倒も見なければならない。

秋も終わりに近づくと、領主から木材を支給され、それを使って家や柵を修理し、寒い冬に備える。残った木材は薪として貯蔵する。そんなわけで、やることは一年中あった。

弟のマティアスは、三年前から母と一緒にちっぽけな菜園の世話をしていた。そこで鶏二羽と豚一頭を飼っており、残飯、くるみやドングリを与えて育てていた。

マティアスも、そのうち畑仕事をすることになるので、父のミヒャエルは、八歳になる長女のエリーザベトに、翌年からニクラスに代わってビール造りをさせることに決め、いずれパン焼きとビール造りを母から受け継がせようと考えていた。これらはいずれにしろ女の役目であった。男にはまっとうな仕事がある。

ビール造りに男が口を出すのは、できたビールがまずいか酸っぱい時ぐらい。しかもそんな時は決まって怒りを爆発させるのだ。

ニクラスがビール造りを手伝えたのは、母が体が弱かったからに尽きる。最初はよその子供たちや弟までもが、女の仕事をさせられているといってはニクラスをからかった。しかし、ビール造りが楽しくなればなるほど、そんな冷やかしも気にならなくなった。

最年長であるニクラスは、いずれ父の仕事を全面的に引き継がねばならない。それはあらかじめ決まっていることだった。なんとかそれを回避したいとひそかに願っていたが、望みはうすかった。なにしろ家でビールを造る男なんていなかったし、これからも現れないだろう。そんな男がいるなら、母か父がとっくの昔に教えてくれたはずだ。

三章

ある日、ニクラスは他の子たちと一緒に村で石を投げて遊んでいた。一番遠くまで投げられるほどうまくはなかったが、ニクラスはこの遊びが好きだった。子供たちの中で一番大きく強いが、村一番の間抜けで終わりそうなファイトという子が投げるのを見ていたとき、まったく知らない男が村に入ってきた。ロバを連れてはいるが貧しそうだ。ロバの脇を、ニクラスと同じ年ごろで背丈も同じくらいの少年が歩いている。村で二人は休憩し、地面に腰を下ろして少しパンを食べ、ひとつのカブを二人で分けあった。

ニクラスは仲間から離れて近づいていった。そしておずおずとふたりを見つめた。これまでに近所へお使いに出されたことは何度もあったが、まったく知らない人を見るのははじめてだ。

ハーンフルト村は町から少し離れたところにあり、よそ者がここへ迷い込むことはめったにない。ニクラスも弟や妹たちも、家から十キロと離れたことがなかった。だから外の世界も自分の村と同じようなところだと、ニクラスが信じていたのも無理はない。父が以前話してくれた遠くのニュルンベルクでさえ、ニクラスにとってはここより大きな村にすぎなかった。

ニクラスの人生にその後何も起こらなかったら、ハーンフルトとその界隈から出ることなど生涯ありえなかっただろう。

そして外界の最新のニュースといえば、今までと同じように鳴らし板で知ることになっただろう。ニュースは、固い木で作られた板を、こん棒で叩いて知らせるのが常だった。


しばらくニクラスが少年を見つめていると、少年もニクラスを見つめ返した。感じは決して悪くなかった。それで勇気が出て、ニクラスはさらに近寄った。

二人を観察しているうちに、ニクラスは男と少年が、父と自分に似ていると気づいた。もちろん見た目がそっくりなわけではない。少年の方は歯並びが悪く、地下室にずっと閉じ込められていたかのように肌が青白い。ただ、二人が自分たちと同じように日々食べるのにきゅうきゅうとしている貧しい農民であることは間違いなかった。

似たような境遇にあることを互いに見てとって、二人の少年は親近感を覚えた。ニクラスは微笑み、見知らぬ少年は悪い歯並びを見せながら笑みを返した。ニクラスはさらに近づいた。

「どこから来たの？」ニクラスは尋ねた。

「レーゲンスブルクの近くのダウアーリンク村から」と少年は答えた。

「それ、どこにあるの？」

「ここから歩いて丸二日のところだよ」

「そんな遠くから！　それでこれからどこへ行くの？」

ニクラスの胸は好奇心ではちきれそうだった。

「よくわからない。でももう二日はかかるみたい」と少年が言った。

すると少年の父親が口を開いた。

「こいつを修道院に入れるのさ。そこで勉強させて、この先腹を空かすことのないようにする。ウルブラッハまで連れて行って、そこの修道院に置いていく。どの子も運に恵まれて受け入れてもらえるわけじゃない。俺たちは去年やっと作物が十分穫れたんで、いくらか修道院に献上できたんだ。そしたら修道院長が、こいつを立派な修道士にすると約束してくれた。しっかり働いて勉強して、親に恥をかかせないでほしいもんだ」そういって男は息子の肩を軽く叩いた。

「おまえはもう何も心配せずに生きていける。修道院には畜舎があって家畜を飼育しているし、畑もある。うまいビールも自分たちで造ってるしな」

ビールと聞いて、ニクラスは耳をそばだてた。

たまに聞く修道院や修道士の話には、男しか出てきたことがなかった。父と母は信心深かったが、それも苛酷な生活が許す範囲に限られていた。

だからニクラスの信仰も、日常生活の範囲を超えることはなかった。食事や就寝前のお祈り、村の小さな教会での日曜日のミサ。重要な祝祭日にはさらなる礼拝が加わるが、それらはいずれも美味しい食べ物と結びついていた。

ビール造りの日には、修道院に納めるパンを一つ余分に作る。それがしきたりだ。それ以外に家で信仰のことを話題にすることはついぞなかった。修道院や修道士についてとなると、それこそまったくない。

「でも修道院では誰がビールを造るのさ？」ニクラスは思い切って尋ねた。「だって修道院には男しかいないだろ。ビールを造るのは女の仕事じゃないか」

少年と父親はそれを聞くや、大声で笑い出した。

「もちろん修道士たちが自分でビールを造るのさ」父親が答えた。「しかもとびきりうまいのをな」

「修道院でビールを造るには修道士でなくちゃいけないの？」二人に笑われてもひるまず、ニクラスはきいた。

「そりゃあそうさ。それこそ大勢が修道院に入りたがる理由さ。腹も空かさず喉も渇かさずにすむ。これほどいいことはない」

それを聞いたニクラスは、一大決心をした。

二人の休憩は終わった。父と息子は立ち上がり、旅を続ける支度をした。ニクラスは二人に旅の無事を祈り、家路についた。

家に着く寸前ニクラスは、少年と父親の名前を聞くのを忘れたことに気づいた。自分の人生を変えるかもしれない重要人物だというのに。数年後、この日の偶然の出会いをときおり思い出しては、実際に人生がどれほど変わったか、ニクラスは思い知ることとなる。

その日はその後、誰に何を話しかけられても、うわの空だった。黙って物思いに耽り、淡々と自分の仕事をこなすだけだった。いきなり用件を切り出すわけにはいかない。どう話をもっていけばいいだろうか、とそればかり考えていた。

少年の父親が言っていたように、修道院は誰でも受け入れてくれるわけではない。どうやら時間がかかりそうだ。でも自分はもうすぐ十二歳になる、どうしたらいいだろう？　ニクラスにはあまり時間が残っていなかった。

四章

十世紀から十一世紀にかけて、フランケン地方には多くの修道院が創設された。ウルブラッハ修道院はシトー派修道会の大修道院の分院として、一〇七六年に建てられた。周囲の土地がよく肥えており、初期の修道院長が代々用意周到に運営してきたおかげで、ウルブラッハはみるみるうちに豊かな修道院に発展した。

特によく知られていたのは、この修道院で造られるワインで、その人気と評判は修道士たちの間に留まらなかった。後に、最大規模の初期ゴシック教会建築となるまで増築される、大礼拝堂の基礎が一一八五年に造られてからは、ウルブラッハは広域にわたる宗教と経済の中心地にもなった。有力な修道院であるがゆえに、才能のある者や、裕福な出の者たちからだけ修道士候補を選ぶことができた。

ニュルンベルク以南からも、レーゲンスブルクからさえ、父親たちが教育を受けさせようとこぞって息子をウルブラッハ修道院へ連れてきた。それには息子によりいい生活を望む親心もあったが、口減らしをしたいという別の事情もあった。

実のところ、厳格な修道院の日課に従って敬虔で勤勉な修道生活を送り、修道院の規律に決して異議を唱えない心構えさえできていれば、少なくともこれだけは確かだ。二度と空腹と喉の渇きに苦しまずにすむ！

ニクラスの両親は一度として修道生活に触れたことがなかったが、もちろんそうしたことは知っていた。

それどころか、息子の一人を運よく修道院に入れられたらいいとひそかに願ってさえいた。ニクラスの将来は決まっていたため、見込みがあるとすれば弟のマティアスだが、ただの農民である二人にそんなことは望むべくもない。貧民用にたまにパンを一つ寄付するくらいで、高望みはできない。

それ以上の寄付は無理だとわかっていたので、両親は望みを口にすることもなかった。ニクラスは、話をうまくもっていくにはどうしたらいいか数日間考えたが、いい案は思い浮かばなかった。ところがある偶然がニクラスに味方する。ウルブラッハの修道院長が死去したのだ。

だがそのことは、修道院から丸二日の距離にあるハーンフルト村では話題にならなかった。新しい修道院長のキリアンが、就任を記念して、新たに修練士を五十人受け入れると周囲に告知してはじめて、ハーンフルト村でも口の端に上った。ニクラスはそれを道端で聞きつけた。夕食のおり、普段は口数の少ない父までもがそのことを口にした。

「うちも息子を一人、ウルブラッハへやってみようか」

その途端ニクラスが目を輝かせたことに気づかず、父は話を続けた。

「マティアスなら立派な修道士になれると思うんだが。もう庭仕事もできる。庭仕事は修道院でも一番大事な仕事だ。ニクラスには畑仕事を手伝わせ、エリーザベト、ルート、アーデルハイトにはおまえと一緒に庭仕事をさせる。嫁に行かせるまではな」

「修道院ではビールも造っているんだよ」ニクラスはおずおずと口をはさんだ。「父さんお願い、僕を修道院へ行かせて！」

ミヒャエルは最初、家族全員の前でたてついたニクラスに腹を立てた。将来、長男のおまえには家督を継ぐ責任があることを忘れるなと諭した。だが、ニクラスが目を輝かせているのを見て、約束してくれた。

「考えておこう」

三週間が経ち、いよいよその時が来た。収穫は終わり、父には数日、家を留守にする余裕ができた。誰もがニクラスは父とまた戻ってくると思っていたが、それでも母や弟や妹たちとの早朝の別れは想像以上に辛かった。ニクラスは急に後ろ髪を引かれ、決心が揺らいだ。修道院でビールを造りたいと切望しつつも、出発する前から故郷が恋しくなった。修道院で受け入れてもらえたらどうなるだろう？　親戚も、友だちも、生まれ育ったハーンフルトの両親の小さな家も、手の届かないものになってしまう。今まで自分の世界だったすべてが、小さな見通しのきくニクラスの全宇宙が突然なくなってしまう。目に涙を浮かべながら、ニクラスは父とウルブラッハへ出発した。

二人は脇目も振らず歩を進めた。父は家を長く留守にしたくないのだ。ニクラスは父についていこうと必死だった。興奮と期待が足取りをいくぶん軽くしてくれる。道はよく踏みならされ、比較的安全でもあった。それに父は「俺たちのような貧乏人を襲うやつなんかいないさ」と何度も力を込めて言った。途中、納屋で夜を明かした。宿屋に泊まる金銭的な余裕はなかった。

食べ物は母が持たせてくれたパンとカブなどの根菜だ。水は道中のどの村にもあったが、よどんでいたり、塩分が混在していたりすることもあったため、喉の渇きを最低限潤すだけにした。翌日の正午にはウルブラッハ修道院の門前に立っていた。入口で、父はニクラスを修練士にしたいので、中に入れて欲しいと頼んだ。

修道士が門を開けてくれ、中に入ると、そこはニクラスにはまるで別世界だった。ハーンフルト村の小さな教会以外に石造りの建物など見たことがなかった。ニクラスが知っている家は、みんな木と粘土と藁をくっつけて作った一時しのぎのお粗末なものばかり。こんな立派な建物があるなんて想像すらできなかった。

とはいえまだ修道院は、その栄華の絶頂に達していなかった。百年も建築工事を続けてきたにもかかわらず、大礼拝堂はまだ完成していない。それでもなお、修道院の中庭から見えるものは、世人の目を引くには十分だった。

修道院の本館は、フランケン地方では当時まだ新しかった建築様式で建てられていた。まっすぐに立つどっしりとした木の梁が建物を縦方向に支え、その間に渡してある横桁の梁が、全体をしっかり安定させている。縦梁と横桁の間は漆喰で白くきれいに塗り固めてあり、富と清潔感をさらに強調していた。ある建物の一角で建築作業が行われていた。それを見てニクラスは、梁と横桁の間には、漆喰を塗る前にレンガを詰めることを知った。本館は最も壮麗だった。地階には切り揃えた固い石材が据えられ、その上は半木骨造（ハーフティンバー）と呼ばれる新しい建築様式でできている。

中庭からは、修道士の一群が忙しく立ち働いている様子が見えた。菜園では何人かの修道士が庭仕事をしている。葡萄畑の中までも、のぞき見ることができた。数人の修道士が、鍬（すき）で土を耕している。大きな空（から）の容器を持ち、ミツバチ小屋へと急ぐ修道士の姿も見えた。

中庭の真ん中には、ニクラスと父がこれまで見たこともないような巨大な菩提樹が立っていた。

「こいつは命の木[4]くらいでかいぞ」と父が感動してつぶやいた。「見てみろ、天にも届かんばかりに伸びている」

するとそこへ、隣の建物からニクラスがよく知っている匂いがしてきた。温かな、甘く、香ばしい麦汁の匂い。ビールを造っているのだ！

4　旧約聖書の「創世記」に出てくる、エデンの園の中央に植えられていた木。

興奮のあまり、ニクラスはあやうく足がもつれ、大きな池に落ちそうになった。父がすばやく支えてくれたおかげで、いっちょうらのズボンとシャツを汚さずにすんだ。

「気をつけろ、ニクラス。これから先は聞かれたことにだけ答えるんだぞ！」

一時間ほど待って、二人は修道院長の元へ案内された。通された部屋に入ると、最初にとてつもなく大きなテーブルが目に入った。長い方の側には修道士が五人並んで座っている。その真ん中の人物が修道院長だと一目でわかった。父親のミヒャエルは自己紹介をし、息子のニクラスを修道院へ入れたいとの希望を伝えた。ミヒャエルは座るよう指示されたが、ニクラスはそのまま立っていなければならなかった。

キリアン修道院長は訪問者をじっくり観察した。キリアンは、修道院長としては、それもウルブラッハのような有力な修道院の院長を務めるにはかなり若い。ミヒャエルもニクラスもこれまで修道院長になど会ったことはなかったものの、管理職の権威は年齢と結びついているものとばかり思っていた。

次に、四十前後で痩せぎすの、知的で生き生きとした目付きの修道士が二人を見た。装飾を凝らした豪華な椅子から立ち上がらずとも、かなり背が高いとわかる。トンスラ[5]にするまでもなく、頭には髪がほとんどなかったが、それが一層ワシのような鋭い目付きを際立たせていた。

「では、ハーンフルトのミヒャエルよ、そなたの息子ニクラスがこの修道院に入るに値する理由を述べよ。そこらの農家の息子を誰彼構わず、迎え入れるわけではないことくらい知っていよう。そなたの息子にはなぜここに入る資格があると思うのか？」

ミヒャエルは、まず自分と家族のことを、そして日々の重労働、五人の子供たちのことを話した。死んでしまった子供にも触れ、自分たちは日夜、神を敬っていて、不幸にも黙々と耐えてきたと語った。

それからニクラスの方を向き、息子のこれまでの生活について話し始めた。勤勉で利発な子供であり、五年も前から母の仕事をたくさん肩代わりしてきたと。

するとキリアン修道院長は、ニクラスに目を向けて尋ねた。「ここでは神に仕えること以外にも、共同生活を営むため、修道士はそれぞれ何かしら仕事を受け持っている。そうした仕事をうまくやるには、好んで行うことが大切だ。ここに受け入れられたら、おまえが他の修道士のために、あるいは修道士と一緒にしたい仕事は何か？」

ニクラスは、質問に答えていいか同意を得るため父を見上げた。父が頷いたので、ニクラスはおずおずと短く答えた。「ビール造りです、修道院長様」

まず最初に気づいたのは、ビール造りが好きだと言っても、この修道院では誰からも笑われないことだった。戸惑いがちにキリアンを見ると、その顔には笑みが浮かんでいた。

「トーマスにはもうひとり有能な見習いをつけてもいいだろう」と、隣に座っている修道士に言った。

それからまたミヒャエルに向きなおった。

「試しにニクラスを置いてみよう。そなたの言うように一生懸命、従順に働くなら、ここでもうまくやっていけるだろう。向いていないと判断したら、すぐにも村に送り返す。そなたはハーンフルトへ帰ってよ

5　頭頂部を円形状に剃髪した聖職者の髪型。

い。息子は預かる」

ミヒャエルとニクラスは中庭へ戻り、ニクラスは、長らく会えなくなる父と短い別れのあいさつをした。父は門をくぐって修道院を出て行き、ニクラスは一人残された。修道院に入るという当初の目的は果たせた。でもこれからどうなるのだろう。

第二部　修道院のビール
あるいは「飲み物は断食破りにならず」

修道院に入って最初の数ヶ月は、想像以上に充実していた。一日のうちにこれほどたくさんの仕事ができるとは思ってもみなかった。

修道院生活に慣れるまでの間、ニクラスは畏敬の念と興奮が入り混じった気持ちで過ごした。初期の修道院について興味深い多くのことを教わった。ベネディクトゥスが創設したモンテ・カッシーノ修道院、ザンクト・ガレン修道院、聖ボニファティウス、クリュニー修道院、プリュム修道院、ヒルザウ修道院についても知った。ニクラスはついていた。師匠のトーマスが他の修道会に対し寛容だったのだ。

トーマスはよく言ったものだ。「我々はみな同じもののために戦っている、ただやり方が違うだけだ。おまえも大きくなったら、自ずとそれがわかるようになるだろう。クリュニー修道院では、修道士が居眠りをしていない証拠に、修道院長がそばにいる間頷いていなくてはいけないが、ここはそれほど厳しくない。うちの修道院では、務めをきちんと果たした後なら、祈りの時間に少しばかり居眠りしたって構わない」

修道院での仕事は多岐にわたり、それぞれが自分の分担する役割を果たさなければならなかった。畑を耕し、菜園の手入れをし、写本をし、絵を描く。そうした仕事に使う道具も、それぞれの工房で作られていた。さらにパン焼き、ビール造り、乳搾り、食肉加工もする。訪問者や病人の世話もある。修道院の運営は修道院の外においても、政治的、経済的に影響力があった。

ウルブラッハ修道院の頂点にはキリアン修道院長が君臨していた。院長は修道院の代表として売買契約や賃貸契約を結び、来客を迎え、特別仕様の食卓で彼らと食事を共にした。院長は修道院の規則に縛られておらず、居心地よくしつらえた専用の豪華な住まいを構え、専用の厨房も有していた。宗教行事を主催し、司教の地位にあった。その威厳を示すため、公的な場では先端がゼンマイ形の司教杖を携えていた。

キリアン院長を支える役目はカールマン副院長で、院長の不在時には代理も務めた。カールマンは修道士たちの修行や仕事の指導にあたり、懺悔を聞き、罪を悔い改めさせ、修道会則を順守するよう、目を光らせていた。修道士たちは互いに対等な言葉使いをしているが、院長と副院長に対してだけは敬語を用いていた。

新入りが修道僧としての誓いを立てるまでは、修道会管区長が彼らの監督を任されていた。

香部屋係には、礼拝の準備をする役目があり、鐘を鳴らし、ろうそくや祭壇の前にかける布（アンテペンディウム）、整体の秘蹟を執り行う際の道具を揃えるといった、礼拝に関する諸事を担当する。

聖歌隊長は、教会で聖歌を歌う際に指揮を執り、写本作業の監督をし、図書室の管理をする。彼の耳は、ニクラスがこれまで見た誰のものより大きかった。

ワイン醸造所長オットーと、ニクラスの師匠にあたるビール醸造師トーマスは、広範な仕事を担当する重要な人材で、助手を何人も抱えていた。修道院の畑もオットーの管轄下にあり、必要な食材を厨房や地下貯蔵室に備蓄させ、貯蔵室の鍵も管理している。オットーとトーマスが酒の管理に当たっていることは、ふたりの外観からも見てとれた。二人とも太鼓腹を抱え、赤い団子鼻とトンスラが、朗らかで親しみやすい人柄を感じさせる。オットーはトーマスより若干年上のようだが、背丈はトーマスの方が大きかった。

パン工房を取り仕切っているアンスガーはオットーの配下にある。

守衛役の修道士は、修道院入口にある専用の小部屋に座している。訪問者があると、その旨を修道院長に伝え、許可が下りれば、中に案内する。修道院は巡礼者や旅人に対しては宿を提供して手厚くもてなした。貧者がやってくれば、守衛役はパンや食事の残り物を与えた。その他に下位に属する役職として、仕立て係、靴作り係、皮なめし係、織物係を監督する服飾長と、大工たちをまとめる職工長、病室の管理をする病室長がいた。

ニクラスは先輩の修道士たちから、読み書き並びに必須科目のラテン語を教わった。あまりの忙しさに故郷へ思いを馳せる余裕もなく、場合によってはこの先何年もハーンフルトに戻れないかもしれないことにも思いいたらなかった。

秩序や規律、清貧も教え込まれた。これを守れない者には重罰が科せられる。違反した修道士は、断食、礼拝への参加禁止、血の滲むような苦行を命ぜられ、ときには餓死させられたり、監禁されることもあった。

このような厳格な処遇が行われることは非常にまれで、むしろ脅しによって秩序維持が強化されていた。

修練期間は丸一年だが、修練士はほどなく他の修道士たち同様の生活や仕事をすることが許されたし、そうしなくてはならなかった。ただ修道服は着ない。一人前の修道士と認められてはじめて修道服を着ることが許されるのだ。誓願を立てると、頭髪を剃られ、修練士の服の代わりに修道服を着せられる。

この一年が終わればニクラスは完全に修道院の一員となる。

修道院での生活は楽しかった。修道士たちは十人十色。赤ん坊の時修道院の門前で発見された捨て子。良家の出身だが次男、三男であるがために修道院送りになった者。あるいは孤児として引き取られた者もいれば、聡明であると認められて受け入れられた者もいた。

ニクラスは、初日からトーマスについてビール工房で働かせてはもらえなかった。まずは二週間、他の請願者三人と一緒に訪問者用の宿舎で過ごすことを余儀なくされた。その間ニクラスたちは、それぞれの動機、意図、将来の目標が修道士にふさわしいものであるかどうか試されるのである。失恋した男たちが何人も、修道士になるのが定めだと信じてやってくるが、一過性のものだと知れるのが常だと、キリアン修道院長がトーマスに語ったことがある。

「世俗の悩みが癒えると同時に、彼らはここを出て行きたくなる。だから失恋が原因で志願する者は、原則として受け入れないのだ」と、後にトーマスは笑いながらニクラスに話してくれた。

二週間が過ぎ、ニクラスは修練士の宿舎に移った。そこで二ヶ月間、不機嫌そうな年配の修道会管区長の監督下で過ごしたが、彼は口臭がひどいばかりか、つんとする汗の臭いも漂わせていた。ニクラスは毎晩、暗誦できるようになるまで、修道院の規律を一緒に読まされた。この期間は、ニクラスにはありがたいものではなく、ビール窯のもとへ行きたくて仕方がなかった。

いずれそこへ行けると思うと、つらさも軽くなった。

ありがたいことに、体臭のきつい修道会管区長は、それ以外はニクラスを放っておいてくれた。他の修練士たちから、年長の修道士が時に不道徳的で倒錯した行為に及ぶことを聞いていたので、なおさら助かった。見つかれば鞭打ちなどの重罰が下るにもかかわらず、こうしたことは繰り返された。

やがてある日二ヶ月が終わり、トーマスがニクラスを迎えに来て、新しい仕事場を見せてくれた。

その日からニクラスは、麻か綿の一種の長衣を着、その上に肩掛けをかけた。屋外で作業をする時は、日差しや寒さから体を守る、フード付きの丈の長い起毛地のマントを着た。さらにシャツを二枚、長靴下、ゲートル、上ばき、そして冬用に羊の毛皮を一枚与えられた。

二章

ビール造りが特別な行事だった日々はいまや過去のものとなった。修道士たちの喉は常に渇いていて、渇きを癒すのは主にビールだった。ここでは週に三度ビールが醸造され、他の日は清掃や不足している材料を補充するのがニクラスの仕事だった。

そしてそれでもまだ足りないとばかりに、定期的に他の修道士たちの手伝いに行かされた。

例えば、穀物の種を蒔く時期が異なることを教わった。ニクラスの父は、来る年も来る年も同じ穀物を育て、畑の三分の一は常に休耕地にしていた。ここに来てニクラスは、穀類に春撒きと秋撒きがあるのを知った。

春に撒くのは、馬の飼料用と、ビール醸造に使う穀類で、主に燕麦と大麦。

そして秋に撒くのはライ麦と小麦で、こちらはパン用だ。

その他、キビやエンマー小麦も少々栽培していた。

外で畑仕事を手伝わされたわずかな機会に、家のことを思い出し、少し悲しい気持ちになった。だがそれも長くは続かなかった。

なにしろニクラスは運がよかった。トーマスは経験豊富なビール職人で、そのうえ心が温かく、人柄も謙虚だった。ニクラスが何かひどい失敗をしても、めったに腹を立てなかった。と同時に、ニクラスが独学では知りえない様々な技やコツを伝授してくれた。

トーマスは、てこの動作一つで麦汁を一つの桶から別の桶に移せる、手間いらずで簡単な道具の使い方をいくつも知っていた。

ニクラスの母より多種多様な薬草を使い、それらの効能についてもずっと詳しかった。

トーマスは時々、ニクラスにいくつかの薬草をしかと見せながら、効能を教えてくれた。

「これはニガヨモギといってな。ビールに入れて飲むと、腹の中の虫を殺してくれるし、便秘も治してくれる。胃も強くなり、黄疸や水腫にも効く。それにこれを飲めば冬眠中の熊みたいにぐっすり眠れるぞ」

トーマスは指で花房の一部をちぎり取り、ニクラスに香りと味を確かめさせた。豊かな香りとは裏腹に、味は強烈に苦かった。舌がピリピリし、ニクラスは身震いして顔をそむけた。

トーマスは笑って言った。

「ビールに入れると、直接味見した時とは風味が変わる薬草がたくさんある。びっくりするぞ」

どの薬草についてもトーマスは詳しく、蘊蓄（うんちく）を傾けた。中には、母から聞いて知っていることもあった。

「例えばセイヨウネズ（ジュニパー）は袋に入れて、発酵が終わったビールに漬けるといい。体に良いビールができ、結石を溶かしてくれ、腎臓や膀胱の疾患にも効く。毒消しにもなる」

麦汁の香ばしく甘い香りが故郷を思い出させ、ニクラスは家が恋しくなってため息をついた。

トーマスはニクラスに、香りがいいからといって、無闇に薬草をビールに入れたりはせず、きちんと効能を確認してから入れるように、強く念を押した。

「感覚を麻痺させたり、酔いを増長したり、猛毒となる薬草はたくさんある。だからビールに入れるものにはよく気をつけるんだぞ！　長く俺の元にいれば、もっといろいろと教えてやるからな」

食事の時も、トーマスは薬草やその他の植物の話をよくしてくれた。

「主が食用にくだされた薬草、玉ねぎ、ネギ、にんにく、辛子、パセリなんかはだな、決してビールに入れてはいかん。食用以外に使うのは罰当たりだからな」

ニクラスは、薬草についてありとあらゆることを、その効能も悪影響もできるだけ早く覚えようと決めた。

しかし、トーマスとのビール造りで何より興味深かったのは、ここではビール用のパンを焼かないことだった。穀物をそのまま水と混ぜるのだ。ただ水に浸す前に大きなすり鉢で穀粒を叩いて潰していた。ニクラスも何度か練習してできるようになった。

最初それを見たとき、ニクラスは生意気にも、その方法ではビールはできないし酸っぱくなると主張したが、トーマスは笑って言った。

「まあ、まずはやってみようじゃないか」

この方法は素晴らしくうまくいった上、できたビールはニクラスの想像をはるかに超えるおいしさだった。生家で飲んでいたような、濁ってどろっとしたビールとは違う。トーマスのビールに比べれば、母のビールは、においも味もひどく土臭い代物だった。

桶に入ったそのビールは濃い茶色で、甘く香しく、魅惑的な香りがした。

焼き立てのパンをちぎる必要はなくなったが、煮えたマイシェ（麦芽を濾過した糖化もろみ）が、手やズボンにこぼれることがたまにある。桶から桶へ移す時はそれが頻繁に起こった。そのせいでちょくちょくやけどを負い、ビール造りの仕事には常に熱がつきものだということを思い知らされた。数か月後、ニクラスの手の皮は固くなり、分厚いたこができた。やけどと厳しい肉体労働のせいだった。

最初の数週間で、ニクラスはビール用の大麦が、普通の大麦ではないことに気づいた。大麦に見えるが、もっと色が濃く、香りもどこか違う。

それから穀物を貯蔵している上の階の入口に、常に鍵がかかっていることに気づいた。中でどんな秘事が起きているのだろう。知りたくてどんなにしつこく訊いても、「そのうち教えてやるよ」とはぐらかされた。

その日がいつ来るのかまでは、教えてくれなかった。

こうして最初の数か月が過ぎ、最初の冬も越した。修道士たちはひっきりなしにビールを飲み、ビール工房へやってきては、おいしかったと褒めていく者もたまにいた。

四旬節の断食期間とクリスマス前の待降節に、通常よりアルコール度数の強いビールが造られたのは、修道院で断食の対象となるのは食物だけだったからだ。

トーマスはこれについても躊躇なく答えてくれた。

「ここで修道院生活を送るための最も古くからある規則の一つはリクイダ・ノン・フラングント・イエウネウム――すなわち〈飲み物は断食破りにならず〉だ。そのおかげでおれたちビール職人は常に人気があるのさ」

実際、修道院では断食がよく行われた。通常の断食期間の他、修道院長が決める特別の断食もある。一定の聖人の日や、殉教者を偲んで行われるものだ。ミサが終わるまで食べ物、飲み物を口にしてはならず、特に肉食は断じて許されない。また、庭仕事、畑仕事もしてはならなかった。

断食の定めに反した者は、厳罰に処せられた。最悪の場合、パンと水以外の飲食物の摂取を数年にわたって、それどころか生涯禁じられた。だが大多数の修道士にとって最大の悲劇はビールを禁じられることだった。だから羽目を外して掟を破る者はめったにいなかった。

これがどこでも通用するわけではないことを、トーマスは知っていた。

「いいか、院外の田舎でも、都市でも、それどころか他の修道院でも、ここのように静かに断食が行われることはない。トリーアの聖界選帝侯（聖職者である選帝侯）がつい最近公示していた、『酔いすぎて聖歌の呂律が回らないような司祭は、十二日間水とパンのみで過ごすべし。食べ過ぎて吐くような修道士は、三十日間悔い改めるべし。酔いすぎて聖餐（ホスチア）用のパンの中へ吐く司教は、九十日間贖罪を行うべし』とな。この公示はあっという間に国中に広まったよ。推して知るべしだな！」


この時期に、ニクラスははじめていつもよりジョッキ一杯分多くビールを飲んでしまった。その日はみな、一日中働き通しで、最後にやっと麦汁を発酵できるところまで仕込んだ。そして疲れ切って工房にへたり込んだ。ニクラスは長年の癖で、といってもまだ十二歳だったが、ジョッキのビールに手を伸ばすと、一気に飲み干した。そしてまたすぐにもう一杯のどに流し込んだ。ただ、いつものビールよりアルコール度数が高いことを忘れていた。

ものの数分で、意識が朦朧とし、呂律も回らなくなって、頭は爆発しそうになった。トーマスはひどく心配し、すぐにニクラスを寝室へ連れて行った。

次の日もニクラスの調子は悪く、その後数日間トーマスにからかわれて過ごすはめになった。

冬は長くて寒く、ビールを貯蔵するには最適だ。修道院のビール貯蔵室には氷もたっぷりあったので、ビールが酸っぱくなることはまったくなかった。

ニクラスは、ビール工房をわが家のように感じていた。

やがて春が来た。ビール職人にとってこれからが厄介な時期であることが、ニクラスにもだんだんわかってきた。夏が暑ければ暑いほど、ビールの貯蔵は困難になる。普通の家庭なら、造る量を少なくして涼しい所へ置いておくことも、さして難しくない。だが修道院では大量のビールが必要とされる。それほどの量を夏の間どうやってうまく保管すればいいのか、ニクラスにはどうにも想像できなかった。もちろんトーマスはそうした事態にすでに慣れっこだった。

ビールがすぐに酸っぱくなってしまい、トーマスのビール職人としての評判が傷ついた年も過去にはあった。やがて経験を積むにつれ、酸っぱいビールを出すくらいなら、何も出さない方がましだと考えるようになった。

日増しに暖かくなり、次の断食が始まろうという頃、また強いビールを仕込んだ。断食のためだけではない。アルコール度数の高いビールが低いビールより長持ちすることは、すでに以前から知られていた。なぜそうなのかは、誰にもわからなかったが、暑い時期をうまく乗り切るのに、この知恵は役に立っていた。

六月までビールが飲めることもままあったが、最悪の場合、その後三か月はビールがなくなる。今回は桶五つ分続けざまにビールを仕込んだが、それはこれがさしあたりこの時期最後のビールであり、気温が上がりすぎる前に発酵させておく必要があったからだ。

トーマスは、五つの桶それぞれに異なる組み合わせの薬草を入れた。時にはトーマスも新しいことを試したかったのだ。

「ほら、これを嗅いでみろ」と言って、トーマスはあるものをニクラスに差し出した。

ニクラスは渡された小袋を開け、中から薬草を掴み出した。強い芳香がし、樹脂のようなかすかな苦味があり、乳香を思い起こさせた。

「なぜ乳香の葉を入れるんですか？」ニクラスは驚いて訊いた。

「乳香に似た香りがするだけで、ただのローズマリーさ」とトーマスは答えた。「一つ目の桶にはこれを一袋入れることにする。これを入れたビールは、心臓と脳の働きを活性化し、気分を爽快にする。鬱になったが、ローズマリー入りのビールを飲んだおかげですぐに生気を取り戻した修道士が大勢いる」

ニクラスは次の仕込み桶に入れる袋の中を嗅いでみた。樟脳（しょうのう）のような独特な匂いがあるが、花のような芳香もする。ニクラスはこの匂いが好きとも嫌いとも言いかねた。

「二番目の桶にはラベンダーを入れよう。これはめまい草とも言う。おまえは多分知らないだろうな。遠くアンダルシアから運ばれてきたからな。ラベンダーは頭や脊髄、腎臓を強くする働きがある。これを入れるとうまいビールができるし、同時に卒中の発作や痛風、神経麻痺を防ぐ効果がある。鎮静作用もあるからよく眠れる」

次の薬草はニクラスも知っている気がした。かすかにタイムを思わせる強い芳香があり、少しピリッとした甘みのある味も好みだ。

「マジョラムは遠いインドから運ばれてきたもので、俺たちはそれをアラビア人から買った。今ではここの薬草園でも栽培している。これを三つ目の桶に入れることにしよう。マジョラムはめまいを抑え、記憶力をよくする、それに胆嚢（たんのう）と脾臓（ひぞう）の疾患にも効く」

四つ目の桶にはスピノサスモモを混ぜたが、清涼効果のあるスピノサスモモのビールは、夏の暑い時期に喉を潤すのに最適なのだという。

ニクラスにはアーモンドを思わせる新鮮で優しいスピノサスモモの香りが、甘味のあるビールと合うとは想像できなかった。とはいえトーマスはこれまで間違った試しがない。

だが薬草を全部桶に入れる前に、トーマスはニクラスを呼び寄せ、ニクラスがいまだかつて見たことのない草を見せた。

小さな緑色の球花で、小さな花びらが屋根瓦のように並んでいる。

トーマスはこの植物がどんなものか説明してくれた。

「出入りの行商人の一人が先月これを持ってきた。これこそかの有名なビンゲンのヒルデガルト[1]が数年前に効能を書き記した植物だろうと思う。ビールに入れて煮ると鎮静効果があり、様々な病状によく効くといわれている。球花の匂いを嗅いでみろ」

ニクラスは匂いを嗅いで、球花が放つ強烈な匂いに驚いたが、数分たつと残り香が鼻に心地よく感じられるようになった。

「ビンゲンのヒルデガルトは、これをホッフォーと呼んでいた。五番目の桶にはこのホッフォーを入れることにしよう。いいビールができたら、もっと仕入れることにする」

こうして五つの桶の仕込みはすべて終了し、後は発酵が進むのを待つばかりになった。それからこの時期でも涼しい地下貯蔵室へ移した。最初のうち、仲間の修道士たちははじめて味わう妙に苦みのあるビールが気に入らなかった。だがトーマスは、これまでに何度となく新しい調合でおいしいビールを造ってきていた。

しばらくすると、皆その新しいビールを、以前飲んでいたビールと同じくらいたくさん飲むようになった。夏の訪れは予想以上に早く、それに伴い貯蔵室の温度が上がるのも早かった。ニクラスはある日、五つの桶のうち一番目のビールが腐っているのを発見した。

二番目の桶もすぐそれに続いた。トーマスは、今季のビールはこれで終わりだと修道士たちに告げ、ニクラスにすべての桶の中身を破棄するよう指示した。

「でもまだ腐っていない桶が一つありますよ」とニクラスは答えた。

トーマスは聞く耳を持たず、ビールはすべて廃棄するよう固執した。ニクラスがふたたび異議を唱えてようやく、二人はひとつずつ桶を点検した。一つの桶だけはまったく問題なかった。酸っぱくもなっていなければ、表面にカビの膜も張っていない。トーマスは見るからに当惑していた。

1　一〇九八年～一一七九年。ベネディクト会の修道女、神秘家、作曲家。医学・薬草学に強く、ドイツ薬草学の祖とされる。

「訳が分からん。うまいビールを長期間飲めるよう、主が俺たちにお恵みくださったとしかいいようがない。ところでこれはどの桶だ？」

ニクラスは確認してから言った。「ホッフォーを入れた桶です」

三章

この興味深く珍しい発見をしてから、二人は次の秋が来るのが待ち遠しくてならなかった。その間に出入りの商人がホッフォーをさらに持ってきた。ようやく晩夏が訪れビール造りの季節になると、二人はホップと名づけたこの薬草を入れたビールばかり造るようになった。

修道士たちのほとんどが、ホップ入りのビール以外飲みたがらなくなった。そして味だけでなく、消化のよさも褒め称えた。これまで飲んでいたビールの消化が悪かったわけではないが、ホップを使うことで、妙な副作用のある他の薬草や根菜などを加える必要がなくなったのだ。

月桂樹の味がしたり、キャラウェイの独特の味がしたりする昔ながらのビールを飲みたがる修道士も幾人かいるにはいた。ただそれは味のせいというより、変化を好まないせいだった。

「修道院は保持、保存という機能を持つ場所である。ゆえに特に重要なのは、常に新しい食事や飲み物ばかり欲しないということだ。頼むから今まで通りの物を飲ませてほしい」と、カールマン副院長などはよく言ったものだ。

しかしそうした保守派も、間もなく大多数のホップビール派に屈した。一度だけキリアン修道院長から、皆にビールを飲ませすぎないよう、注意されたことがあった。朝の祈りの時間を寝過ごした者が数人いたためだ。修道士たちは残念がったが、指示に従わざるを得なかった。ビールが長持ちするようになったので、トーマスたちは仕事のやり方を変えることにした。これまではビールがなくなりかけてから次のビールを仕込んでいたが、今は定期的にビールを仕込めるようになり、需要の多寡にかかわらず作り置きしておくことさえできるようになった。おかげでビールが底をつくことがなくなり、修道院の者たちは大いに喜んだ。

唯一の例外はパン工房のアンスガーだった。アンスガーはビール工房から、ビール発酵後に桶の底に残った沈殿物（ビール酵母）を得ていた。これを使うといいパンが焼ける。ところがトーマスとニクラスがホップを頻繁に使うようになると、アンスガーは沈殿物が苦くなってパンに使えないと文句を言うようになった。

アンスガーの見かけは、トーマスとは正反対で、背丈はトーマスより頭一つ分大きかった。といってもそれは脚が妙に長いせいで、胴体はずんぐりしている。修道服がそうした特徴をうまく覆い隠していた。太っているとまではいえないまでも、がっしりした体型で、首が太くて短いせいで、頭がまるで直接肩に載っているように見える。ニクラスはアンスガーにそっぽを向かれているような気がしてならなかった。それというのもアンスガーは両目の間が狭く、少し斜視だったからだ。ニクラスは最初からアンスガーが好きではなかった。

はじめて苦情を言いに来た時、アンスガーは、助手を一人連れていた。その助手が以前ハーンフルトで会った、歯並びの悪い少年だと気づいて、ニクラスは嬉しくなった。この少年が図らずもニクラスにウルブラッハへの道を示してくれたのだ。青白い顔は今も変わらず、修練士の暗色の修道服を着ているせいで幽霊のように見えた。

「僕、ニクラスだよ。覚えてるかい？」おずおずと訊いてみた。

少年は最初首を横に振ったが、少し考えてから笑みをもらした。

「僕の名前はベルナルト。パン工房で見習いをしている」

「僕はビール工房の見習いなんだ」とニクラスも誇らしげに答えた。

「しゃべるのはやめなさい」アンスガーが二人の会話を遮った。「トーマスとまじめな話があるのだ」

トーマスは、パンの味が確かに前より落ちていることをすぐさま認め、今後は定期的に以前と同じビールを一桶造ると、アンスガーに約束した。

けれども以前の調合で造るビールには、新しい穀物ではなく一度使用ずみのビール滓を使った。そのためできあがったビールは、薄味で色もなく、気の抜けたような味しかしなかった。

「よそではこのビールはコンヴェントと呼ばれている。貧者と巡礼者用のビールだ」と言ってトーマスは笑った。「だがパンを焼くにはこれでちょうどいいのさ」

その後数週間、ニクラスはときどきベルナルトに会えたらいいな、と思っていたが、朝から晩まで日課がびっしり詰まっているうえに仕事量も多いため、そうはいかなかった。合同の礼拝の際に、ときおり互いの姿を確認するのが関の山だった。

　ホップの入っていないビールはグルートと呼ばれていた。旅の途上、ウルブラッハ修道院に滞在した修道僧が、この名前を口にするのをトーマスは前に一度聞いたことがあった。グルートといっても、土地ごとにいろいろあることを、後になってニクラスは知った。土地によって育つ植物は異なり、当然ビールに合う薬草も違ってくる。それゆえニクラスの母と同じく、ビール職人もそれぞれ独自の調合をしていた。ただ一つだけ、どのグルートビールにも共通していることがあった。ホップを使わない古い方法で醸造されていることだ。

　ニクラスは、ある日トーマスに言った。「数年してもっと大きくなったら、そのビンゲンのヒルデガルトという方に会いに行きたいです。役に立つ知識をたくさん知っていそうだもの。ビンゲンは遠いんですか？」

　トーマスは笑って答えた。「ビンゲンへは十日もかかる。しかし遠いだけじゃない、もう遅すぎるのさ。ヒルデガルト様はもうずっと前に亡くなっている。今でも聖人のように慕われてはいるがな」

　ニクラスは、ヒルデガルトの生涯で知られていることを話してほしいとトーマスに頼んだ。トーマスは知っていることを話して聞かせてくれたが、その内容は決して少なくなかった。

「ここの図書館にヒルデガルトの手記と手紙がある。ヒルデガルトは長寿で、齢（よわい）八十を超えた。ビンゲン近郊のルーペルツベルクにある修道院の院長を務め、さらにいくつもの修道院を建てた。著書は多数あり、それらは教会だけでなく、学問や医学にも極めて有意義なものばかりだ。聖歌を作り、幻視体験について記しただけでなく、植物や動物、石の薬効についても書き残している。『自然学』[2]、『病因と治療』[3]はどの修道院にもある。断食については、ヒルデガルトはここの修道士たちとは違った考えを持っていた。彼女もときおりビールを飲むには飲んだが、断食を〈内側へ誘う扉〉と言って重要視していた。

わしらビール職人にとって興味深いのは、なんといっても、ヒルデガルトがホッフォーについて書き残した最初の人間の一人だということ、そしてホッフォーの名付け親だということだ。偉大なる生涯を全うして八十二年前の一一七九年に亡くなった。さあこのくらいにしておこう。これ以上はわしも今のところあまり知らんしな。もっと知りたかったら図書室に行ってみるといい」

ニクラスは図書室へ行こうと決心したが、その後数週間はそんな暇などなかった。ホップについてことさら考えることもなかった。ホップは使って当然になっていた。それはその先数年変わらなかった。少なくともニクラスがウルブラッハにいる間は。

四章

定期的にビールが造れるようになったおかげで、ニクラスはそれまでの見習いに比べ、はるかに早くずっと多くを習得することができた。乳鉢で麦を砕き、麦汁を仕込む作業はすぐに手際よくできるようになり、トーマスを驚かせた。

トーマスはある日、ニクラスをあの秘密の穀物貯蔵室へ連れていき、中に入るなりニクラスに言った。

「何があるか説明してみなさい」

新鮮な大麦の山がある。その隣には少し違った色の濃い大麦。さらに床の上には大きな洗い桶。隅の方には荷車一台分ほどの湿った大麦の山があり、かすかにカビ臭い匂いが鼻を突いた。

隣の部屋には、窯に似ているがそれより大きめの板囲いがあり、燻(いぶ)した匂いがした。この窯様のものの上には足場があった。目に入ったものをすべて、ニクラスは師匠に伝え、

「師匠、ここは何をするところなんですか?」と驚いて尋ねた。

トーマスは新鮮な大麦を指さして言った。

「おまえが前に母親とパンを焼くときにしていたことを前もってやってしまうのさ。大麦を水に浸して柔らかくし、それをこの床に広げる。打穀場とも言うがな。そうすると麦は発芽して、ちょうどパンを焼く時のように柔らかくなる。ただ、湿らせた麦をこうして定期的に掻き混ぜないといけない」と言いながら、大きなシャベルで下から大きく掻き混ぜた。「そうしないと麦が腐ってしまうんだ」

それからさらに説明を続けた。「それを数日おいてから、この窯の上で乾かす。乾燥窯と呼んでいる。そうすると麦がまた保存できるようになって、ビール造りに最適な状態になるのさ。ほら、味見してみろ」

2 『聖ヒルデガルトの医学と自然学』プリシラ・トループ(著)、井村宏次(翻訳)。

3 『聖ヒルデガルトの病因と治療』プリシラ・トゥループ(著)、臼田夜半(翻訳)。

トーマスは、乾燥させた大麦の粒をニクラスに手渡した。ニクラスは味見してすぐさま、生のままの麦よりも甘味があることに気づいた。

「麦の粒は焼くと、ビール同様甘味が増して色が濃くなる。同じことがここで起こるんだ。穀類はなんでも使えるし、ビール用にパンを焼く必要もない。それにこうすると麦が一段と長持ちする。数か月先でも使えるんだぞ」

ニクラスには、トーマスが見せてくれたものの重要さがよく理解できた。

ニクラスがウルブラッハに来て二年目、修道士たちは新しい粉挽機を作ることに決めた。今までの粉挽機は、丸い石を二つ重ねた回転式石臼だった。修道士の一人が、巡礼中に新型の粉砕機を見てその詳細を書きとめていた。今回、それを元に新しいものを造ることになったのだ。十字に土台を組み、そこに四本の支柱を挿して太い主軸を支えるのに数週間を要した。だが出来上がった大きな車翼は、遠くからも見えた。工事が終わると、ニクラスもこの新しい粉挽機を見ることが許された。トーマスが案内して回った。

「この床石に突起が出ているのが見えるだろう。この突起に回転石をはめる。するとこれが自動的に回るから、もっと楽に粉挽ができるようになる。この新型の粉砕機は首振り風車と呼ばれている。だが最大の改良点は今いるこの小屋全体だ、この粉挽小屋そのものが、風が吹くと同時に回る。これでうちの粉挽係は、風車を風に向けるだけですむ、風向きに左右されることはない」

ここでもニクラスは、こうした新しい技術を、将来ビール工房の仕事に役立てられないかと考えをめぐらした。

三年あまりが過ぎた。ニクラスは相変わらずビール造りに身も心も捧げていた。修道院の務めはおざなりだった。目立たぬよう最低限のことだけはしたが、熱意を示すことはなかった。

一二六四年、キリアン修道院長はビール工房を拡げ、一部を新築することにした。そしてトーマスとニクラスを呼んでこう言った。

「そなたたちのビール工房での仕事にはとても満足している。しかし時々教会の務めや信仰をなおざりにしてはいまいか？　この際もう少し喜悦や恭順、敬虔の念を見せてもよかろう」

そう言われて、二人は動揺して目を伏せ、許しを請い、悔い改めると約束した。二人とも自分たちの仕事が修道院に不可欠であることを知っていたし、修道院長が自分たちを追い出したりできないことも分かっていた。思いどおりにビール工房を拡張できるこの絶好の機会を逃すわけにはいかない。

修道院長は二人に意見を求めた。ニクラスは恭順を約束したことなどどこ吹く風で、大きな麦汁桶をひとつは高い位置に、もうひとつは低い位置に並べて置いてみてはどうかと、息せき切って提案した。

「そうすれば下の桶へ中身を移すのに、上の桶をてこの力でこれまでよりずっと楽に傾けることができます。もしかすると、麦汁をヤナギの籠（かご）で濾過（ろか）する簡単な方法も見つかるかもしれません」

さらに下の桶の下には窯を造りつけたいと続けた。「そうすればすぐに温められるので、いちいちお湯をかけずにすみます」

これにはキリアン修道院長も舌を巻いた。

「下で火をおこし、その上に麦汁桶を置くとなると、床はどうするつもりか？　それに必要な大きさの桶を鉄で作る方法はまだない。少なくとも密度が充分な桶は作れない。麦汁をどうすれば楽に濾せるかは、これからそなたたちで考えてもらいたい。そなたの提案は優れているが、一度に新しいことをあまりたくさん行うと、他の修道士たちが不信感を抱く恐れがある。それゆえ、今回は重要なことだけ執り行うことにしよう」

こうして新しいビール工房の改善は一部だけにとどめられた。


それでも麦汁桶の配置換えの効果は絶大だった。今では相当量のビールを造るようになっていたので、これまでどおり同じ高さにある桶から別の桶へ中身を移していたのでは相当骨が折れたことだろう。配置換えのおかげで作業が随分と楽になった。

ただ熱湯を加える作業にはいまだに苦労していた。二人して楽にする方法をいろいろと考えてはみたものの、これといってよい方法は見つからなかった。

ニクラスはその後もずっと、麦芽と麦汁をうまく分けるにはどうしたらいいか考え続けた。二人は、いやビール職人なら誰しも、籠を使って熱い麦汁の中から麦芽を掬い出していた。この作業は骨が折れるだけでなく、掬いきれない麦芽が大量に残ってしまう。

あるときニクラスはほぼ空になった桶に残っている麦芽を掬い取ろうと、いつものように小さいざるを

『ビール醸造家　ヘアテル』コンラート・メンデル（1388 年）の年代記より。ドイツのビール醸造家を描いたものでは最古の絵。左上の星に注目。

手に、桶の中深く身を乗り出した。

ざるを動かしている途中で、桶の底に焼き付けられている印に目が留まった。そんなものがあるとは、今まで一度も気づかなかった。初めは桶を作った職人の刻印だろうと思った。

でもそれならこれまでに何度も目にしていたはずだ。机も椅子も、棚も、作ったのはみな同じ職人だからだ。その見慣れない印は、三角形を二つ組み合わせて、六角の星形になっていた。

ふいにニクラスは、この印をすでに二度、目にしていることに気づいた。最初に見たのはハーンフルトの生家だ。ある日、母がそんな星形の木彫りを扉にかけたのだ。二度目にその印が目に留まったのは、父と一緒にここへ来る途中だった。父はその印を指差して「あそこには金貸しが住んでいる。ユダヤ人だ、キリストを殺した奴らだ」とつぶやいた。

だがそんな印がなぜこのビール工房にあるのだろう？　母とどんな関係があるのだろう？　そしてなぜ、これがユダヤ人の金貸しを意味するのだろう？

ニクラスはあれやこれやと思いをめぐらせた。答えが知りたかった。

でも手がかりはどこにある？

五章

この疑問を口にする機会は、次のビール造りの日に訪れた。ニクラスはいつも通り粉砕した麦芽を入れ訊いてみた。

ようと、麦汁桶のところへ行った。そして、あたかも今はじめて気づいたかのように何気なくトーマスに訊いてみた。

「ここに六角の星形を刻印した大工は誰なんです？」

トーマスは真顔になった。ニクラスには深刻すぎると思えるほどだった。

「まだ話していいかどうかわからない。おまえはすでに一人前だと思えなくもないが、もう一晩待ってみよう。一晩じっくり考えてこの印の意味を打ち明けることに決めたとする。そのときは一生口外しないと誓ってもらわねばならない」

ニクラスの心臓が高鳴る。

まだ秘密があるなんて！

そして迷わず答えた。「誓います。どんな秘密でも、口外しません」

ニクラスは、明日になったら秘密を教えてもらえると思うとわくわくして、その夜はなかなか寝つけなかった。

翌朝早く、ビール工房で顔を合わせると、すぐトーマスはニクラスを図書室へ連れていった。

「おまえが知っておくべきことは教えてやれるが、もっと知りたければここで調べられる。だがまず訊いておきたい。これは六芒星（ろくぼうせい）ともいうんだが、これまでにこんな六角形の星を見たことがあるかな？」

ニクラスは母のことと、ユダヤ人の金貸しのことを話した。

トーマスは、修道服の上からでも輪郭がよくわかるお腹の前で両手を合わせると、ほぼ禿（は）げ上がった頭を左右に振った。

「たぶん見間違えたんだろう。その星は確かに六角形だったか？　おまえの母親が扉にかけたのは、五角形の星、五芒星（ごぼうせい）だろうよ。五芒星は迷信の印、最も古いもののひとつだ。「夢魔の足跡」、「ノルネ（北欧の運命の女神）の足跡」、「悪夢の足跡」とも呼ばれている。この先いつかシグヌム・サニタティス（ラテン語で健康の印）やペンタクル（円に囲まれた星形五角形）なんていう言葉を聞くことがあれば、それも五芒星のことだ。わしが何もかも知っているなどと思わんでくれ。今日おまえに話してやるために、もう一度あれこれ読み直すのに一晩かかった」

トーマスは大きく息をついて話を続けた。

「五芒星は、古代ギリシャでは健康と力のシンボルだった。そして後に理性、思考、真実を求める精神がそれに加わった。

五つの角は五つの要素を表している、すなわち火・水・風・地・精神だ。だが上下が逆になっているのは、決まって黒魔術や魔法の印だ。

騙されやすいおまえの母親は、迷信に惑わされていたんだろう。たぶん悪霊が家に近づかないように五芒星をぶらさげたんだろうよ。こうした浅はかな迷信は、キリスト教が普及した今でも残念ながら広く流布している。

だが五芒星は神や教会の印ではない、最悪の場合、悪魔の印にもなる。だからおまえはそういう印を遠ざけ、取り違えないよう、よく気をつけなさい」

トーマスは少し間を置き、持ってきたジョッキからビールを一口飲むと話をつづけた。

「おまえの父親がユダヤ人の印だと揶揄したのは、この六芒星だ。ユダヤ教と麦汁桶とどんな関連があるのか説明しよう。

この印はとても古い、おそらく五芒星よりもな。ダビデ王の祖先であるセム族に代々伝わる印だ。だから六芒星はダビデの星とも呼ばれる。ソロモン王の印章指輪には、この星が彫られていたと言われている。イスラエルの十二部族は、この星形の十二の外角によって表されている」

ニクラスはこっそりあくびを噛みしめた。この話のどこが秘密なのか理解できなかった。聞きたいのは聖書の話なんかじゃなく、大いなる秘密のことだ。なのにこんな話を聞かされるとは！

「もう少し我慢して聞きなさい、すぐにどういうことかわかるはずだ」トーマスは請け合った。

「数世紀を経て、ダビデの星はユダヤの信仰の印になっていった。ユダヤ人はキリスト教徒が許されていない特定の職業に就けるんだが、ダビデの星をつけておけば、それが一目でわかる。そうした職業のひとつが金貸しだ。ありがたいことに善きキリスト教徒には金貸しが禁じられている。もしも将来金に困るようなことがあれば、この星印を探すんだな。まあそうならないよう、神のご加護を願いたいものだ」

ニクラスの顔にいらだちが見てとれた。

「まあ待て！　すぐ本題に入るから」トーマスは言った。「六芒星もまた、古来悪魔を追い払うために使われてきた。無論、迷信だが、それでも黒魔術ではない。さて、ここまでが話の前半だ。ビール工房の六芒星とは関係ないがな。いいか？」

ニクラスはがっかりして首を横に振った。まったくわけがわからない。トーマスは、あの印がなぜ麦汁桶の底についているのか、一言も説明してくれていない。話のどこを取っても秘密めかして聞こえなかった。

トーマスは笑って言った。「そんなにがっかりするな。まだ話は終わっていない。面白いのはここからだ」

今から四百年ほど前、初期の修道院ではじめてビールが造られた。当時の修道士たちが「ビール造り」と呼んでいたものは、今日ビールとして知られるものとは大きく異なっていた。

もちろん当時すでに腕利きのビール職人もいれば、下手なビール職人もいた。同じように、ビール醸造の知識を自力で増やしていった者もいれば、他人の知識を盗んで事足れりとする者もいた。わずか数年で、新しく得た知識や経験、発見を教え合うビール職人の集まりが修道院内にでき、できる限り上質なビールを造ること、それまでに使ったことのない薬草や根っこをビールに入れるときには、必ず事前に自分自身で試すことを、全能の神に誓うよう義務づけた。

そうすることで、ビールを粗野で安っぽい飲み物とみなす者たちや、粗悪なビールを造って人々に危害をなすと懸念されるようなビール職人たちとの間に一線を画そうとした。

そして、この〈純粋なる醸造家〉を見分けるための秘密の印が必要になった。そしてどういうわけか、理由はわしにもわからないが、その際選ばれたのがこの六芒星だった。

六芒星はビール醸造に欠かせない要素を象徴している、という話を聞いたことがある。つまり醸造家が立つ地面を表す地、ビールの主要成分である水、ビールを発酵させる気、麦汁を煮るのに必要な火。あと二つはビールの原料を指すと言われている。ビールのエキスとなる穀物、そしてビールに風味を添える薬草だ。今はホップがそうだ。この説の真偽はわからない。だがこの印を見れば、その醸造家がわしらと同じ倫理を遵守している者かどうか見分けがつく。この先、他のビール醸造所を訪れることがあれば、麦汁桶の中を見てみるといい。六芒星があるかどうかな」

それからトーマスはニクラスを厳粛な面持ちで見つめると、〈純粋なる醸造家〉に加わるための誓いを立てさせた。

「誓いは一生守らなくてはならない」

ニクラスは常に義務を果たすと約束した。この誓いを守れるかどうか、その後の人生で幾度試されることになるか、思いもよらぬままに。

六章

一二六五年三月初めのある朝は、仕込みにいつもより時間がかかった。通常二人は仕事を分担し、合間に休憩時間を入れ、交替で食事が取れるようにしていた。ニクラスが臼で麦芽を挽いている間に、トーマスは自分の分担作業を終えてしまっていた。

「食事に行ってくる、おまえは後から来い」とトーマスは言った。

ニクラスが食堂へ行った時には、他の者はみな食事をすませていた。トーマスは醸造所へ戻った。ニクラスは一人で食事をして、仕事場へ戻った。ところがトーマスの姿が見えない。

ニクラスは名前を呼びながら、トーマスを探し回った。仕事中にトーマスがいなくなることなどこれまで一度もなかった。とっくに熱湯を入れていなければならない。最後に麦汁桶の所まできて、トーマスを見つけた。そして地獄絵を見た。

どうやらトーマスは台の上でつまずき、両手に持った熱い鍋ごと麦汁桶の中へ落ちてしまったらしい。真っ赤にただれた顔から生気のない目がこっちを見ていた。膝から上は熱い麦汁桶の中で、足だけが桶の縁から突き出ている。すでに息絶えていることは間違いなかった。

上半身が捻(ね)じれ、桶の縁に両手がかかっているところを見ると、体中やけどに覆われて力尽きるまで、トーマスが必死にもがいたことがありありと見てとれた。

新しい醸造所は、場所をたっぷり取ったため、少し離れた所に位置していた。トーマスは間違いなく助けを求めて叫んだことだろう。よりによってそんな時にニクラスはいなかったのだ。

冷静に考えることができず、その場に立ちつくした。涙が頬を伝わっていく。

どのくらいそこに立っていたことだろう。ようやく勇を鼓してトーマスの亡骸へ近寄った。自分一人で桶から引っ張りあげられるだろうか。助けを呼びに行った方がいいだろうか。ニクラスは思案した。

そうやって桶の前に立ちつくして頭を悩ませていると、ふいにパン焼き見習いのベルナルトが入ってきた。びっくり仰天しながらも、すぐさま状況を見てとると、ベルナルトは師匠のアンスガーや他の助っ人を呼びに走った。

四人がかりでやっと、全身にやけどを負ったトーマスの亡骸を麦汁桶から抱え出し、床に寝かせた。

「どうしてこんなことになったんだ？」とアンスガーがニクラスに問いただした。「まさかおまえが突き落としたのではあるまいな？　トーマスがいたんじゃ、そうすぐにビール醸造長にはなれないからな。えっ、どうなんだ？」

年上の修道士たちはベルナルトにも何か見たかと尋ねたが、ベルナルトは何も見ていないと答えた。そしてニクラスに手でそっと合図し、歪んだ歯を見せてにやりとした。ベルナルトが自分を助けてくれるつもりなのが、ニクラスにはわかった。

ニクラスは非難の声を呆然と受け止めた。まさかこんな目に遭うとは夢にも思わなかった。これまでの六年で学んだことがふいに何もかも無意味に思えてきた。

奇妙にも、師匠の死に、責任があるような気がした。

次の日、院内の者全員が集められた。キリアン修道院長がトーマスの死を悼み、彼の性格、信仰、ビール醸造の知識を称えた後、埋葬をするにあたって前もって準備することについて話した。

そして集まった全員を前にしてニクラスに向き直った。「ニクラス、そなたがウルブラッハへ来て数年が経つ。これまで何の罪も犯さずやってきた。しかし修道士たちの中には」と言って横目でアンスガーの方をちらりと見、「そなたが今回の事故に無関係ではないと主張する者もいる。トーマスの死を悼むそなたの気持ちに嘘偽りはないと私は思う。今回のいたましい事故がそなたのせいだとも思わない。しかし修道院には掟がある。そのうちのひとつに、疑いを晴らせない場合は神明裁判に委ねるというものがある。この掟はとても古いもので、施行されることは滅多にない。ここウルブラッハでも未だかつて一度も行われていない。それでもそなたに尋ねよう、それがどのようなもので、どのような結果になろうとも、この裁きに身を委ねるか？　神明裁判によって罪が公的に確定することはない。本件に関していうなら、有罪の適用は当修道院内に限られる。最悪の場合でも、そなたはウルブラッハを追放されるだけだ」

ニクラスはしばし躊躇した。

「それが院長様のお望みであり、我が無実を証明できるのであれば、神のどんな裁きでも受けて立ちます」

ニクラスの返事を受け、修道院長は続けた。

「明日の晩課の後、みな集まるように。裁きを執行する」

集会は終わり、ニクラスは眠れない夜を過ごした。神明裁判については聞いたことがあるが、それが我が身に降りかかろうとは思いもしなかった。裁きには、例えば容疑者を池に放り込むというものがある。水面に浮かんでくれば無実、沈めば有罪の印となる。

五体無事にすむような裁きを修道院長が考案してくれるよう、祈るばかりだった。

翌日は重苦しく過ぎていった。この後迎える試練がすでに終わっていてくれたならどんなにいいかと、それればかり考えていた。

とうとうその時がきた。

キリアン修道院長と選ばれた五人の修道士がニコラスを迎えにきた。ライナルト、カールマン副院長、もう一人のキリアン、オットー、ミヒャエルと、いずれもこの修道院の最年長者でかつ最も賢い者たちだ。

揃って醸造所へ行くと、この件でビール造りは停止中のはずが、窯には全部火がついている。

修道院長がニクラスの前に立って言った。「そなたにどのような神明裁判を受けさせるか、みなで長い事考えた。そして、そなたが罪を着せられた理由と何らかの関係を持たせるべきだ、との結論に達した。トーマスは麦汁の中で大やけどを負って死んだ。ゆえに、そなたが熱にうまく耐えられるかどうかを試すことにする」

全身に衝撃が走った。ニクラスは叫びそうになるのをかろうじて堪(こら)えた。

「今から窯で焼いた石をそなたの手に載せる。この時計の砂が落ちる間耐えられれば、神がそなたを試練に打ち勝ったものとみなしたことになる。もし途中で落としたら、そなたはここを去らなくてはならない」

ニクラスはうなずき、深呼吸をして、これから襲ってくる耐えがたいはずの痛みに対峙する心の準備をした。修道士の一人が窯に歩み寄り、火ばさみで窯からこぶし大の石を取り出し近づいてきた。

砂時計がひっくり返される。

痛みが走った！

ニクラスは叫び声をあげ、どうにか自制を保ち、石を落すまいとした。

するとふいに、突然の痛みがまた突然、消えた。

これしきの痛み、これまで何度も両手に浴びた熱い麦汁の痛みとたいして変わらない。長年の間に両手の皮が厚くなっていたのが、ここへ来て幸いした。無論、手は痛みはするが、耐えられないほどではない。

砂時計の砂は思ったより早く落ちていった。六人の修道士は半円状にニクラスを囲み、半ば敬意の混じった驚きのまなざしで見つめていた。

キリアン修道院長が冷めた石をニクラスの手から取り除いた。もう一人の修道士が冷たい水をその手にかけ、冷却効果のあるミントに似た香りの薬草をあて、布で巻いた。

修道院長が言った。

「おまえがどうやってこの試練を耐え抜いたのか知る由もないが、ともかくそなたの無実が証明されたのは明らかだ。今日からそなたがこの醸造所の責任者だ。アンスガーには少し謹慎してもらおう。アンスガーに四週間の断食と祈りを命じる。その間ベルナルトにパン焼きを任せることとする」

七章

ニクラスはその後数週間、事件を忘れたい一心で懸命に働いた。ニクラスの造るビールはかつてない出来栄えで、修道士ほぼ全員がその味を褒めた。

それでもまだ、嫌味や陰口はなくならなかった。特にアンスガーは、一か月間の隔離生活で改心するかと思いきや、あいかわらず中傷と紙一重の言葉を口にした。

酵母などを取りに醸造所へ来ても、アンスガーは決してニクラスに近づかず、新たに配属された二人の見習いのどちらかに声をかけるのが常だった。

醸造所を通り抜けなくてはならない時などは、中へ落とされるのを怖がってでもいるように、わざと麦汁桶を大きく回り込んだ。

ニクラスが近くにいれば、見習いたちに「おいおい、麦汁から目を離すなよ。もう少しでやけどさせられるところだったじゃないか！」とか、「師匠と二人きりにならないよう気を付けるんだな！」などと言う始末だ。

ときおりニクラスとアンスガーは喧嘩になり、若い鹿のように突き飛ばし合ったりした。だが幸いそれ以上の暴力沙汰に発展することはなかった。修道院の規則をふたりとも順守していた。

ごくたまに会うことがあると、ニクラスとベルナルトはアンスガーの悪口を言い合ったが、理由はそれぞれ違っていた。ベルナルトにとってアンスガーは厳しい師匠で、アンスガーは時に平気でベルナルトをなぐった。ベルナルトは、トーマスを師匠にもてたニクラスをうらやむ素振りを一度も見せなかった。そもそもニクラスは醸造所の責任者だから、アンスガーの配下にあるベルナルトよりずっと立場が上だった。

ふたりとも穀物と、穀物から作られるものに興味があったので、話すことはいくらでもあった。ある時ニクラスはベルナルトに、例の〈純粋なる醸造家〉の話をし、〈純粋なるパン職人〉というのもあるかどうか聞いてみた。ベルナルトは笑っただけで、それについては何も答えられなかった。

「パンを売るところじゃあ、いつだってごまかしや嘘があるに決まってる。でもここは違う。だって自分たちで育てた穀物でパンを焼くんだし、それもおれたち修道士のためだからね」

それでもパン職人の秘密結社を示す印があるかどうか、これからは気に留めておくとニクラスに約束した。

アンスガーと真っ向から争いたいわけではなかったが、ニクラスはパン焼きに不可欠なグルートビールの酵母の用意をわざと怠っていた。アンスガーはニクラスをあからさまに非難できないため、これはニクラスにとってうってつけの仕返しだった。

現に酵母パンの質は日増しに悪くなっていった。最初修道士たちは、パンの代わりにビールの量を増やしてしのいだ。

しかしある日とうとう、キリアン修道院長は黙っていられなくなった。喧嘩腰のふたりを呼びつけると、一週間以内に問題を解決するよう命じた。そしてそれまでに片を付けられなければ断を下さざるを得ないと言い渡した。

しかしニクラスはこの時すでに、新しい醸造所へ、すなわち別の修道院へ移る画策を始めていた。

日々繰り返される陰口や当てこすりにはいい加減うんざりしていた。ウルブラッハ修道院にいる者の大多数は自分の味方で、自分のビールを高く評価してくれていると感じてはいたものの、そのうちの誰一人としてアンスガーに立ち向かったり、みんなの前でアンスガーを諌めようとしたりしなかった。この件ではベルナルトに期待することすら叶わなかった。ベルナルトは若すぎるし、アンスガーに対し何の影響力もない。しかもニクラスが思うに、近頃ではベルナルトもパン職人として、パン酵母の質が落ちた件でニクラスに怒りを抱いているようだった。問題は、体面を損なわずに修道院を去るには、どういう別れを演出すればいいかだ。去るのは忍びないが、これが修道院にとって最善の策なのだと修道院長に納得してもらうにはどうすればいい？　ニクラスはただ自分が去ることを誰かに惜しんでほしいだけだった。たとえそれがニクラスの造るビール目当てであったとしても。

横になって、熱にでも浮かされたように将来のことに頭を悩ませ、眠れない夜を数日過ごした後、やっとキリアン修道院長と話す機会を得た。ニクラスは修道院長に、ウルブラッハでここしばらく居心地の悪い思いをしていることを打ち明け、修道院を去る許しを求めた。修道院長はニクラスの決断を遺憾に思い、見習いたちのビール造りの腕はもう確かかどうか尋ねた。

「私はふたりを信頼しています。醸造所は十分回していけるでしょう。私とトーマスの元に二年いたのですから」

「だがなニクラスよ、確信があるなら、そう簡単に諦めるべきではないと思う。しかし、そなたの若さゆえの情熱と焦りはよくわかる。いずれこの修道院を去ったのは間違いだったと思う時が来るかもしれない。その時はいつでもまた喜んで迎えよう。我々はそなたを忘れはしないし、そなたが自分の道を見つけることを願っている」

修道院長は少し間を置くと、物問いたげにニクラスを見た。

「もうどこへ行くか決めてあるのか？　我々の修道会には他にも修道院があるから、そなたのようなビール職人を喜んで迎え入れる所もきっとあるにちがいない。あと数週間辛抱できるなら、使者を出してそなたの最善の行先を見つけることができるだろう。

バンベルクの近くにはエーブラッハ修道院があるし、フュルステンフェルトにも紹介できる。あそこの修道院はまだできたばかりだ。厳格王として知られるルートヴィヒ二世が二十年前に建てたものだ。

フュルステンフェルトでは常に有能な修道士を探している。三つ目はアイヒシュテット近郊のハイルスブロン修道院だ。ここは百年以上も前に名高きバンベルクのオットー大司教が設立したところだ。どうかね？」

キリアン修道院長のありがたい提案を、ニクラスはほとんどうわの空で聞いていた。行先はすでに決めてあったからだ。

「フライジングへ行こうと思います。あそこのネーアベルクの丘には、ヴァイエンシュテファン修道院があります。このところビールで名を上げてきています。ベネディクト派ではありますが、受け入れてもらえるのではないかと思っています」

修道院長はニクラスのこの完璧な計画を聞いて驚いた。そして、ニクラスが前々から計画を練っていたことに気付き、笑みを漏らした。

「長話は要らなかったようだ。いずれにしても格別に便宜を図ってもらえるよう、書状を書いて持たせよう。いつ出発するつもりかな？」

「二日もあれば準備できます」

「財務へ寄って、旅費をいくばくか工面してもらいなさい。フライジングまでの道のりは長いし、常にどこかの修道院に泊まれるわけでもなかろう。そなたの両親にも知らせを送っておこう」

ニクラスは修道院長に謝辞を述べ、出て行った。

二日後、準備が整った。背中に縛りつけた小さな包みだけが持ち物のすべてだった。皮の小袋の中で銅貨が音を立てていた。別れの重苦しい空気が周囲を支配していた。

ほぼ六年を過ごしたウルブラッハ修道院をいざ去ろうとすると、門の前に、ニクラスに良くしてくれた修道士が集まった。もちろんベルナルトもいて、別れ際にニクラスに手を差し出した。

「いつかまた会えるといいな」それがニクラスの聞いた唯一の言葉だった。

他の修道士たちは何も言わず、ただ手を振って見送ってくれた。

予想していたことだが、アンスガーの姿はなかった。

門をくぐり外の世界へ踏み出した瞬間、ふいにニクラスは、自分がお金というものを生まれてはじめて手にしていることに気がついた。そしてちょうど十八歳になったことにも。

八章

フライジングへの行程は単純で何の支障もなかった。初めはニュルンベルクからウィーンへ向かう古い通商路をたどった。ノイマルクトで南へ方向転換し、ビリングリーツ（現・パイルングリース）でアルトミュール川を越えた。

四月で、旅にうってつけの季節が始まったところだった。平民を襲うより司祭や修道士を襲撃した場合の方が、追いはぎの罪は重かった。だから修道服を身に付けていれば、まず安心していられた。それに修道士は金銭をわずかしか持たないのが常で、持ち物が必要最小限であることは周知の事実だ。

その先も比較的安全なモースブルク伯爵領を通った。

五日後にヴァイエンシュテファン修道院の門を叩いた。キリアン修道院長からの手紙を差し出し、修道院長に面会したいと伝えた。二時間ほど待たされた後、中へ通された。

ようやく修道院長に対面したとき、ニクラスはこの最初の対面が大きく物を言うことを心得ていた。修道院長は横幅はキリアンの二倍ほどあったが、背丈は少し低かった。トンスラにするほどの長さもない金髪で、ほとんど目につかず、禿げているのかと思えるほどだ。しかし鼻は肉付きがよく、大きな口からは白い歯が驚くほどたくさんのぞいていて、生を謳歌している様子が窺える。修道院長にもかかわらず、よく笑うと見える。

修道院長はアルノルトと名乗った。「フライジングのエンギルベルト司教と交渉してビールの醸造権と販売権を買い取った、あのアルノルト修道院長と同名だ。ここヴァイエンシュテファン修道院は、二百年以上も前からビール醸造の権利を有している」

アルノルトはキリアンの手紙を受け取って言った。

「そなたがここへ来た理由を話してもらいたい」

ニクラスは自分の来歴とトーマスの死について話した。それからビール造りに情熱を抱いていることを力説し、ヴァイエンシュテファン修道院が、二百年の間に培ってきた名声についてはよく聞き及んでいると続けた。

「ベネディクト会が、シトー会とは少し異なる規則に則っていることは知っているかな？　違いはそう大きくはないが、それでも別の修道会だということは知っておいてもらいたい」

ニクラスは頷き、ベネディクト会について知っていることを述べた。そのほとんどは、ウルブラッハへ来て間もない頃、トーマスから教わったことだった。

アルノルトはベネディクト会の歴史を詳しく話し始めた。

「ベネディクト会は、国中で最古の、名の知れた修道院をいくつか設立している。ベネディクトボイレンやテーガーンゼーといった修道院は五百年の時を経ている。だがヴュルツブルクの聖ヤコブ修道院など、最近つくられたものもある。

当ヴァイエンシュテファン修道院の基礎は、聖コルビニアンによって築かれた。コルビニアンは遍歴司教で、七二〇年にこのネーアベルクに来て、シュテファヌス教会の隣に僧房を建てたのだ」

院長は笑みを浮かべて付け加えた。

「聖コルビニアンが、尊い行いの他にどんな向こう見ずなことを成し遂げたかは、別の機会に聞かせてやれるかもしれん」

そして続けた。

「その百年後、ヒットー司教がこの修道院を建てた。ベネディクト会がここへ来たのはようやく一〇二一年になってからのことだ。その前にいた修道士たちがめぼしいものをあらかた持ち去ってしまったので、我々は、何もかも初めからやり直さなくてはならなかった」

院長はさらに説明を続けた。

「そなたがヴァイエンシュテファンに求めるビール造りの伝統は、ベネディクト会の歴史より古い。我々の先任である律修司祭たちがすでに、禁欲の教えを無視してビールを造っていた。それも伝えられるところによると、決して悪くない代物だったようだ」

そこまで言うと、アルノルトは、キリアンからの紹介状を振りながら言った。

「そなたの話に戻ろう。この手紙を読む以前に、トーマスの事故や、そなたにかけられた嫌疑については聞いていた。そなたが受けた疑わしき神明裁判と、その結果についてもだ。だが私はそのような裁きではなく、自分の印象に依拠したい。そなたの第一印象は人殺しではない。それにそなたは立派な醸造家だと聞いている。

そなたを喜んで我が修道院に迎えたいと思う。周知のことと思うが、当修道院はウルブラッハ修道院ほど幸運には恵まれてはいない。外壁が二度も火事で焼失したくらいだ。

建物は、十世紀にハンガリー人に二度も完全に破壊された。それに不作と飢饉のせいでビールを造れない年が何度もあった。

さらにペーター修道士とともにうちのビール醸造を担当していたヨアヒム修道士が、黒死病（ペスト）で亡くなってしまった。この界隈ではここ二十年ですでに二度も黒死病が流行している。ヨアヒム修道士はフライジングで病気をもらってしまった。

ヨアヒム修道士は公爵家への伝達係でもあった。すぐに隔離し、それ以上の犠牲者を出さなかったことで、主は我々をお赦しくださったのだと思う。ゆえにそなたには試しにヨアヒム修道士の職を引き継いでもらおう。我が修道院の日課にも順応できることと思う。だがそなたを修道院に迎え入れる前に、まずは二週間、隔離生活を送ってもらわねばならない」

隔離生活はあっという間に終わった。というのも、ニクラスを待ち受けていた修道士たちが、入れ替わり立ち替わり訪ねてきたからだ。閉まった扉を挟んで彼らと話ができた。

そのうちの一人がレオンハルトで、本人いわく、ワインの醸造責任者ということだった。修道院の歴史についていろいろ話してくれ、ビールやワインにまつわる逸話も数多く知っていた。聖コルビニアンがその昔、耕作馬を食い殺した熊を素手で手なずけ、馬勒（ばろく）をつけて畑を耕させたという伝説も聞かせてくれた。

「いつか訪問者用の宿坊へ立ち寄ることがあれば、天井を見るといい。熊を連れた聖コルビニアンの石像がぶら下がっているのが見えるはずさ」とレオンハルトは言うと、笑って付け加えた。「聖コルビニアンは一体全体、どんな精気のつくビールを飲んだのだろう、しかもどれだけ飲んだのやら」

ニクラスもつられて笑って言った。「皆を元気づけられるビールを造れるよう、最善を尽くしましょう」

そんなわけで、扉がようやく開かれた時には、ニクラスはすでに複数の知己を得ていた。ヴァイエンシュテファンの共同生活にはすぐに馴染んだ。仲間の修道士たちは親切で、何か知るべきことがあれば、いつでも喜んで教えてくれた。

修道士の中にはペーター修道士の陰口を叩く者が何人かいて、ニクラスが来たからにはやっとまともなビールが飲めるようになるかもしれないなどと言ったりした。ペーターのビールは、たいてい焦げ臭いか、甘ったるいかで、みんな下痢をもよおすのだと言う。

大所帯の日常生活では、ビールの質がどれほど重要であるかをニクラスは再認識させられた。

ウルブラッハでは、最初からトーマスとうまくいったため、別のところで関係がぎくしゃくするかもしれないなどとは思ってもいなかった。そんなわけで仕事始めの日、ニクラスはペーターに対しあまりよくない先入観を抱いて醸造所へ向かった。

ところがかなり予想外の展開になった。

ペーターは、ニクラスに親しげに挨拶した。体つきは中肉中背、トンスラには赤毛の名残が見え、顔にはそばかすがあった。口を開くと、ところどころ歯が欠けていて、二本歯が真っ黒になっているのが見える。ニクラスはぎょっとしたが、ペーターの親しげな言葉に驚きはすぐに消えた。

はじめて一緒にビール造りに臨んだとき、ペーターは籠から鞠花をいくつか取って麦汁に入れた。「ホップの秘密をなぜ知っているんだ?」ニクラスは驚いて息を飲んだ。尋ねるとペーターは笑って答えた。

「秘密など何もないさ。ヴァイエンシュテファンの醸造家は、五百年ほど前からホップを使っている。修道院が醸造権を得る前から、近くの菜園にホップが植えられていたのさ。菜園の持ち主は以来、十分の一税としてホップを納めていて、残りは修道院がビール醸造用に買い取っている。

おれはホップがあまり好きじゃない、ビールが苦くなるからね。だからいつも、昔ながらのグルートビールと、苦いビールが好きな修道士たち用のホップ入りのビールと両方造る。ここではいつもそうしてきた。ビールに入れるのにホップより好きな薬草がいくつかある。ビール醸造でホップに将来性はないな」

ニクラスは反論したかったが思いとどまった。完璧なビールはどうやって造るのか、そのうち見せてやるよ、と心の中で思った。

しかしまずは、ヴァイエンシュテファンでの生活に慣れる必要があった。覚えなければならない敷地内の建物の数は、週を重ねるごとに増えていき、新参者はそれだけで苦労した。醸造所は、ウルブラッハのものほど新しくも居心地よくもなかった。

そのうちきっと、とニクラスは思った。もう少ししたら、これまでに習ったことを見せつけてやるさ。

特にニクラスの興味を引いたのは、領地外にも名の知れた写本装飾工房だった。工房の修道士たちが本の表紙の上に前かがみになり、素晴らしい装飾を施すのを見るたびに、挿絵の正確さ、色彩の豊富さ、表現の力強さに魅了された。

ビール職人でなければこの仕事をしていただろうな、と時に考えもした。

だがその後自分で自分を責めた。

「馬鹿だな、おまえは世界一素晴らしい職業についているじゃないか。これ以上何を望む？」

ヴァイエンシュテファン修道院の歴史も学ばなければならなかった。

ヴァイエンシュテファン修道院は一一四五年にローマ教皇エウゲニウス三世から、修道院長を自由に選出する権利を付与され、その後それを行使している。修道院の所有者の変遷も面白かった。シャイエルン伯爵からヴィッテルスバッハ家へ渡るも、一二五五年にはランツフートの公爵たちに売却されてしまう。だがそのおかげで代々フライジング司教の介入を免れることができた。アルノルト修道院長も修道士たちも、修道院のこの稀有な独立性を飽かず強調した。

ほんのわずかな期間で、ニクラスはヴァイエンシュテファンの修道生活に馴染むことができた。自分が年上の修道士たちの立ち居振る舞いを受容し、模倣すらしていることにすぐに気づいた。そして身振りや話し方の中に、これまで覚えのなかった自意識が芽生えてきたことにも。

九章

ニクラスのこの自意識は、ビール醸造の成果という裏付けによってますます強くなった。ペーターと違いニクラスは、ビールの調合とその仕上がり具合を書き留め、新しい調合や既存の調合の改良に余念がなかった。

ペーターの方は、原則としてやることはいつも同じで、ホップ入りとホップなしの二種類のビールしか造らなかった。

ホップなしのビールにペーターが使う薬草は、ビールの出来がいい日は、かすかにナッツの香りと味がする。この風味がどこから来るのかニクラスにはわからなかった。うまくいかない日は、腐った卵と似た悪臭がした。味も良くなかった。しかしなんとこの味に慣れ、褒めちぎる修道士もいた。

修道院のパン工房へビール酵母を届けるときにはよくベルナルトのことを思い出し、ウルブラッハでアンスガーの元、どうしているだろうかと思いをめぐらせた。機会があればウルブラッハへ手紙を出そうと決めた。

ニクラスはやがて、自分が醸造するビールの方がペーターのものより好まれ、底をつくのが早いことに気づいた。しかし野心家だと思われてしまったウルブラッハでの苦い経験から、謙虚でいようと気を配った。

ところが、ニクラスのこの謙虚さが、ときにペーターを自信過剰にしてしまった。格別にうまくできたビールを褒めようと修道士のひとりが醸造所に来ると、ペーターもニクラスのように謙虚な振りをしてこんなことをいったりした。「いつも言っているんだが、いいビールを造るのは技術じゃない、辛抱強さと綿密さがあれば、すべてうまくいくのさ。ニクラスにもいずれわかるときが来るだろうよ」

ペーターのビール造りには、ウルブラッハでトーマスがやっていたのとは異なるところがあり、それをニクラスは興味津々で観察した。例えばここでは、麦汁に熱湯をかけたりはしなかった。ここの醸造所には壁に造りつけの巨大な窯があった。

鉄の焼き網の上に大きな石をいくつか並べて火にかける。麦汁を温める段になると、二人の徒弟が大きな火ばさみで、焼けた石をつかみ麦汁に放り込む。

石はシューシュー音を立て、もうもうと蒸気があがるが、目的を果たすのには優れた方法だった。最初ニクラスはこの方法を真面目に受け取らなかったが、ある日、この方法ならトーマスは亡くならずにすんだのにと無念に思った。

またこの方法を取ると、焼け石が麦汁に、ひいてはビールに燻製の香りをつけ、思わず口にしたくさせるのだった。

またもやニクラスは、問題を取り除くには複数の解決策があることを知った。そしてペーターを見くびっていた自分を愚か者とののしった。ペーターはニクラスに石の性質や、どこで見つかるかを教えてくれ、特定の石、つまり「熱を充分に貯め込んで、冷たい麦汁に入れても弾けない」石を探さなくてはならないことなどを説明してくれた。

数か月が経過するうちに、ニクラスはホップ入りのビール造りに専念するようになった。ペーターはグルートビールを造り、パン工房へ酵母を供給した。

ニクラスは、ビールの配合を改良する努力を惜しまず、ホップでいろいろ試してみた。ホップの厄介なところは、長持ちしないことだ。ホップ特有の有効成分は、二週間も置いておくと、効果が無くなってしまう。理由はわからなかった。なので春にホップの在庫が底をついてくると、新鮮なホップと同程度の苦味を出すために麦汁桶に入れる量をどんどん増やさねばならなかった。

そうこうするうちにヴァイエンシュテファン修道院内に小さいながらもモルト工房が設置されたので、ニクラスはさらにいろいろ試すことができるようになった。

例えばこんなふうだ。

乾燥釜で熱して大麦の保存期間を延ばせるなら、ホップも同じようにできるのではないか。

だがその思いつきは誰にも話さないでおいた。

次にホップが納品されると、ニクラスは一部を取り分けておき、モルトを乾燥させた後の余熱が残っている乾燥釜に載せた。

次の日そっと乾燥室に入ってホップを取りだし、通常の貯蔵庫へ入れた。

そして次のビールを仕込む時、乾燥させたホップを入れてみた。が、できたビールはまったく飲めた代物ではなかった。味にしまりがなく、苦味は酸化したバターのようだった。これを飲んだ修道士たちはケチをつけ、文句を言った。

その結果、軍配がまたペーターの方にあがった。ビールの味が少しでも落ちると、常連にもいともたやすくそっぽを向かれてしまうことを、ニクラスは学んだ。

それでも、あきらめるものか、と決意を新たにした。

次の実験は逆転の発想で進めてみた。

火と熱がだめなら、冷と暗はどうだろう?

それから数週間、ニクラスはワイン醸造責任者レオンハルトと頻繁に話をした。ニクラスが来た当初、隔離期間中に扉の向うから逸話を聞かせてくれた修道士だ。

競合関係にある者にしては珍しく、ふたりは気が合った。

ワイン貯蔵室は、冬を除いて、修道院中もっとも涼しく暗い場所だ。冬だけは、岩の洞窟にビールを冷やすための氷を貯蔵した。ワイン貯蔵室は強い匂いがした。ニクラスは古い木材と土とワインが入り混じったその匂いに魅了され、実験に必要とされる以上の時を過ごした。

レオンハルトとの友情が深まったと確信すると、ニクラスは懸案の実験のことを打ち明けた。レオンハルトは拍子抜けするほどあっさり承諾してくれ、丸天井のワイン貯蔵室の暗い一隅をホップの貯蔵用に貸してくれた。

ニクラスは、乾いた古い木樽を二つ三つそこへ運ばせ、届いたばかりのホップの一部をその中に入れた。

ペーターはグルートビール造りに手一杯で、かなりのホップが減ったことにまったく気づかなかった。

翌年の春、ホップビールはそろそろ終わるか、段々味が落ちてくる頃だろうと踏んでいた、ビール通の修道士たちは驚くことになった。

ワイン貯蔵室から取り出したホップは、新鮮で程よい苦味を含んだ力強い芳香がした。摘みたてのものには及ばないが、あぶって乾燥させたものや、常温で保存したものよりはるかに質が良かった。

これでまたニクラスは一番人気を奪回できた。

この実験のことを、ニクラスは誰にも、特にペーターには話さなかった。修道院では新たな試みどころか、単なる改良すらめったにされないことを、経験上よく知っていた。修道士は誰しも、新しい物には例外なく疑惑の目を向けてくるので、何につけ黙っている方が得策だった。

ヴァイエンシュテファンに来てから二年目、醸造所に働き手が一人加わった。アルベルトという十四歳の修練士がビール職人の見習いをすることになったのだ。

新入りは、ニクラスより頭ひとつ分背が高いが、恥ずかしそうに黙って立っていた。あまりにか細いので、ニクラスは当初飢えているのではないかと懸念した。

ペーターは「ただでさえ忙しいのに、こんなひよっこの面倒まで見なくちゃならんとはな！」とぶつぶつ文句を言ったが、ニクラスの方は、はにかみ屋で華奢なこの新米にすぐに好意を抱いた。ウルブラッハで過ごした最初の日々を思い出し、少なくとも亡きトーマスに比肩する良き師匠になろうと誓った。

ニクラスはアルベルトとたった六つしか年が違わなかったが、そんなことは問題にならなかった。

それからしばらくの間、ニクラスはアルベルトに、ビール醸造について自分の知る限りのことを教えようと努めた。

アルベルトはすぐに知識欲が旺盛なことを示し、スポンジのように新たな知識を吸収していった。修道院の良質な食事のおかげでいくらか肉付きがよくなると、一番きつい重労働もこなせるようになった。やがてがっしりした体格の男に成長し、ペーターとニクラスにとってまさしく強力な助手となった。

ニクラスはアルベルトの好奇心を刺激し、何事にも疑問を持つよう仕向けた。ニクラスが修道院の図書室で見つけ、写本担当の修道士から借りた書物が役に立った。

図書室に書物が多数所蔵されているおかげで、ニクラスははじめてきちんと勉強することができた。ビールとその原料に少しでも関係のある本があれば、なんでも読み漁った。

すると嬉しいことに、ザンクト・ガレン修道院の年代記が目に留まった。エッケハルト[4]という者によって十一世紀の初めに書かれたもので、大部分が食べ物と飲み物、とりわけビールについて書かれていた。アルベルトとニクラスは文字通り貪るようにその本を読んだ。少しでも時間が取れれば、ビールの配合や醸造方法、穀物や薬草について語り合った。さらには新しい醸造所の設計についてまで活発に論じ合った。

エッケハルトは醸造所の詳述に加え、実際に醸造に用いた方法についても記していた。ある古い図面には、ラテン語でこう書かれてあった。穀物を貯蔵し、ビール醸造の準備をするための穀物庫。

この本でニクラスははじめて麦芽作りが示唆されているのを知った。麦芽を加工することを考案したのがトーマスでなかったのを知り、最初は少しがっかりした。それからその良さに気づき、取り入れることも、考案そのものと同じくらい重要だとさとった。それで自分もいずれ一つ二つ何か考案して、醸造家仲間に貢献しようと決心した。

エッケハルトは叙述に際して常に古い時代の書物を参照するよう指示していたが、中には異端書として公式に禁じられている書物もあった。エッケハルトは、麦芽作りのことが詳細に書かれているプリニウス[5]の『博物誌』を知っていた。プリニウスは一世紀に、史上はじめてホップに言及し、Lupum salictarium（ルプム サリクタリウム）と呼んでいた。

「オオカミ（Lupus）に柳（Salix）？　どういうことだ？」とニクラスは首を傾げた。

プリニウスは、この呼び名についても説明していた。この植物は、オオカミが柳に飛びかかるように生い茂るからだという。またプリニウスは、ホップが適しているのは食用のみだが、日常食というより珍味と捉えていた。

パナポリスのゾシモス[6]の書物には、古代エジプト人の麦芽作りの描写があった。さらにスペインの司祭オロシウスは、六世紀に行われていた麦芽やビールの造り方を書き残している。

エッケハルトは、これらすべての著者と書物を紹介し、十一世紀までのビール造りの発達史がニクラスとアルベルトにもよくわかるように、ありありと叙述していた。

最後には、アラビア人の医者の手記まで見つかった。異教徒の書物は通常、鍵をかけて保管されている

4　ザンクト・ガレン修道院の修道士のエッケハルト四世のこと。九八〇年頃～一〇五七年以降没。
5　ガイウス・プリニウス・セクンドゥス。二三～七九年。古代ローマの博物学者、政治家、軍人、通称「大プリニウス」。
6　三世紀ごろの古代ギリシャの錬金術師。

のだが、この手記はエッケハルトの本に挟まれていたのだ。この医師メスエ[7]によると、ホップは血をきれいにするという。このことは後の書物のあちこちにも書かれていた。またホップは黄疸の治療にも使えるという。さらにこの医師は喘息、肝臓や膵臓の病、熱や炎症にもホップを勧めていた。

ニクラスははじめて、笑われる心配をせずに、自分の思いつきや考えを打ち明ける機会を得た。

アルベルトは、偏見というものを一切持っていなかった。ふたりとも誠実かつ率直だったため、多くの思いつきが早々に却下されもしたが、ニクラスはこうした議論を大いに楽しみ、議論を通して得た最も重要な事柄を記録する時間がもっとあればと願うのだった。

十章

どの醸造所でも苦労するのは、熱い麦汁を速く冷ますことだった。ビール醸造史初期の段階で人々は早くも、麦汁の温度が相当下がらないと発酵が進まないことに気づいていた。

どこまで温度が下がればいいのかを、正確に知る醸造家はいなかった。経験を積んだ醸造家は、たとえば麦汁に指をさっと入れて温度の下がり具合を確かめた。〈麦汁は夏の日の熱気を超えるべからず〉という言い回しがある。だがそこまで冷ますには何時間もかかる。

麦汁が発酵を始める前に腐敗してしまうこともままあった。そもそもこれこそがビールを造りそこねる最大の原因のひとつだった。

ある日のこと、ニクラスとアルベルトは、いつものようにホップ入りビールを仕込んだ。この後、麦汁桶の温度が十分下がるまでしばらくかかることはわかっていた。

桶の流出口は、木の留め杭で栓をしてあった。ニクラスは、この杭が腐りかけていることを前々から察知していて、修道院の大工仕事担当のロータル修道士に新しい杭を注文するつもりでいた。

ニクラスとアルベルトが、工房内の片隅の発酵槽で仕込みの最終準備をしている間に、杭が緩んで落ち、中の熱い麦汁が床へ流れ出した。

出来立ての熱い麦汁の、甘い香りが漂ってくるまで、ふたりとも麦汁が流れ出していることにまったく気づかなかった。すぐさま駆け出そうとしたアルベルトを、ニクラスが引き止めた。トーマスの死亡事故が頭をよぎったのだ。

「待てアルベルト、そこはものすごく熱いぞ。やけどしないように気をつけろ」

ふたりはだんだん広がっていく床の麦汁溜まりをよけながら、ゆっくり進んだ。麦汁溜まりはすでに手に負えないほど広がっていた。落ちた杭を拾い上げようと、ニクラスはサンダルのまま麦汁の中に足を踏み入れた。

ニクラスが熱くてものすごい叫び声を上げるのではとアルベルトは身構えたが、そうはならなかった。それどころかニクラスは溜まった麦汁に手を突っ込んでつぶやいた。

「驚いたな、もうたいして熱くない。なぜだろう？」それを聞いてアルベルトは、ニクラスがまた何か考えをめぐらしているのがわかった。

それから数日、ニクラスはあれこれ考えては、いろいろと試してみた。麦汁の熱があんなに早く冷めるという事実を知り、ニクラスの発明家魂に火がついた。驚くべき速さで麦汁が冷めたのは床が石でできていたからだろうか？　石で小さな桶を作り、中身が冷える速さを木桶の場合と比べてみた。いや、原因は石ではない！

ついに理由がわかった。深さに比して表面積が大きいことが決定的だったのだ。

新発見が神への冒瀆とみなされる危険も承知の上で、ニクラスはロータルに醸造所へ来てもらい、注文をした。

「大きな桶の中身がそっくり入る特大の桶を作ってくれないか。ただし高さは手の幅までにしてほしい」

ロータルは最初、何を要求されているのか分からなかった。そこでニクラスは、白墨を手に取り、自分が欲しいと思っている桶の形を大まかに描いた。ロータルはニクラスの無分別にあきれて頭を横に振りながらも、承諾して帰っていった。

ロータルが新しい桶を製作している間に、ニクラスとアルベルトは二人の助手と共に、新しい桶を麦汁桶の下に置けるよう、工房内を片付けた。ペーターが二、三度入ってきて文句をつけたが、「俺の道具が必要な時にすぐ見つかるなら、まあいいさ」と言って大目に見てくれた。

四週間後、ついに桶が完成した。ロータルが自分の助手たちと桶を醸造所へ運んできた。一番長いところで十二エレ（六〜九・五メートル）、幅は一番広いところで八エレ（四〜六・五メートル）あった。こんな奇妙な桶は、これまで誰も見たことがなかった。

　ロータルは、細い横板を桶の両脇に斜めにあて、下から上に向かって幅が広くなるようにしていた。横板もまた、少し外側へカーブしている。

「やあ、こりゃまた見事だな、ロータル。なんだいこの変わった船は？」

「船大工にでもなったのかい？」

「それにしちゃあ、海はかなり遠いがな」

　興味津々で見に来た修道士の幾人かは、そう言ってからかった。

　なるほどこの奇妙な桶は、船に似ていなくもない。幅がやたら広くて平底の船だ。ただ帆が欠けていた。

　ニクラスも修道士たちがからかうのを聞いていたが、悪意があるわけでも、不信感に満ちているわけでもなかったのがことのほか嬉しかった。そんなわけでこの桶を冷却船（クールシップ）と呼ぶことにした。

　ペーターもこの桶のことで冗談を言った。アルベルトは、ニクラスが誇らし気に胸を張って冷却船の周囲を見て回っては、細部をチェックしたり、そっと撫でたりするのを見て、にやつかずにはいられなかった。

「今日からこいつを冷却船と呼ぶことにする。こいつは麦汁を発酵させるのに必要な冷却時間を大幅に短縮してくれるだろう。これからは麦汁が冷えるまで何時間も待つ必要はないし、待ち時間が長すぎたせいでビール造りに失敗することもないだろう」

確かにそうなることを証明するため、ニクラスは醸造長のペーターを説得し、翌日一緒にビールを造ってもらうことにした。その日は一日中隣り合って働いたが、ほとんどしゃべらず、午後になっていよいよ真実を知る時が来た。

ふたりとも仕込みを終え、後は発酵を待つばかりになった。さあこれからだ。

ニクラスとアルベルトは、緊張した面持ちで麦汁桶の脇に立った。ニクラスが新しい杭を注ぎ口から抜いた。麦汁は冷却船へと流れ出した。数分後には湯気の上がる大きな池のようなものができた。

ペーターはただそばに立っているだけだった。彼には何もやることがない。ペーターが仕込んだ麦汁は桶に入ったままだ。だがニクラスとアルベルトがインチキをして自分を騙したりできないよう、その場を離れずにいた。

しばらくしてニクラスは小指を麦汁に入れてみた。が、すぐさま引っ込めた。まだ熱い！

それでまた待った。待って、待ちつづけて……。

次に確かめたときには、少しぬるくなっていた。

三度目に指を入れるや、ニクラスは笑みをもらした。「よし、いいぞ。もう発酵させていいだろう」

ペーターはそれまでうとうとしていたが、ニクラスの声で一気に目が覚めた。ニクラスとアルベルトがすでに冷却をすませたのを見てとると、右手をすっぽり自分の桶に突っ込んだ。それまで一度も温度を確かめていなかった。手で麦汁をかきまぜようとして、動きがふいに止まった。次の瞬間、顔が真っ赤になり、押し殺した叫び声が漏れた。

やけどした右手を、ペーターは急いでバケツに入った冷水で冷やした。幸い火ぶくれはできずにすんだが、ところどころ赤くなり、それが消えるまでしばらくかかった。

ペーターは、新発明の冷却船のかたわらに立つニクラスを尊敬の眼差しで見つめた。その後ペーターは二度とニクラスを叱らなかったし、文句を言うこともなかった。それどころか、しばしばニクラスに助言を請うようになり、ニクラスの冷却船をもとに自分用のものを作らせた。

冷却船の導入でビール造りそのものが楽になっただけでなく、時間が短縮されたので、その分浮いた時間を有効利用できるようになった。それに掃除も楽だった。狭くて深い桶より、広くて浅い冷却船の方が内側を擦りやすいからだ。

冷却船は、ビール醸造における最新の発明品として、近隣の修道院にも瞬く間に知られるようになった。やがて遠くからも見学者が来るようになり、ニュルンベルクやレーゲンスブルクからも見学者がやってきた。


定期的に訪れる訪問者から、ニクラスとアルベルトが知ることができたのは、修道院の外の出来事だけではなかった。この新しい魔法の道具を見に訪れるのは、親方か、最低でも見習い期間を終えたビール職人が多かったので、他の醸造所の長所や短所も聞き知ることができた。

ビールの善し悪し、不幸な事件、災害、新しい配合や工程など、ヴァイエンシュテファンの醸造家たちと訪問者にとって興味の尽きない話題はいくらでもあった。

ある日、ニュルンベルク近郊から若い醸造職人が、ヴァイエンシュテファンを訪れた。その職人が働く醸造所は、まだ設立間もない小さな修道院にあり、ウルブラッハから一日の距離だという。

新鮮なホップ入りビールをジョッキ二、三杯も飲むと、その職人はすっかり饒舌になった。一人の人間がこんなに変貌する様を、ニクラスとアルベルトはそれまで見たことがなかった。二人はその職人の修道院がある地方のことを少し尋ねた。無論ニクラスは、古巣のウルブラッハについても何か聞けるのではと期待していた。

「ウルブラッハに行ったことはあるかい？」とニクラスは期待を込めて聞いてみた。

若者の悪気のない率直な返事を聞いて二人は驚いた。

「ウルブラッハにはよく行くよ。ビールのことを多少なりとも知っているなら、ウルブラッハ修道院で造るビールは、この辺りで最悪だってわかるさ。前はあそこにもいい醸造家が一人、いや二人いたって話さ。そのうち一人は死んで、もう一人は追い出されたらしい。今じゃ年寄りの醸造家が一人いるだけで、造るのはありえないほどひどいグルートビールだ。ビールが目当てでウルブラッハに行く者は今じゃもうひとりもいないね」

ベルナルトもウルブラッハを去ったことを知った。ベルナルトはアンスガーと揉め、怒ってウルブラッハを飛び出し、アウクスブルクへ行ってしまった。そしてそこでドミニコ修道会に入ったという。

十一章

数か月が過ぎた。ヴァイエンシュテファン修道院と醸造所は活気にあふれていた。たえず新築したり、修復したり、修理したりする必要があり、修道士たちはせっせと働いた。ニクラスは「自分の」醸造所と仕事ぶりに、これまでついぞ感じたことのない誇りを覚えていた。

ときおり上層部から、世俗に甘んじないよう、謙虚、敬神、霊性をもっと重んじるよう、注意を受けることがあるにはあった。それでもウルブラッハでの最良の日々ですら、ここで責任を持ってビールを造るとき以上に充実してはいなかった。醸造所全体の責任者はあいかわらずペーターだが、ほとんどの修道士が事実上の責任者はニクラスだとみなしていた。

ペーターはこの二年間で、見るからに老け込んで忘れっぽくなり、完全に呆けてしまったかと思えることもあった。いいビールを造ることも時にはあったが、配合をことごとく間違え、とんでもない味のビールを造ってしまうこともままあった。

ついこの間も、ペーターはコリアンダー入りのビールをこしらえた。ところがあろうことか、コリアンダーの実ではなく葉の方を麦汁に入れてしまった。出来上がったビールはひどいものだった。修道士の数人が、石鹸の味と臭いがするとけなすのを聞いて、ふいにニクラスはコリアンダーの名前の由来に合点がいった。ニオイヒメウイキョウとかカメムシ草と呼ばれるのも無理はない。まさに潰したカメムシのような味だったからだ。コリアンダーという名称は、ギリシャ語でカメムシを意味する「Coris」から来ていたのだ。

だがペーターはニクラスとうまくやっていたし、ニクラスを自分より優れた醸造家だと手放しで認めていたので、二人の間に諍（いさか）いが起こることはなかった。

二人は並んでそれぞれのビールを造っていた。ニクラスは時々、アルベルトがペーターをからかおうとするのをたしなめなければならなかった。


一二七〇年になるまでは、ヴァイエンシュテファンではすべてが滞（とどこお）りなく進んでいた。災害はもう何年もなかったし、最後の不作は三年前だ。この先もすべてうまくいくだろうと、誰しも楽観視していた。問題もあるにはあったが、取るに足らないことか、むしろ笑い飛ばしてしまえることだった。例えば、ここ数か月間、修道院内の病床が常にうまっている件だ。ヴァイエンシュテファン修道院で疫病が蔓延しているからでも、修道士たちが病気にかかりやすいからでもない。原因はむしろ、肉類の摂取を制限する、ベネディクト会の厳しい戒律にあった。聖ベネディクトは、肉を食べていいのは体力の増強を必要とする病人や虚弱な者のみ、と定めていたのだ。

肉料理が得意で、新種のソーセージまで作ってしまう料理長が新たに来てからというもの、診療所は常に患者でごった返すようになった。

アルノルト修道院長はこうした事態を鑑みて例外を設け、決められた日には健康な修道士にも肉食を認めた。

豚の餌に回さなかったくず肉を詰めて作った新しいソーセージが特に、修道士を虜にした。中部イタリアで、三百年前から作られるようになったというこのソーセージはモルタデッラと呼ばれていて、修道院の厨房でも作られるようになってきていた。

誰もがアルノルトのこの粋な計らいに喜び、患者は次第に減っていった。


一二七〇年九月のその夜は、すでに本格的な秋を迎えていたにもかかわらず暖かかった。ニクラスがヴァイエンシュテファンへ来て四年目だった。終課を終えると誰もが寝室へ向かった。ニクラスもうぐっすり眠っていた。と、ふいに乱暴に揺り起こされた。

ベッドが、いや、寝室全体が激しく揺れている。でこぼこの畑道を猛スピードで走る牛車に乗っているかのよう、あるいは嵐の中、小船に乗っているかのようだった。床が揺れ、壁がぐらぐらする。地底深くから凄まじい轟音が聞こえてきた。まるでベッドの真下から聞こえてくるかのようだった。

何が起こっているのかさっぱり分からなかった、ただ非常に恐ろしい事が起こっているのを感じた。

とっさに扉の取っ手をつかんで開け、部屋の外へ飛び出した。船に乗ったことはまだないが、おそらく船上で歩くのはこんな感じだろうと思った。転ばないよう大股で廊下を走り抜けると、脇の扉から庭へ出た。

地面が揺れているだけでなく、まわりが真っ暗なことにニクラスはすぐさま気づいた。月はどこかと探したが、漆黒の夜空が見えるだけだった。急に寒くなり風が出てきた。幽霊の一団が修道院を襲ってきたかのようだ。

修道院の住人全員が起き出したようだ。暗闇の中で逃げ道を求めて右往左往している。最初の数回の揺れで、鍋が落ち、棚や机や椅子が倒れた。壁にかかっていたものは何もかも落ちて壊れ、床に散乱していた。

多くの者が落下物に当たって怪我をし、暗闇の中、外へ出る術(すべ)を見つけられずにいた。覚えのない新たな壁に行く手をふさがれ、普段どおり先に進むことができない。

大小様々な形の石が、ばらばら落ちてくる。当たって怪我をしないよう、ニクラスは細心の注意を払わねばならなかった。

修道院の中庭は、気が高ぶった者たち、叫び声を上げる者たち、せわしなく動き回る者たちであふれていた。中には地震が収まるまで居られる安全な場所を探して、そこら中走り回っている者もいた。

教会の中が一番安全だと思い、そこに逃げ込む者もいた。だがそれは後に間違いだったと知れた。

ニクラスは、意識の片隅で、大地がまだ激しく揺れ動いているのを感じていた。だが同時にどこで助けが必要とされているか、またすぐに対処すべきはどこか、把握しようとしていた。もっともニクラスも他の大多数の者たち同様、ひどいパニックに陥り、自然の驚異の前に途方に暮れていた。落石が肩をかすめ、一度などは落ちてきた燃える梁を危機一髪でかわした。それでもかすり傷を何ヶ所か負い、出血はしたものの、たいした怪我はせずにすんだ。

だがニクラスのように運に恵まれた者は例外だった。草の上に横たわる者、泣く者、ひどい傷を負って血を流す者が至る所におり、中にはもう手の施しようがない者もいた。

来客用の宿坊は斜めに傾き、今にも倒れそうだった。宿泊者が数人、すんでのところで逃げおおせた。建物はとうとう倒れ始めたが、食堂の頑丈な壁が途中で崩れ落ちるのを食い止めた。食堂からも人々が叫びながら飛び出してきた。だが宿坊の壁がそれ以上崩れなさそうだと見てとると、助かったと思い込み、見ず知らずの他人と抱き合って喜んだ。ところがその瞬間、壁が崩れ落ち、食堂の壁の一部もそれに巻き込まれた。舞い上がった砂埃が消えると、宿泊者は抱き合ったまま事切れていた。

そうこうするうちに三か所で火の手が上がった。夜の暖を取るため薪を燃やしていた木造の建物の一部が崩れたせいだ。みるみる高く燃え上がる炎を前に、ニクラスは被害の大きさを予感した。

と、ふいに静かになった。すべてが静まりかえった。

大地はものすごい速さで音を立てて揺れたが、静まるのもまた速かった。揺れたのはおそらく二分ほどにすぎなかっただろう。だがそのたった二分で長年の労苦が水泡に帰した。

修道院の庭にいた者たちは、その後、二度の余震に怯えたが、それ以上の被害は出なかった。

やがて月がまた顔を出した。まるで地震を避けて隠れていたかのようだった。それとともに、生き残った者の間で不安げな悲鳴があがった。

突然襲われた恐怖感が薄れていくのをニクラスは感じた。いくらか冷静にものが考えられるようになると、怪我人や死者への対応が十分なことを見届けてから、醸造所の様子を見に行くことにした。

まずはあちこち歩き回り、誰かが調達してきた布を配り、傷口にそれを巻いたり、慰めの言葉をかけたりした。流血のひどい者の多くは、見た目は目を覆わんばかりだが、致命傷にまでは至っていなかった。ただし頭に重傷を負った者たちは助かる見込みがなさそうだ。

ニクラスは軽傷ですんだ何人かといっしょに重傷者の世話にあたった。火を起こし、ニワトコの油を熱した。熱した油を傷口にたらして焼灼するのだ。激痛ですさまじい悲鳴があがった。ニワトコの油が効かないことは滅多になく、傷口を消毒し、流血を止めてくれる。

最初のショックが治まると、荒療治を受けた者たちもやがて静かになった。すでに気絶していたのでなければの話だが。

中庭に静けさが訪れた。

ニクラスは辺りを見まわした。


若い女が一人、二人の子供と共に、宿坊と食堂の隙間で死んでいた。建物の外には出られたが、崩れた鐘楼の石に当たったのだ。

ニクラスは絶望した者たちの間を、ゆっくりと歩いていった。瓦礫の上に座っていたり、あちこちに立っていたり、泣いていたり、怪我人の救護に当たっている者を茫然と見つめたりしている。彼らは自分が探している者たちが、ひょっとして無傷でいて、瓦礫の中や破損の少ない建物からひょっこり出てくるのではないか、と期待していた。

建物の多くは、半木骨造（ハーフティンバー）と呼ばれる様式で造られていた。ニクラスがウルブラッハへ来てはじめて見たのと同じ様式だ。宿坊と各工房はこの様式で建てられていた。そうした建物は完全に倒壊してしまった。元の姿を窺わせるものは何ひとつない。砂埃や瓦礫、梁や石や雑多な生活用品が重なって散らばっているだけだった。

聖コルビニウスと熊の石像も倒れ、その下敷きになって男がふたり、死んでいた。

食堂や教会のように、壁が強固な石で造られている建物もいくつかあった。こうした建物は、出来損ないの箱のように、一部の壁が崩れ落ちていた。それでも原型をかなりとどめているので、建て直すことができるかもしれない。

教会の中にも、避難したはいいが、落石や梁に当たって死んでしまった者が数名いた。

他の何人かとできることをしているうちに、ニクラスは無意識に醸造所へ近づいていた。負傷者三名に水をやってから、醸造所のある一画へ来た。

ようやく醸造所の方へ目を向けた。ところがそこには、がらんと何もない空間が広がっていた。半木骨造（ハーフティンバー）だったが、完全に倒壊していた。夜は醸造作業をしないことにしていてよかった。さもなければ誰一人助からなかっただろう。近づくと残骸の中からうめき声が聞こえた。

あわてて駆け寄ると、梁の下敷きになって重症を負っているペーターを引きずり出した。

後にわかったことだが、ペーターは地震が起こった時に醸造所にいたのではなく、騒ぎの中、最初に脳裏をよぎったのが醸造所で、一も二もなく駆けつけたのだ。ちょうどたどりついたときに、建物が崩れた。それで建物のど真ん中ではなく、片端で被害に遭ったのだ。

それでも怪我の状態はかなりひどく、予断を許さなかった。ニクラスは助けを呼び、二人がかりでペーターを臨時の救護所となった大きな食堂に運び込んだ。

ペーターの片脚は不自然に曲がり、骨が一本飛び出し、頭の大きな傷からは、かなりの出血が見られた。

ペーターを二人でしっかり押さえ、曲がった足をひねって正しい位置へほぼ戻し、骨をついだ。それから焼灼した後、添え木をあてがった。幸いペーターは痛みのあまり早々と失神してしまった。最後に頭に包帯を巻いて出血を抑えた。

ペーターを確かな手に委ねてから、アルベルトも相当な衝撃を受け、埃まみれでかき傷だらけではあったものの、たいした怪我ではないと確かめると、ニクラスは彼を連れて、ついさっきまで醸造所だった砂埃の舞い上がる瓦礫の山へ向かった。

二人は涙ながらにその前に立ち、まだ使えるものがあるかどうか探そうとした。

「砂埃と煙が消えるまで待とう。取りあえず、俺たち皆、休まなくては。また後で見に来よう」ニクラスは言った。

十二章

地震が残した爪痕は壊滅的だった。

十二人の修道士が亡くなり、宿坊の宿泊者三十人弱のうち十九人もが命を落とした。

多くの負傷者の怪我は完治するかどうか、まだ予断を許さなかった。ペーターの脚はこの先も変形したままだろうと思われ、ビール造りを断念せざるを得なくなった。

多くの建物が全壊した。宿坊、醸造所、作業場の他、家畜小屋もすべて崩壊し、中にいた家畜の半数が犠牲になった。

井戸とミツバチの巣箱も壊れ、ブドウ園とホップ畑は荒地と化した。

アルノルト修道院長は、すぐさま修道院の再建を決め、そのやり方についても有無を言わせなかった。

「これだけは言っておくが、地震を引き起こした罪を誰かに着せるようなことは絶対にあってはならない。これは神がお与えになった試練かもしれない、だが我々が、あるいは我々のうち誰かが、誤った生活や振る舞いをしたからでは決してない。そしてなぜ今夜、月が隠れてしまったのかも、いずれわかるだろう」

そうは言われても、地震によって醸造所が破壊された今、ここに留まって再建に手を貸すべきかどうか、ニクラスは思案に暮れた。アルノルト修道院長がああ言って警告はしたものの、地震が起きたのはニクラスのせいだと皆から責められるかもしれない。それならばいっそのこと出ていくべきではないだろうか。責められる理由など何一つないのだが、それでもニクラスは自分の醸造家としての使命に疑念を抱いた。ニクラスの師匠が二人、トーマスに続きペーターまでもが、仕事中に災難に遭ってしまったのだ。幸い今回、死は免れたが。

もしかするとこれは、自分たちの、あるいは自分の醸造の仕事を神が祝福していないことを示しているのではないか、とニクラスはひとり考え込んだ。だが、なぜなのだ？

長いこと悩み、自分の良心とも向き合った結果、ニクラスはある日、修道院長のところへ行き、今年いっぱいでヴァイエンシュテファンを去らせてほしいと願い出た。

修道院長は、案の定驚いて理由を尋ねた。

「実は私もよく分かりません。ウルブラッハで災難に遭った私を、院長様はここへ迎え入れてくださいました。そのことには感謝しています。ただ、私は仕事上悪運に見舞われているように感じるのです。その厄を醸造所の再建に持ち込みたくないのです」

修道院長はニクラスのこの決断に驚き、怒って言った。

「そなたは我が修道会の基本戒律の一つ、〈定住〉に違反しているとわかっているのか？　すでに聖ベネディクトが定めている。修道会の誓いは修道会だけでなく、それぞれの修道院にも当てはまる。この戒律はここでは〈祈りと労働〉の次に大事なのだぞ」

こう言われてニクラスは驚いた。そんなことはまったく考えていなかったのだ。

「私の許可なく出て行けば、もう戻ってくることはできない」

修道院長はニクラスが茫然としているのを見てとり、口調をやわらげて質問した。

「許可が下りたら行きたい所があるのか?」

「ザンクト・ガレン修道院について、あれこれ良いことを聞いています。特にビール造りについてです。エッケハルトの書物を読んで興味が湧きました。あちらへ行って、醸造家として採用してもらえるか聞いてみようと思います。一生懸命学び、祈り、そして働けば、少しは厄も落とせるかもしれません」

「なるほど、ヘルヴェティア(スイスの古名)の同士たちのもとへ行くのだな。それならばベネディクト会に残れるだろう。そなたは本当に不運につきまとわれているようだが、別の場所で運を試すのも悪くないだろう。ザンクト・ガレンの修道院長に一筆書いてしんぜよう。そうすれば受け入れてもらいやすくなるはずだ」

アルノルト修道院長は、ニクラスに贖罪の祈りを課すと、ザンクト・ガレンの話を続けた。

「ザンクト・ガレン修道院は、あの地方では暗闇の中の一筋の光だ。それはビール造りにも言える。善良なエッケハルト亡き後、変わったところもあるがな。数年前に一度行ったことがあるが、ここは比べものにならない。特に醸造所はな。あの頃は三つ醸造所があったが、設備はここより格段に良かった」

それから数週間後、ニクラスの旅立ちの準備が整った。

ペーターとの別れは短いが親しみのこもったものだった。

一方アルベルトとは長話をした。醸造所の建て直しや改善計画、新しい調合についてだけでなく、〈純粋なる醸造家〉の同盟についても話して聞かせた。アルベルトにはその資格があるとニクラスは確信していたし、ヴァイエンシュテファンの醸造所には、今こそその倫理を順守する醸造家が必要だった。

アルベルトはそれを特別な栄誉と受け止め、喜んで誓いを立て、新しいビールの樽には一つ残らず醸造家の星を付けると約束した。

最後にニクラスは言った。

「君には立派な醸造家に必要な条件がすべて揃っている。醸造所再建の成功を祈るよ。ビール造りにはペーターの知識を生かすといい！　ペーターにはきみに教えられることがまだたくさんある。いつかまた会えるよう祈っている」

こうして、ヴァイエンシュテファン修道院での四年間に別れを告げ、ニクラスは旅路についた。

春だった。

ニクラスは二十二歳になっていた。

十三章

街道で追い剝ぎから身を守るため、ニクラスは当初、旅人の一行に加わっていた。しかし彼らの歩みがあまりに遅いので、ほどなく一人で行くことに決めた。所持金も少なく、身なりから修道士であることは明らかなので、恐れることはほとんどなかった。

それに年が明けたばかりの今の時期は天気が悪すぎる。時間に余裕があり、追い剝ぎが狙うだけの金銭を有する者が旅に出るのは、まだ数か月先だ。

ニクラスは回り道をしてアウクスブルクへ寄ることにした。ヴァイエンシュテファンを訪れた遍歴ビール職人から、ベルナルトがアウクスブルクへ移ったと聞いてから、いつか訪ねたいと思っていた。その機会がようやく訪れた。

三日目が暮れる頃、ニクラスはアウクスブルクに着いて、ドミニコ会修道院の門を叩き、ダウアーリンクのベルナルトに会いに来たと伝えた。ベルナルトとは、四年以上会っていなかった。

現れたベルナルトを見て、ニクラスはとても驚いた。四年の間に、ニクラスの頭一つ分も背が高くなった半面、体重は減っていた。病的なほど青白いせいで、痩身がいっそう際立っている。歯並びは相変わらず悪かった。ベルナルトは愛想よく笑顔でニクラスを迎えた。「我が友、我が同士、アウクスブルクへようこそ。ところで何しに来たんだい？　いや、ちょっと待て、日課が終わり次第、何か飲む物と食べる物を取ってこよう。それから何もかも話してくれ」

ニクラスの寝床を確保しがてら、ベルナルトは修道院の重要な部屋を見せてくれた。二人は気ままにしゃべり合い、ニクラスはベルナルトが痩せたことに言及した。

「ここにはまずいビールしかないのかい、それとも自分が焼いたパンがおいしくなくなってしまったのかい？」

ベルナルトの答えは思いがけないものだった。

「君が心配することじゃない。それなりの理由があって、食べ物にがっつき、ビールをがぶ飲みするような修道士とは距離を置いているのさ」

どことなくベルナルトは変わってしまったようだ。

やがて二人は宿坊のテーブルについた。ベルナルトは気を取り直していた。

8の字を少し曲げた形のパンが出てきた。ニクラスが驚いて見ていると、ベルナルトが笑いながら説明してくれた。

「パン工房で働いていた時に思いついたんだ。でさ、信じられないだろうけど、これを作っているとき、君のことを考えていたんだよ」

ベルナルトの話を聞く間、ニクラスの顔を驚きと不信が交錯した。

「今きみが見たとおり、ここでは厨房とパン工房が醸造所のすぐ隣にある。ウルブラッハじゃ、酵母やビールの絞り滓を遠くまで取りに行かなきゃならなかったけど、ここじゃその必要はない。ある日、パン工房で生地を捏ねながら、ふと窓の外へ目をやったら、ビールの配給待ちの列に修道士たちが並んでいるのが見えた。修道士たちはいつも胸の前で両腕を交差させて順番を待っている。そのポーズがBrachitumといって、ラテン語で〈腕〉を意味するbraceに由来するのは君も知っているだろう。君の造るビールのためなら、みんないくらでも待つだろうなと考えながら、生地をBrachitumの形にして焼いてみたのさ。ここの修道士たちはこのパンが好きで、〈Braces〉と呼んでいる」

二人は心から笑い、新鮮なビールで乾杯した。ドミニコ会も独自のビールを造っていた。

だがニクラスはすぐ、ベルナルトが自分に勧めてくれたのとは違うビールを飲んでいることに気がついた。ニクラスのジョッキには濃い色をした甘味のある来客用のビールが入っているが、ベルナルトは色の薄い、ハチミツ入りのビールを飲んでいる。

ニクラスがその点に触れると、ベルナルトの表情に陰りが差した。

「今日ビールを飲むのは君のためだよ。普段はビールもワインも口にしない」

「一体どうしてだい？」と驚いてニクラスは尋ねた。

「君がウルブラッハを去ってから数か月して、アンスガーと一緒に醸造所へ行ったことがある。君の後任のビール職人と酵母の支給についてきちんと話し合うためにね。その後みんなでビールを何杯も飲んだ。飲み過ぎたんだ」

ベルナルトの顔が曇った。

「これから君に話すことは、まだ誰にも言ったことがない。君も誰にも言わないでほしい」

そう言って続けた。

「翌朝目が覚めると自分の部屋にいた。裸で、修道服は床に脱ぎ捨ててあって、濡れていた。酔いすぎて漏らしてしまったんだろう」

曇り顔が赤面に変わった。

「そして横には、臭いにおいをプンプンさせたアンスガーが寝ていた。彼も裸だった。良くないことが起きたのかどうかはわからない、だが裸だというだけでたくさんだった。僕は僧衣を頭からかぶるなり、部屋から飛び出した」

ニクラスは何か言おうとしたが、ベルナルトは手を振ってさえぎり、話を続けた。

「数時間後戻ったときには、アンスガーは無論、もういなかった。彼とはそのことについて何も話していない。これがウルブラッハを出た一番の理由だ。そして二度とあんなに酔うようなまねはしないと決めた。酩酊と暴飲暴食とで自らを貶めていたんじゃ、反キリストの思うつぼさ」

ベルナルトの声が大きくなった。

「僕は断固として反キリストに立ち向かう！　そのためにドミニコ会に入ったんだ」

気まずくなって、ニクラスは話題を変えようとした。

「もうパン工房では働いていないのかい？　ブラケスのようなおいしいものは、もう作らないのかい？」

「いや、今は頭を使って主の僕になる道を歩んでいる。ここで弁論術、論理学、母なる教会の歴史を学んでいるんだ」

かつてトーマスやアルベルトとさんざん議論をして鍛えられているという自負から、ここはひとつベルナルトと討論をしてやろうとニクラスは考え、思い切ってこう問いかけた。またよどみなく話せるようにしたいという意図もあった。

「そうか、弁論の名人になりたいのか。なら教えてくれ、人間にとってどの糧がより重要か、精神の糧か、それとも身体の糧か？」

ベルナルトは緊張を解き、にやりと笑って言った。

「至極明快だよ。精神と魂だけが人間を動物と区別する。ゆえに精神の方が重要なのさ、でなければ人間ではなくなる」

ニクラスは反論した。

「しかし食物がなくては体が死んでしまう。だから体の糧の方が大事なんだ」

「それでも魂は生き続ける」

「だが魂に食物は与えられない」

こうしたやり取りがしばらく続いた。この図式に当てはめ、比較できる別の対象を探した。ビールとワインの比較では、すぐにビールの方が優れていると意見が一致した。ニクラスは熱弁をふるった。

「教皇様は断食の間、ワインを禁止するのに、ビールはお許しになっているが、それだけでビールの方が役立つ飲み物だといえる」

最後に二人はビールとパンを比較したが、ここでは互いの意見が相反した。

ニクラスはふたたび断食の例を持ち出し、パンは禁止されているのにビールは許可されていると指摘した。

「そもそも〈飲料は断食破りにならず〉というのは最も古い規則の一つだしな」

ベルナルトが反論する。

「なぜそういう規則なのか知ってるかい？　何世代も前の修道士たちが、断食の間もビールを飲む許可を教皇様から得ようとした。断食用のビールにいい印象を持ってもらい、修道院で醸造する許可につなげようと、ビールを樽に詰めてローマへ運んだ。アルプス越えの際に樽は激しく揺さぶられ、イタリアの日差しに再三再四温められた。そうして数週間後、ローマの法皇様の元へ届けられたときにはビールは酸っぱくなっていた。教皇様は評判のそのビールを味わおうとしたが、まずくて飲めた代物ではなかった。だがそれゆえに修道士たちの魂の救済をたいして損なわないだろうとお考えになった。それで断食の間のビール造りをお許しになったのさ。いいか、ただ単にビールがまずかったから、というのが理由なんだぞ！」

ベルナルトはジョッキを持ちあげてビールを飲んだ。

ベルナルトはまだ一杯目を飲んでいたが、その間にニクラスの方は強いビールをジョッキ三杯飲み終えていた。

それからちょっと笑いながらそれとなく発した言葉を、ニクラスはその後一生、後悔することになる。

「僕ら〈純粋なる醸造家〉の盟友が教皇様にビールを送っていたら、きっと美味しくお飲みいただけただろうに。ひょっとして一杯飲み過ぎることになったかもしれない。そしてそれが理由で断食のビール造りを許されることになったかもしれないな。少なくともいくらか元気が出るようになってな」

ベルナルトがニクラスを誤解したのか、あるいは敢えて曲解したのかどうかはわからない。ベルナルトは立ち上がるとテーブルに両手のこぶしをつき、額に太い青筋を立てて怒鳴りつけた。

「神聖な断食と教皇様を笑い者にするとは！　君も、秘密の印を持つ〈純粋なる醸造家〉も我慢ならん！秘密の印なんぞを必要とする輩は、何か隠しているに決まっている！　今後人前で〈純粋なる醸造家〉の話をするのは慎むんだな、ニクラス！　それにもっと神を畏れろ！　でないと後悔するぞ！」

それだけ言って立ち上がると、ベルナルトはそのまま自室へ引っ込んでしまった。

翌朝ニクラスが修道院を去る時も、ベルナルトは姿を見せなかった。図らずも友を失ってしまい、ニクラスは意気消沈した。そしてどうやら敵を作ってしまったらしかった。

十四章

ニクラスは昨晩の出来事を一日中考えてはあれこれ思い悩んだ。人はあれほどまでに変わるものなのだろうか？　ベルナルトは自分に何か危害を加えるだろうか？　最初の問いに対する答えは分からない。二つ目の問いは否定した。それから他の楽しいことを考えようとした。

二日後、ラーヴェンスブルクの町にたどり着いた。近くに修道院があるかどうかわからなかったので、町の宿に泊まった。

夕方になってようやくきちんとした食事を摂った。大麦のスープに鶏の冷製、子牛肉少々に酢ときゅうりを添えたもの、そして果物。甘味のある黒ビールも大きいジョッキに二杯飲んだが、ニクラスには少々甘すぎたし、すえた臭いもした。隣のテーブルでは二人の客が〈製紙水車〉とかいう新発明の話をしていた。

「悪魔の所業だ」と一人が言うと、「くだらんことを。おれたちキリスト教徒だって異教徒から学べることはあるさ」ともう一人が返した。ビールを何杯か飲み干す頃には、二人は激論のあまり頭突きでもしかねない有様になっていた。

そこへ太った厚化粧の娼婦が現れ、二人の気がそれた。娼婦は客引きをして歩いていた。ニクラスも娼婦を見つめた。故郷のハーンフルトでも、ウルブラッハやヴァイエンシュテファンでも、このような女を目にする機会はなかった。女が側(そば)へ来ると、ニクラスはびくっとした。

ニクラスは二十二歳になっていたが、いまだに女には縁がなかった。目の前の女は美人には程遠かったが、ごてごてに着飾った年増のこの娼婦にある種の魅力を感じた。

娼婦は下品な冗談を言った。そして甲高い声で笑うと、食堂中が笑いに包まれた。ニクラスは赤面したが何も言わなかった。居心地が悪くなり、関心がないことを示そうと女を押しやった。

娼婦は気を悪くしたそぶりも見せず、相手になりそうな次の男に寄っていった。娼婦のせいで少しばかり気が散ったが、さっきの二人はまた製紙水車をめぐって言い争いを始めていた。

俄然、好奇心が湧いてきた。ウルブラッハの穀物用水車と男たちが話題にしている新しい水車とではどこがどう違うのか、見て確かめたくなった。次の日、ニクラスは製紙水車のある場所を聞き出した。

水車小屋につくと、ニクラスは自分が修道士であり、ザンクト・ガレン修道院へ行く途中だと伝えた。水車小屋の持ち主はハインリヒ・デア・モリナリウスと名乗ったが、当初は不審げだった。

「修道院は知識を独り占めするくせに、進歩の邪魔をする。修道士らは、わしが知っていることを知った途端に真似をする。そして大抵こっちよりうまくやるくせに、その知識をさらに広めようとはしない」

ニクラスは男をなだめ、自分はそんなつもりはないといって、納得してもらった。

「私はビール醸造家で、世人が知らないことも知っています。そうした知識は信頼できる者にしか伝えません。秘密は守れますし、紙を作ること以外の興味はありません」

ようやくハインリヒは気を許し、ニクラスに製紙技術について話してくれた。

「この新しい技術はアラビアで広まった。東方では、この新しい紙が羊皮紙を完全に駆逐してしまっている。百年程前から、イタリアでも買えるようになった。

最初の製紙用水車はイタリアで造られた。賢い商人らがアラビア人からその技術を買い取ったのさ。

そのうちの一人が追い剝ぎに遭って重傷を負ったのを、俺が助けて家に泊まらせた。その礼に商人は俺にこの新しい水車を見せてくれたのさ。当初は古い穀物用水車を改造しようと思っていた。それでも十分仕事はできたからだ。だがうちはみんなに嫌われていてね。穀物量を正確に把握するため、侯爵様が収穫した穀物を俺のところへ持って行くよう、隷農に強いてから、うちへ進んで来る者はいなくなった。

だが古い水車の隣に新しいのを建ててからは、すべてが一変した。あちこちから、特に北国から商人がやって来ては、俺が作った紙を欲しがる。このままいけば、十年後には王様並みの裕福な暮らしができるようになるだろうよ！　いずれ各都市でも紙を使うようになると、俺は確信しているんだが、そうなりゃうちが新しい水車を一つ二つ増やしたぐらいじゃ間に合わんだろうな」

多くの都市では、まだ証明書や契約書に紙を使うことを認めていないのだ、とハインリヒは説明してくれた。紙は目下、修道士が巡礼者のために書物や祈りの言葉を書いてやったり、商人たちが帳簿をつけたりするのに使われているという。

「製本もうちでやっている。紙の文書も、いずれ正式なものと認められるようになる。やがて民間にも手彩色の工房ができるだろう。字が読めて、金さえあれば、誰でも自分の本が持てるようになる。修道院以外でも本を扱えるようになるのさ」

二人は外に出た。戸の前に、隷農の男が大勢、手押し車にボロ布を山のように積んで立っていた。

ハインリヒは手短に買取り交渉をし、男たちは手押し車からボロ布を下ろし、積み上げた。どの男も、皮膚に発疹や膿疱(のうほう)ができていて、病気のように見えた。開いた傷口からは膿(うみ)が出ている。ハインリヒはニクラスに、彼らに近寄りすぎないよう注意した。

「あいつらは屑拾い病をもらってるんだ。貧民によくある病で、特に皮剥ぎ屋や、皮なめし屋、毛皮加工屋に多い。こうした職業には何か悪いもんがついてるに違いない。うちにもひとりやられてる者がいる」

ハインリヒは大声で職人を呼んだ。職人と下女が三人、走ってやってきた。女のうちひとりには、明らかに症状が出ていた。

全員、作業場に入った。ニクラスは少し遅れて後に続いた。

四人ともボロ布を取っては、隷農の男たちと一緒に小さく裂いた。それから裂いた端切れを大きな桶に入れた。桶には槌が四本入れてあった。

作業場の隅には扉があり、その扉の前から傾斜路が水場まで続いている。外には大きな羽根のついた水車があり、そこから伝動装置が壁を通して四本の槌に繋がっていた。

水が桶に足されると、水門が開いて水車が回り始め、同時に四本の槌が水を含んだ端切れを叩いて砕く。それを見て、ニクラスはすっかり魅了された。

ハインリヒが説明を続けた。

「ボロ布は水車と槌でドロドロになるまで叩く。少し時間がかかるが、腕のいい紙作り職人は、いい頃合いを見極めるコツを心得ている。こいつも新しい道具だ」

そういうと、ハインリヒは針金を編み込んだ濾し器を拾い上げて見せてくれた。「この細い針金でできた細かい目のおかげで、ドロドロの布をすくい取るのや、紙を圧搾するのが一段と楽になった。ついこの間までは葦で編んだざるを使っていたが、二回も使うとダメになって新しくこしらえないとならなかった。こっちの新しいやつは鉄製だから長持ちするし、作業も格段と速くなった」

二人はさらに水車小屋の奥へと進んだ。部屋の一つからすさまじい悪臭がした。

「あの中には何があるんですか？」とニクラスは尋ねた。

「ああ、これが俺の最後の秘密だ。あそこでは鍋で動物の皮革から膠を煮出しているのさ。紙に膠を塗っておくと、長持ちするし、羽根ペンのすべりもよくなる。触ってみるといい」と言うと、ハインリヒはニクラスに紙を一枚差し出した。ニクラスは紙に触れてみて、ハインリヒの言葉が決して誇張ではないとわかった。これまでの羊皮紙とは何という違いだろう！　これに物を書くのは楽しいに違いない。

ハインリヒはニクラスが欲しくてたまらない目つきをしているのを見てとって言った。

「いつかおまえさんも、ちゃんとした紙でできた本を買えるようになるさ。成功した暁にはまたここへ来るといい。俺の技術を駆使した最上の本をあげよう。あるいは俺の娘が結婚する際に、ビールを荷車一杯持ってきてくれ」

ニクラスは好機到来とばかりに即答した。「ご結婚の日取りが決まったら、二週間前にご連絡ください。ザンクト・ガレン修道院に使いを寄こしてくだされば、あなたをがっかりさせないよう努力しますよ」

十五章

ザンクト・ガレンへのさらなる道すがら、ニクラスはボーデン湖を渡るか、それともブレゲンツを経由して湖を迂回するか決めねばならなかった。ニクラスは迂回することに決めた。湖上は霧が深く、目の前に手をかざしても見えないほどだったからだ。

ブレゲンツを過ぎると激しい雷雨に見舞われ、ニクラスはびしょぬれになった。雨宿りする場所を探して雨の中を走る間、稲妻が光り、横殴りの雨がザーザー降り、この世の終わりかと思えるくらいで、死ぬほどの恐怖を味わった。道端に松が七本、背の高い順に並んで生えていた。先頭の大きく伸びた木から不格好な小さい木まで列をなして生えている様は、まるで大いなる御力(みちから)が成長段階に合わせて並べたかのようだ。激しい暴風雨の中なのでいっそう恐ろしげに映る。枝の形が人の手や顔のようにも見えた。

ニクラスを捕まえようとする手と、ニクラスを物欲しげに見つめる顔。一度などはベルナルトの怒りに満ちた顔が見えた気がした。ニクラスはぞっとし、ザンクト・ガレン到着に関する不吉な予兆かと思った。だが間もなく風雨をしのげる場所が見つかり、悪天候もいつしか収まった。

ヴァイエンシュテファンの時と同様、修道院長の紹介状があったおかげで、ザンクト・ガレン修道院にも快く迎え入れてもらえた。ザンクト・ガレンの周辺も最近、いくつかの災厄に見舞われていた。凶作や疫病で人口がぐんと減り、多くの耕地がぞんざいに打ち棄てられていた。どこもかしこも人手不足で、修道院もその例にもれず、修行ずみの新参者は大歓迎だった。同じ会派であればなおさらだ。

初めに行うべき手続きは、すでに心得ていた。一週間の隔離生活の後、晴れて修道院へ迎え入れられる。十四日間はあっという間に過ぎ、やがて修道院での生活が始まった。

醸造責任者の修道士はノートカーといい、年配のがさつな男で、この男の話す方言はニクラスにはさっぱりわからなかった。ノートカーの一番弟子はダーヴィトとディートの二人で、ふたりの言葉はいくらかわかりやすく、年もニクラスより少し上なだけだ。

ダーヴィトはニクラスとほぼ同じ背丈で、まだ若いのに髪は灰色で、首に不格好な大きなこぶがあった。ディートの方は背が高く、鼻に目立ついぼがあったが、何よりも目を引いたのは炎のような赤毛だ。二人とも、一見気の毒なほど不細工だが、心根はよく、いつでも快く話に耳を傾けてくれることがすぐにわかった。

二人はニクラスに、広い工房を見せてくれた。アルノルト修道院長が言っていた通り、ここには本当に工房が三つあった。ダーヴィトとディートの他に、もう一人レギナルトという醸造家がいて、この三人が工房を一つずつ受け持っている。一番大きい工房はダーヴィトにあてがわれていた。そしてこの三つすべてをノートカーが統括している。

その他に醸造見習いが大勢、せわしく立ち働いていて、ニクラスがこれまでに味わったことのないほどの活気にあふれていた。

醸造所全体の見取り図というものもはじめて見た。ウルブラッハやヴァイエンシュテファンでは、建物や設備の図面を引くなど考えたこともなかった。ここにはニクラスがこれまでのどの修道院でも経験したことのない進取の気性があった。

穀物貯蔵室の隣には麦芽圧搾機があり、水車で粉を砕いていないことにニクラスはすぐに気づいたのだが、大きな乾燥窯と冷却・熟成室もあった。そしてその中央に醸造室があった。図面にはさらに樽や桶を作る工房も描かれていた。

麦芽の圧搾に水車が利用されていることに、後になってようやく気づいた。

パン工房はここでも醸造所と同じ屋根の下に設置されていた。醸造所と同じく、パン工房も三つあり、大きい工房は修道士用、小さめのふたつは巡礼者や外部からの訪問者用になっている。

麦芽工房は一か所で、ここで三つのビール工房すべての麦芽を作っていた。

ダーヴィトは、ザンクト・ガレンでは新発明が不審がられたり、道徳に反すると思われたりすることはない、とニクラスに保証した。

修道院の来歴についても詳細に聞かされた。

ザンクト・ガレン修道院には、ビール醸造の長い歴史がある。ビールについて書き残しているのはエッケハルトだけではない。最古の書物はなんと五百年近く前のものだという。ノートカーはニクラスに、先の千年間に書かれたビール関連の記録を五十以上も見せてくれた。例えばロートパルトなる人物は農場を修道院に遺贈することに決めたが、死ぬまではそのまま農場を経営した。修道院は、彼から魂の救済の礼として、毎年三十アイマー（八〇〇リットル）のビールを得た。

ディートとニクラスは同時に同じことを考えて笑い出した。「そのビール、よほどひどかったんだろうな。だから修道士たちはすぐに、自分たちでビールを造ることに決めたんだ」

ダーヴィトとディートに院内を案内してもらっている間、ニクラスは図面と実際の部屋が見事に合致していることに感心しきりだった。

「ここが打穀場だ」ダーヴィトが言った。

「見ての通り、十字の形をしている。この部屋に主の祝福があるようにね」

とりわけ関心を引いたのは、発芽した穀物の乾燥窯だった。巨大な窯で、必要とあらば男一人が中で立ったまま内側に粘土を塗ることもできそうだ。柳の枝で編んだ乾燥台が窯をぐるっと取り囲んでいる。窯のてっぺんには、排煙口のついた小さな暖炉があり、煙はそこへ集まり屋外へ誘導される仕組みになっていた。

「この窯には百マルテル（五二〇〇リットル）以上の燕麦が入るんだ」

ダーヴィトが誇らしげに言った。

「これで毎日ジョッキ二千から二千五百杯ものビールが造れるのさ。我々が飲む分だけでなく、巡礼者や訪問者の分もな」

ニクラスはこれまで誰かが燕麦でビールを造るところを見たことがなかった。ここのビール醸造の現場にはじめて立ち会えたとき、使用している原料が確かに違うことに気づいた。ニクラスの故郷でも、ウルブラッハや、ヴァイエンシュテファンでも使っていた小麦と大麦の他に、ここではかなりの割合で燕麦が使われていた。

それからビールを試飲してみて、味の違いを確かめた。

「燕麦をたくさん使ったビールはケルウィサと呼ぶのさ」とディートが教えてくれた。「普段飲むのはこのビールだ。怠慢にならず慎ましくいられるよう、低質なこの燕麦のビールを飲むんだよ。大麦や小麦を使った良質なビールは、ケリアと呼んでいる。燕麦のビールより強いビールだが、残念ながら来客専用なんだ」

ダーヴィトが讃美歌のように歌った。「フォルティス・アブ・インウィクタ・クルケ・ケリア・シット・ベネディクタ！　十字架に祝福される汝、高貴なるシュタルクビア（「強いビール」の意）よ！」

「ケルウィサがうまくできないこともままある」とダーヴィトは付け加えた。「そういう時ははちみつを入れるんだ」

二人はごくごくと音を立ててケルウィサを飲み、同時に言った。「はちみつ入りケルウィサのうまさは格別だ」

醸造所に自分が発明したのと同じ冷却船があるのを見て、ニクラスは初め息を飲んだ。ただし、ここのものは木材をくり抜いただけのものだった。

ダーヴィトがニクラスの驚いた様子を見て言った。

「麦汁を平たい桶に入れると、早く冷ませて熟成に移せると聞いたんだ。そうした桶をうまく利用している修道院がすでにあるということもね。ここの大工には今までそうした桶を作る暇がなかった。それでパン生地を捏ねる桶をパン工房から借りてきた。これでも十分役に立つ」

ウルブラッハでも、そしてヴァイエンシュテファンでも妥協せざるを得なかった二つの大きな課題の解決策がここにあった。

一つには、ここの大きな醸造所には桶が一つ余分にあったこと。その桶は麦汁桶の下に置かれ、圧縮した藁（わら）が詰めてあった。

ダーヴィトの説明を聞くまでもなく、ニクラスにはそれが自分が〈濾（こ）し桶〉と呼んでいた物だとわかった。自分で思いつかなかったことが悔しく、さらに改良すべき点を探すべく、できるだけこの道具を頻繁に使おうと決めた。

さらにここの鍛冶屋が、ニクラスが今まで見た中で最大の鉄鍋を作り上げていた。この鍋でマイシェ（麦芽を濾過した糖化もろみ）も麦汁もしっかり煮ることができる。熱湯を加えたり、真っ赤に焼いた石を入れたりといった面倒な作業もせずにすむ。

さらにここには、発酵専用の桶があった。これまで働いていた修道院では、ビールを造った桶でそのまま発酵もさせていた。

「ここより立派な醸造所はこの先もできないだろうな」とニクラスは考え、ザンクト・ガレンへ来ると決めてよかったと思った。

ディートとダーヴィトの二人とは、しごく気が合った。一年目はすべての醸造所を知ることができるよう、四か月ごとに三ヶ所を渡り歩くことになった。

皮切りに、まずディートの醸造所で働き始め、鉄釜を使うことを覚えた。この工房には残念ながら濾し桶がなかったので、仕事は楽しかったものの、早く一番大きな醸造所で働きたくて、四か月が過ぎるのが待ちきれなかった。

その年の最後の四か月は、さっぱり面白くなかった。レギナルトは無口な男で、年はすでに五十近かった。小さな丸い目は陰険そうで、何かを恐れてでもいるかのように常に身をかがめている。それでせむしのように見えた。背筋を伸ばせば、年下の三人の背丈を軽く超えるのだが。

だが何より目立っていたのはその両手だった。重労働のせいか、あるいはビールや脂肪分の多い食事の摂り過ぎのせいか、骨っぽく長い指は痛風の瘤（こぶ）だらけだった。歩くときに背を丸めているのは、痛風を患っているせいでもあったのだ。

レギナルトは、ディートやダーヴィトのような若い修道士にやすやすと先を越されて醸造所の序列の上に立たれたことを根に持っているらしかった。始終機嫌が悪く、何かというとニクラスら見習いに当たり散らした。

レギナルトの醸造所を訪れる者はめったにいなかった。罰当たりな罵り言葉を発することを、みな良く知っていたからだ。修道院長から警告をもう何度も受けていた。一二七一年が終わると、ニクラスはダーヴィトの醸造所へ異動した。そしてその四か月後には、ノートカーがニクラスを、正式にダーヴィトとディートニ人の直属とした。

醸造所の働き手たちとレギナルトとの関係は、目に見えて悪化していった。それゆえ、ニクラスの試用期間が終わるや、体制が一新された。

ニクラスが、レギナルトの担当だった三つ目の小さい醸造所を引き受けることになったのだ。

レギナルトはビールの提供や、モルト工房での仕事を命じられた。

ビール造りから手を引かされたのだ。

皆の邪魔にならないよう、レギナルトはパン工房の裏に独立した部屋を与えられた。

レギナルトを除く誰もがこの処置を歓迎した。

ニクラスは誰からも苦情が出ないよう、三つ目の醸造所をうまく回すよう何度も念押しされた。

そしてこの課題を、見事にやりとげてみせた。

レギナルトはほぼ完全に醸造所から姿を消した。たまにふと現れては、マイシェやビールをバケツ一杯部屋へ持ち帰るだけで、それで何をしているのかは言わなかった。

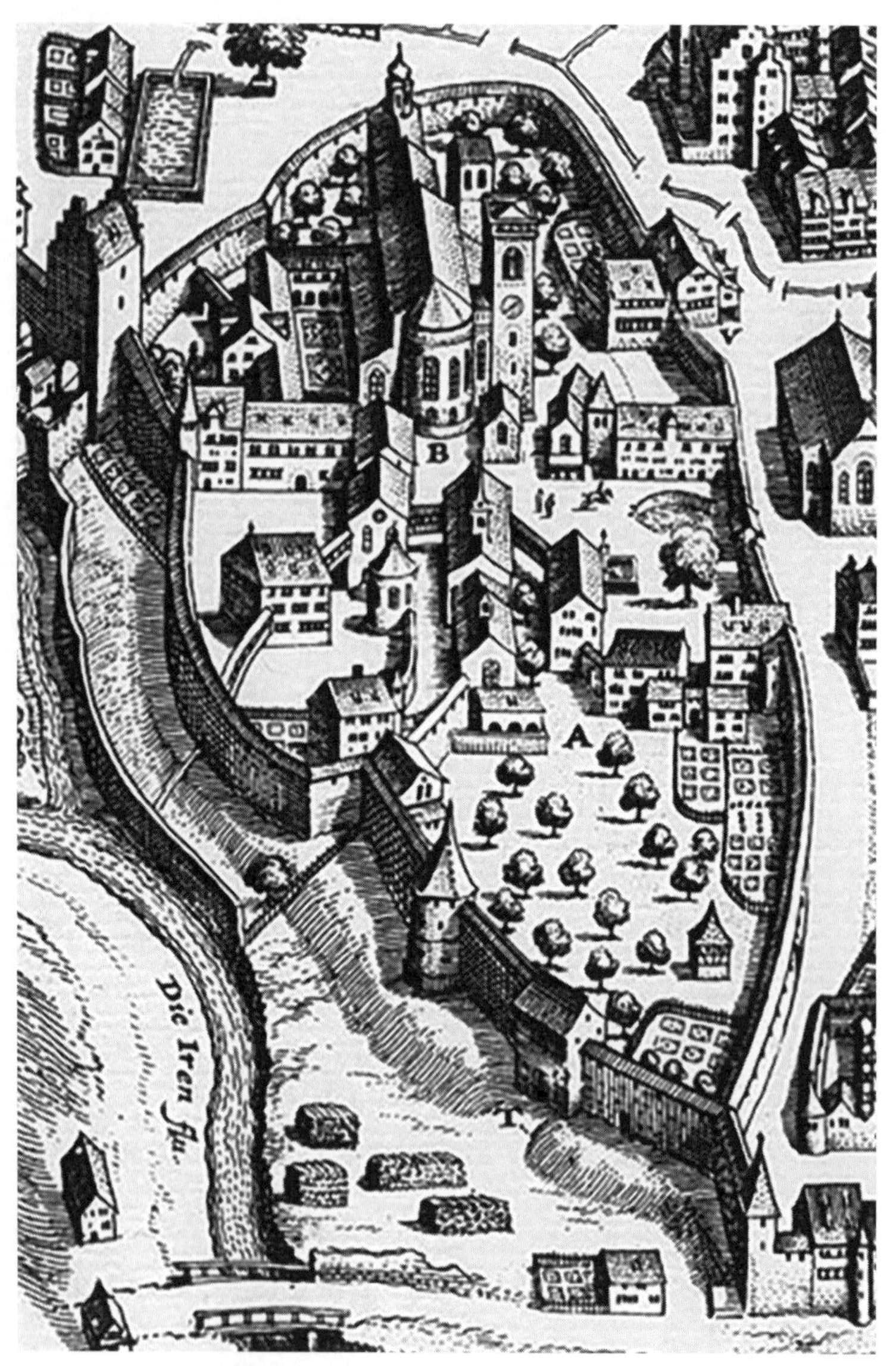

ザンクト・ガレン修道院　銅版画　マティアス・メーリアン作　1642 年（部分）

ディートも、ダーヴィトも、ニクラスも、レギナルトとの諍いを避けるため黙っていた。

十六章

一二七二年の春、ニクラスの元へ、使いが小包を運んできた。添えられた手紙には簡潔に「ザンクト・ガレン修道院、ビール醸造家ニクラス修道士」とだけ書かれている。手紙はラーヴェンスブルク周辺地域管轄の代官からだった。

「ハインリヒ・モリナリウスの遺品の中にこの本があった。ハインリヒの娘の結婚式にビールを一樽醸造する取り決めだったニクラス修道士に遺贈されるものとする。

結婚式は行われない。ハインリヒとその家族、親族は、先月屑拾い病にかかり亡くなった。製紙工房で働いていた者たちはみな同じ病で死んだ。ゆえにこの領地の代官は、製紙工房を禍(わざわい)の元とみなした。

水車は基礎もろとも焼き払われ、ハインリヒの所有物は代官に帰属することになった。ザンクト・ガレン修道院に敬意を表し、この本を、正当な持ち主と定められている貴殿に贈ることとする。本には安心して触れてよい。モリナリウス家の遺物の内、価値のあるものはすべて、聖水で洗い、付着していた厄災は祓(はら)ってある」

小包を開けると、中には分厚い新品の本が入っていた。簡素だが美しい革の表紙がつけられている。頁の紙は正確にきれいに切りそろえてあった。

いずれここに醸造家の秘密を書き込もう、とニクラスは思った。長生きできればの話ではあるけれども。

ニクラスはハインリヒ・モリナリウスとその家族を思って空を見上げ、祈りを捧げた。

本を大きく重い蠟引き布に包み、貴重品として大切にしまった。

ダーヴィトとの仕事はとても楽しかった。目上の者の説明を聞きながら、作業を見て覚えていくだけでなく、醸造過程一つ一つをどう説明するか、またそれにより、いかに理性的に理解するかをはじめて学んだ。

仕事道具の名前も覚えた。中には醸造に精通したビール職人でないとわからないような、特殊なものもあった。これまでの修道院では、見習いに道具を渡させるには、職人が欲しい道具を指差してすませていた。ダーヴィトは、ニクラスが知らない道具の使い方も根気よく教えてくれた。

マイシェ用の棒や灰汁（あく）取り用の杓子など、馴染みのある道具の他にも、ここにはビール工房やモルト工房で使うヤットコやナイフ、留め金、ハンマーが多数あり、各部屋に様々な灯りがあった。また麦汁の仕込み部屋や発酵部屋には、これまでに見たことがない最新の風変わりな濾過装置があった。

こうした技術革新の最たるものは、ピッチ[8]を使う作業だった。ここザンクト・ガレンでもビールは樽に詰めていたが、その樽に定期的にピッチを塗って隙間を埋めていた。ニクラスはふいご、ピッチの漏斗、ピッチ釜の使い方を習い、樽の注ぎ口を樽栓用ナイフで掻き取り、栓を樽に打ち込む方法も教わった。

ニクラスはそうしたすべてを本に書き留め、スケッチを残した。ビール醸造所の区分についても記録した。ノートカーに許可を得て、醸造所の図面をできるだけ正確に書き写し、さらに新しい桶や容器、樽を考案し、その下絵も描いた。出来上がりを見て、へたくそでひどい代物だとすぐにわかった。それでも絵を見て名前を覚えるのに大いに役立った。

ニクラスの描画の腕はみるみるうちに上達した。いずれ人に見せられるようになるかもしれない、とニクラスは思ったりもした。

ダーヴィトかディートと、一日の終わりに醸造所のベンチに座り新鮮なビールを飲みながら、新しいビールの調合や醸造方法、最近のビールの出来栄えについて語り合う〈学び〉が一番の楽しみだった。三人で話していると時を忘れてしまい、一度ならず夕刻の祈りに遅刻した。そしてビールをジョッキ一杯余分に飲んでしまうこともままあった。

ある日ニクラスは、ダーヴィトの醸造所で〈純粋なる醸造家〉の印を発見し、大喜びした。トーマスがその星の意味を教えてくれ、ニクラスが誓いを立ててから、およそ八年が経過していた。ヴァイエンシュテファンでは、ニクラスは旅立ちの時にアルベルトに〈純粋なる醸造家〉の誓いを立てさせた。そのときまではペーターの醸造所で働いていたが、ペーターは明らかに〈純粋なる醸造家〉では

8　樹脂から得られる粘着性の物質。

なかった。

それでニクラスは〈純粋なる醸造家〉のことを忘れかけていた。

次にダーヴィトと二人きりになったとき、ニクラスは印のことを口にしてみた。

「俺は何年か前にウルブラッハで〈純粋なる醸造家〉の誓いを立てた。君はいつからだい？」

ダーヴィトは答えた、「二年ほど前にノートカーからこの秘密を教わった。ディートも今では仲間さ。だけどレギナルトは違う。俺たち、というかノートカーは、レギナルトには〈純粋なる醸造家〉になる意志はないと思っている。レギナルトを醸造の仕事から外したのは、それが理由でもあるのさ。彼の仕事を引き継げる者が現れるまで待つしかなかった。君は本当に立派に仕事をしてくれているよ」

「レギナルトが自分の部屋で何をしているか、誰か知っているのかい？　何時間も籠(こも)っていることもあるようだけど。ビール造りと何か関係あるのかな？」ニクラスは尋ねた。

ダーヴィトは知らなかった。不純などぎつい臭いが、レギナルトの部屋からもれてくることがあるが、その臭いはビールとはまったく無関係だと、ふたりはすぐに結論づけた。

好奇心を呼び覚まされたニクラスは、レギナルトが何をしているのか突き止めようと決めた。

十七章

九月の半ば、レギナルトの行動について知る機会が訪れた。

レギナルトが出かけて数日留守にしたのだ。

ニクラスはレギナルトの部屋の戸を開けてみた。小さな机に紙やら本やらが積み重なっていて、その隣にそれより大きく高い机がある。

その上には、ニクラスがいまだかつて見たことのない奇妙な道具がたくさん置いてあった。

そしてその前には薬草が数種類。

鼻血が出た時や、犬に噛みつかれた時に効くとされるキンポウゲ。その薬効からサンギナリア[9]とも呼ばれている。薬にもなるが、毒にもなる。ニクラスはこの薬草をよく知っていた。旅の道中、乞食たちがキンポウゲを使って、肌に醜い擦り傷があるように見せかけ、同情を引こうとする光景をしばしば目にしていた。

キンポウゲの横にはアザミがあった。アザミは肝臓の病、中毒、水腫に効くとされている。触れると、長いとげが指に刺さった。

センペルビブム[10]もあった。汁が虫刺されややけどに効くという。ハーンフルトの生家で見たことがある。母はこれをよく壁や屋根の上に植えていた。悪天候から守ってくれると信じられていたのだ。母はまた、白い花は家族の死を暗示し、紫の花は幸運をもたらすと信じていた。

9 ラテン語の Sanguinaria, sanguis（血）に由来する。
10 ベンケイソウ科の多肉植物。

レギナルトは薬草を調合して薬を作ろうとしているのだろうか。

「そんないいことをする柄じゃない」

それから変わった形の根を見つけた。マンドレイクについては、絵を一度見たことがあるだけだったが、母がときおりそれについて話していた。それで見るなりなんだかわかった。

マンドレイクは掘り起こすにも命がけだ。根に鎖をかけて、犬に引かせて掘り起こさねばならない。その後犬は死んでしまう。根っこはそれほど危険なのだ。マンドレイクは目の病、蛇に噛まれたときの傷、肌のシミ、関節炎に効くと言われている。形が人間の姿と似ているため、これを掘り起こして使うのは魔法使いだけだった。

マンドレイクが悪名高い最たる理由は、煮出し汁を少しでも飲むと、すぐに嘔吐を催し、もっと飲めば苦しみながら死に至るせいだ。

ビンゲンのヒルデガルトも、マンドレイクには悪魔が棲んでいると書き残している。森でニクラスが、ときおり摘んでは食べていたイチゴをかすかに思わせる、芳しく心地よい香りに騙されてはいけない。マンドレイクの根を扱う輩(やから)は、よからぬことをたくらんでいるかもしれないのだ。

マンドレイクの隣に並べてあるのは、ほとんどがニクラスが知っている薬草で、それらがレギナルトが危険な道を歩んでいることを裏付ける決定的証拠となった。

有毒なサビナ。[11]この薬草は堕胎草あるいは処女花と呼ばれている。多勢の少女が、絶望の挙句、サビナに手を伸ばし死んでいった。

さらにその隣にはベラドンナ、ヒヨス、そして数種類のジギタリス。どれも猛毒を持つきわめて危険な植物だ。

レギナルトはなぜ、外出する前に部屋の鍵を閉めて行かなかったのだろうか？　おそらくどんな実験をしているか、自分以外にわかる者はいないと思っているのだろう。

それに修道院では、扉に鍵をかけることは許されていなかった。また、他人の部屋をのぞいたりしない心遣いと礼儀が求められていた。こうした規則を破ることになるのは、ニクラス自身、先刻承知だった。

しかし、ノートカーやダーヴィトや、他の修道士にこのことを打ち明けていいものかどうか迷った。レギナルトが本当によからぬことをたくらんでいるのか、まずは見極めようと思った。

そこでしばらく自分一人でレギナルトを見張ることにした。

レギナルトの部屋の上階の部屋には、二枚の厚い床板の間に隙間があった。そこからこっそり部屋をのぞくことができた。

レギナルトが間もなく旅から帰ってきた。

ニクラスは時間が許す限り、レギナルトを見張ることにした。

レギナルトはいくつもの籠から、根や薬草、果物、花を取り出し、混ぜて何等分かに分けた。それらを天秤にかけ、潰して粉にし、汁を煮て掻きまわし、皮膚に塗布する軟膏状のものを作った。

11　セイヨウネズの一種。

鍋は煮立ち、湯気が出て、芳香がしたかと思えば、カラシのようなにおいがしたり、つんとするにおいがしたりしたが、いずれも独特なにおいだった。

籠、秤（はかり）、箱、乳鉢、すりこ木、調理道具や脚付きの杯が煩雑に置かれており、ニクラスならどこに何があるかさっぱりわからなくなっただろう。

その年一二七二年のクリスマス直前、最初の死体が見つかった。

それは修道院に安い寝床と食事を求めてやってきた貧しい行商人のひとりで、規則には忠実に従っていた。

死体は、看護人や下男用の宿舎とパン工房の間の通路に横たわっていた。顔は青ざめ、手足は黒ずんで、もがき苦しみ体をよじったまま、嘔吐物にまみれて倒れていた。

病棟を担当する修道士は、死因は毒物によるものと断定したが、何の毒かは判定できなかった。

ニクラスはすぐさま疑念を抱いたが、いかんせん証拠が何もない。

ノートカーと話す機会を得たときに、ニクラスはさりげなく薬草や薬のことを話題にしてみた。ただしレギナルトの名は伏せた。

返ってきたのは邪気のない、どうということのない言葉で、ニクラスはノートカーと話しても埒が明かないとさとった。

まもなく新たな機会が訪れた。レギナルトがまた数日留守にしたのだ。

ニクラスはレギナルトの部屋に置いてある本を調べた。

一冊は、金やその他貴金属を作る錬金術の本だった。だがレギナルトが金を珍重する気配を見せたことはない。そこに描かれている器具に興味があるだけなのだろう。事実、本の挿絵と机に置いてある道具は、とてもよく似ていた。

間もなくニクラスは、炉や蒸留フラスコ、それから溜める容器や混ぜる容器などの見分けがつくようになった。

他の書物には、植物を蒸留して精油やバラ水、レモンバームの蒸留酒などを精製する方法が書かれていた。

レギナルトはまた、アンモニウム塩、硫黄、硫酸、硝石といった物質も扱っていた。これらを使うといわゆるaquae acutae（アクアエ・アクタエ）、刺激の強い水ができる。

ワインやビールからも――ニクラスは今度こそしっぽを掴んだと確信した――aqua ardens（アクア・アルデンス）、燃える水（火酒）を蒸留できる。

毒性の薬草をそれに混ぜれば命の保証はない。

レギナルトの動機が他にもまだあることを、ニクラスは後で知るのだが、今回の事件の死因に関しては、真実に後一歩のところまで迫っていた。

十八章

一二七三年の三月、次の死体が発見された。

今回は二つの家畜小屋の間にあった。

犠牲者は身分の高い訪問者の家臣だった。

今回も毒死だったが、症状は異なった。

またもや正確な検死はできなかった。

ザンクト・ガレン修道院の修道士たちは浮足立った。修道院長は、醸造所長として修道院の指導的立場にあるノートカーと話し合った。

被疑者もいなかったので、独自に捜査を進めることはできなかった。

二日後ノートカーは、醸造担当の修道士全員を集めて言った。

「ここで起きた未解決殺人事件について、ローマの教皇庁に異端審問官を派遣してもらうよう要請した。審問官はじきに到着し、今回の事件を捜査することになる。我々も尋問を受けることになるから、そのつもりでいるように」


ディート、ダーヴィト、ニクラスの三人は、その後数日間、幾度となく、予告された異端審問官について話し合った。三人とも異端審問については耳にしたことがあるだけだったが、そうしたわずかな情報だけで恐怖に突き落とされるに十分だった。

一度異端の嫌疑をかけられれば、その汚名をぬぐうことはほぼ不可能だった。およそ千年前の偉大な教会博士で〈ヒッポのアウグスティヌス〉とも呼ばれるアウレリウス・アウグスティヌスが、異端者を「雑草」や「畜生」と呼び、異端審問の基礎を築いた。

「このカエルどもは沼地でガーガー鳴いている。『真のキリスト教徒は我々だけだ！』となしかしあやつらは、わかっていながらみすみす地獄へ落ちるのだ」アウグスティヌスは、異端者に対し、厳罰や徹底的な政治介入、法廷への立入禁止の必要性を認めている。新約聖書の「ルカによる福音書」にあるイエス・キリストの言葉「人々を無理やりにひっぱってきなさい。[12]」を引用してこれを正当化していた。ただし「無理やり」を「強制的に」と変え、こうして禍が始まった。容認は、アウグスティヌスいわく「無駄で無意味」だった。異端者には「魂の救済」を強制し改心を求めた。だがこの「異端者救済のための改宗強制」は、いまや「拷問」と呼ばれ、これを受けて生きながらえるものはほぼ皆無で、死なずにすんだ者も、余生を障害者か精神障害者として過ごすことを余儀なくされた。

ザンクト・ガレンの醸造家三人は、そのような事態をなんとしても避けたかった。

修道院内に、異端審問の尋問部屋の図が出回った。ニクラスはその図を見ただけで、その後しばらく悪夢にうなされることになった。

12 「ルカによる福音書」十四章二十三節。

一二二九年のトゥールーズ公会議以降、不愉快な敵をたやすく異端審問にかけられるようになった。異端審問は公式にドミニコ会に委ねられていた。内密に告発することも、あらゆる公的権威によって承認されていた。

異端者と関われば——たとえ酒場での話でも、すぐさま嫌疑をかけられた。施しをしたり、婚姻関係を結んだりした場合も同様だ。出頭命令を受けながら出廷しなければ、すぐに有罪とされる。ただし出廷しても、そのまま投獄されてしまうだけだったが。

修道院長たちは事件が解決するまでとりあえず殺人を隠蔽しようとした。修道士はみな、常に他の者と一緒に、食堂で食事を摂るよう言い渡された。外部からの訪問者は、到着が夜遅くなり、それ以上旅を続けられない緊急な場合のみ受け入れられた。

そして理由もなく修道院内をうろつくことを禁じられた。立ち入りは訪問者専用の部屋に限るとされた。

三週間後、事件の捜査を依頼された修道士が到着した。

その名を聞いて、ニクラスは耳を疑った。

ドミニコ会の修道士が来るとは思っていたが、アウクスブルクからやって来たのは驚きだった。

「異端審問官の名は、ダウアーリンクのベルナルトというそうだ」醸造所で顔を合わせた時、ディートがニクラスの耳にささやいた。

ニクラスは息を飲んだ。これは吉兆、それとも凶兆だろうか。

二人の再会は、素っ気なく形式ばったものだった。かつての友情は、かけらすらうかがえなかった。

「やあ、また会ったな、ハーンフルトのニクラス！」ベルナルトはニクラスにそう声をかけた。「二件の殺人事件を捜査しにきたら〈純粋なる醸造家〉に出会うとはな！　ただの偶然だといいが」

ビール職人は皆、なかでもニクラスは、ベルナルトがザンクト・ガレンで快適に過ごせるようにしようとしたが、ベルナルトはそうした対応を冷たく拒否した。

レギナルトに対しても、他の皆に対するのと同様の態度を取った。

「犯人の可能性がある限り、誰とも親しくすることはできない。被疑者を特定し、尋問し、最後には必ず犯人を見つけだす！」

ベルナルトは約三週間ザンクト・ガレンに滞在したが、その後当初の目的を果たすことなくアウクスブルクへ帰っていった。裏付けを取るために拷問できるほどの被疑者は見つからなかったのだ。


その後しばらく、ニクラスはレギナルトをじっくり観察していた。

二人目の死体発見からおよそ三か月後、ベルナルトが去ってから約六週間後のことだ。ニクラスはレギナルトが、身分の高い滞在客の従者が泊まる建物へ向かうのを見た。

そしてこっそり後をつけた。

レギナルトは家畜小屋を、そして召使いの部屋を通り過ぎた。

ニクラスは二人目の死体の発見場所を通ったのに気づいた。

そしてレギナルトが、従者の宿坊へ回り道をしていることを察知した。

この道は一人目の死体が発見されたところだ。

レギナルトは宿坊に入り、ベンチに腰を下ろした。訪問客の数は減ってはいたが、ベンチの多くに人がすわっていた。宿泊客は大声を上げながら飲み、敬虔な雰囲気など皆無だった。

レギナルトのベンチにも男が六人座り、ケリアを飲んでいた。そのうちの何人かは、すでに相当聞こし召しているのが見てとれた。

ニクラスは広間の、レギナルトを見張れる場所に陣取った。レギナルトはすでに周りの男たちのにぎやかな会話に加わっていた。男たちは笑い、ののしり合い、ときおり歌まで歌った。

宿坊が階級別に用意されている理由を、ニクラスはすぐにさとった。ここの様子は、修道生活の規律と秩序に有益とは言いがたい。

皆が大ジョッキ五杯ほどを飲み干した頃、男が一人立ち上がり、出口へ向かってよろよろ歩いていった。用を足すか吐くつもりなのだろう。

レギナルトも立ち上がり、同じテーブルの男たちに暇(いとま)を告げると、同じくよろめきながら外へ出た。ところがドアの前まで来て一人になるなり、ふいにごく普通に歩きだした。酔っている振りをしているだけだったのだ。

ニクラスも立ち上がり、成り行きを見届けようと後に続いた。

レギナルトは宿舎の壁際で嘔吐している男を見つけ、さも心配している風を装った。そして言葉巧みに持ちかけた。「裏の醸造所へおいでなさい。こういうときのために薬が用意してあります。あなたに効く薬もきっとあるでしょう」

男は大きな音を立ててげっぷをすると、レギナルトの後によろよろとついていった。レギナルトは来た時と同じ道をたどった。この時間、そこに人気(ひとけ)はない。

ニクラスは宿坊の陰に隠れるようにして後をつけた。二人がパン工房のところまで来たとき、ニクラスはつまずいて転びそうになり、あやうく気づかれるところだった。もうそれ以上は見つかる危険を冒してまで後をつけることは叶わなかった。仕方なく自分の部屋に戻ったが、なかなか眠れなかった。

最悪の事態が起きることを危惧した。

翌朝、三人目の死体が発見された。

ニクラスは自分を責め苛(さいな)んだ。

自分がもっとしっかりしてさえいれば、三人目の殺人は防げただろうに。

十九章

その三週間後、ベルナルトがまたやって来た。

三人目の死体の捜査は当初、失敗に終わった。ただレギナルトは、わずかながら自分に疑いがかかっていることに気づいたらしい。いつになく皆に愛想よく親切にし、嫌疑を払拭するためならなんでもした。そして、ワイン醸造所とパン工房を交互に手伝っている年配の修道士ルトガーを、二番目の殺人の現場で目撃した、とベルナルトに密告した。

ベルナルトは訪問者用の宿坊を一棟空けさせ、助手に拷問用の道具を設置させると、憐れなルトガーに出廷を命じた。

ルトガーの悲鳴は修道院中に響き渡り、皆の骨身に浸みた。拷問は長くは続かず、十二時間後にルトガーは三件の殺人および悪魔との獣姦、わいせつ行為、その他の大罪に及んだことを認め、己が罪と苦しみから解放してほしいと泣きながら懇願した。

次の日曜日、修道院の広場に薪が積み上げられ、ルトガーは生きたまま火刑に処された。ベルナルトはこの結果に満足し、意気揚々とザンクト・ガレンをひきあげた。

焼死体の臭いが、その後数日間、修道院の広場に立ちこめていた。ザンクト・ガレンの修道士たちは異端審問の威力をいやと言うほど思い知らされた。

ニクラスは打ちのめされ、途方に暮れた。良心の呵責に苛（さいな）まれ、これまでになく真剣に祈った。ニクラスが自分の知っていることを打ち明け、レギナルトに正当な罰を受けさせるよう計るに足るほど親しい者はいなかった。犯行を知っているというだけで共犯者のような気がして、ニクラスはできるだけそのことを考えまいとした。

修道院は表面上落ち着きを取り戻し、これまで通りの日常が戻ってきた。ヨーロッパ各地から、ザンクト・ガレンの温かなもてなしを求めて客が訪れた。三つの工房を備えたビール醸造所は繁盛し、ザンクト・ガレンのビールの評判は国境を越えて広まった。

ディート、ダーヴィト、ニクラスの三人は、ビール造りの仕事で忙しくなり、去年ほど醸造技術の改良や〈純粋なる醸造家〉の精神について語り合う時間は持てなくなった。

一緒にすわって話す機会があっても、それが長くなることはまずなかった。

あるときニクラスは例の名前を耳にした。その名前はウルブラッハを後にしてから長らく聞いていなかった。ディートがはちみつビールを片手に、実に意味深い乾杯の辞を述べたときのことだった。

「ビールは、穀物の力と良き汁液で肉付きを良くし、顔色を良くする！」ディートとダーヴィトは笑った。それからダーヴィトが言った。「そうさ、善良なるビンゲンのヒルデガルトはビールのことをよく知っていた」

ザンクト・ガレンでは、毎日十分なパンと五杯のビールがついた、七回の食事が修道士たちに供されていた。

肉体労働の少ない修道士たちが、ビンゲンのヒルデガルトが好む以上に、短期間で肉付きが良くなり、頬がバラ色に染まったとしてもなんら不思議はない。

ビールを四、五杯も飲んだ頃には、三人は主にビールにまつわる、多少とも敬虔な話をして楽しんだ。

六世紀のアイルランドの修道士、聖コルンバヌスについて。聖コルンバヌスが、二人の修道士に食糧について尋ねると、二人は毎日パンを二つとビールを少し摂ると答えた。

「パン二つとビール少しとは——気の毒に！」ディートはそう言って笑った。「うちの修道院に来ればいいのに！」

すると今度はダーヴィトが、聖コルンバヌスがこの重要な食糧を奇跡のごとく増やした話をした。「父なる神よ、我々にはたった二つのパンとわずかのケルウィサしかありません。けれども皆、満腹になるまで食べ、飲むことができました。そしてパン籠とビールジョッキは、空になるどころか、どんどん満たされていきました」

三人は息ができなくなるほど大笑いし、もう一杯ビールを飲み干した。

レギナルトへの疑惑は自分の思い過ごしだったのではないかと思うこともあった。そんな時ニクラスはレギナルトの小部屋の上に行き、隙間から下を覗いては、夢ではないことを確認した。

夏に一度、ニクラスは醸造所の隣の建物の一階にあるビアホールでビールを飲んでいて、レギナルトに出会った。

ニクラスはレギナルトの隣に座り話しかけた。初めのうちレギナルトは愛想がよかったが、ニクラスが薬草や実験のことに話題を変えた途端、目に見えて態度が頑(かたく)なになった。

ニクラスは自分がレギナルトの秘密を知っていることを、遠回しながらもはっきり伝えようと思ったのだ。それによって悪行を止める機会を与えたかった。

殺人を目論んでいたわけではなく、人類に有益な実験が失敗した結果だと釈明すれば、おそらく修道院から追放されるだけの寛大な処置ですまされるだろう。ルトガーを密告したことも、共犯者だったと言い訳できるかもしれない。

しかし話はまったく別の方向にそれた。レギナルトはニクラスをあからさまに脅迫しはじめたのだ。ニクラスに錬金術の知識があることを証明し、拷問にかけられるよう仕向けてやると言う。

「神聖な宗教裁判を正式に導入して以来、教会はおまえのような者が出るのを待っていたのさ」

異端審問の恐ろしさを今では十分知っていたので、ニクラスはそれを文字通り地獄を見るがごとく恐れていた。そして罪を問う矛先が、レギナルトの主張とは真逆だとわかってはいたものの、今回の事件では無実な者が必ずしも訴追を免れないことも承知していた。

レギナルトの頻繁な旅の行先が、ベルン、バーゼル、チューリヒ、ロットヴァイルのドミニコ会修道院だけではないことも、ニクラスは聞き知っていた。

行き先にはアウクスブルクも含まれていたのだ。

きっとその折にベルナルトと知り合ったのだろう。

そしてニクラスがかつて望んだ以上の良好な関係を築いたのだろう。

「ダウアーリンクのベルナルトが審問を担当できるようにしてやったのは誰だと思うね？　ベルナルトは若く、野心家で、良心の呵責などこれっぽっちも持っておらん。アウクスブルクでそれがよくわかった。一度彼が審問する場を見せてもらった。ベルナルトは取り調べより成果を好む。おまえの名前を出せば、喜んでおまえを審問するだろう」

これほどレギナルトに徹底的に言い負かされては、この闘いに勝つのが誰か、火を見るよりも明らかだった。

重苦しい気分でニクラスは次の暇乞いを考えざるを得なかった。

ニクラスはレギナルトに、彼を告発しないことを請け合い、レギナルトの方も何も言わないと約束した。レギナルトは実験を続けたかった。ニクラスを訴えたら、自分も取り調べを受ける可能性がある。

あわてて逃げたと思われないよう、ニクラスは数週間待った。

それから修道院長とノートカーに話をし、修道会の誓いを解いてほしいと頼んだ。今後の人生をビール造りに捧げたい、自分には修道院の厳しい掟に耐えるだけの情熱と自制心が欠けている、と事情を説明した。

修道院長はニクラスの誓いを解き、ノートカーは渋々ニクラスを手放した。ニクラスは矢も楯もたまらず、レギナルトのことに言及したが、ノートカーにはまたしても理解してもらえなかった。だがこのことがその後何年もの間、暗雲のようにニクラスの人生を覆うことになる。

ダーヴィトとディートとの別れは長く、心を揺さぶられた。はちみつビールを何杯も飲み、味わい深い乾杯の言葉をいくつも述べ、しまいには三人とも悲しくなり酔っぱらってベンチに座り、互いに今後の人生の幸運を願いあった。

ノートカーは、ニクラスの醸造所での立派な働きぶりの報いとして、修道院長から金子をもらえるよう取り計らってくれた。数か月間やっていくには十分のお金がもらえた。ワイン醸造所長からは、布袋いっぱいに詰まった美味しいチーズ、乾燥ソーセージ、パン、ワインを受け取った。ニクラスの修道院生活は終わりを告げた。

ノートカーはニクラスがレギナルトについて言ったことを冗談だと思い、次にレギナルトに会ったときに、ニクラスの言葉をそのまま告げた。

その後レギナルトは密かにベルナルトに手紙を書き、真犯人はニクラスであると密告した。ルトガーを告発したのは、ニクラスに脅されていたためだと釈明した。そしてニクラスが逃亡したいまや――これより明白な罪の証拠があろうか？――自分は脅迫から解放され、ようやく真実を公にできると述べた。

幸いニクラスは、ザンクト・ガレンを離れる時、誰にも行き先を告げなかった。おかげで当分、命拾いすることになる。

第三部　ビールの魔術師
あるいは「都市の空気は喉を渇かす」

一章

ザンクト・ガレンを出て、ニクラスがまず向かったのは、子供時代を過ごした故郷の村ハーンフルトだった。

一二七三年が終わりかけていた。ニクラスは二十五歳になり、ハーンフルトを訪れるのはおよそ五年ぶりだった。ウルブラッハ修道院にいた頃は、年に一度、帰省の許可が下りたし、家族も年に一度、修道院を訪れることができた。ヴァイエンシュテファン修道院にいる間も、二度帰省している。

だがザンクト・ガレンは遠すぎた。

ハーンフルトからウルブラッハへはたった二日の道のりだが、ヴァイエンシュテファンへは片道で五日もかかった。ザンクト・ガレンには片道で十日もかかるため、一度の帰省に往復だけで三週間は要する。そんなに長く留守にすることはできなかった。

いつものように、今回も一人旅だった。一文無しではあるが、体は大きくなったし、力もある。自分の身は十分守れる。

天気は旅を通じてほぼ悪く、道がぬかるんでいて、なかなか先に進めなかった。裕福な旅行者の馬車が、ぬかるみにはまり身動きが取れなくなっているところを、よく目にした。

歩きの方が体が汚れるし厄介だが、天候に左右されることはほとんどないし、その他諸々の面倒なことも避けられる。それにお金もかけたくなかったので、ニクラスは徒歩を選んだ。

ドナウヴェールト付近で、生まれてはじめて黒死病（ペスト）の惨禍を目の当たりにした。天罰のようなこの恐ろしい疫病のことは聞き知っていたが、自ら経験しなくてすむよう願っていた。

途中通った村のひとつは、丸ごとペストの餌食となっていた。村人がニクラスに近づき、出て行くよう警告した。甘ずっぱい腐敗臭が、小屋が燃える煙に混じって空気中に漂っていた。

何人かがニクラスの行先を尋ね、一緒に行かせてくれと言ってきた。

「この村の空気は瘴気（しょうき）にやられちまってる。ペストはもう追い払えない。夏の太陽が熱過ぎて、辺りの沼の温度が上がった。人も動物も、その水にあたっちまったんだ。俺たちは新しく住む場所を見つけなくちゃならん。分厚い防護服を着て嘴（くちばし）みたいな突起がついたお面をかぶった医者たちが、そこらじゅう歩きまわっては、ペストにやられて腫れあがった患者の皮膚を切り開いている。そうやって膿と血を出すんだ」

他の村人からも、ここ数日間で起こった、恐ろしい話を聞かされた。まだ息があるのに病人が着ている服や装飾品がはぎ取られ、病床に伏せる者の目の前で家が荒された。死後何日も経ってから発見された死体は、埋葬時には半ば腐り悪臭を放っていたという。

母親たちは、我が子が苦しまずとも済むようにと自ら手にかけ、男たちは、死ぬ前にネズミや蛆虫（うじむし）の餌食になるまいと、自らを生き埋めにした。

ペストで死んだ親類縁者を埋葬する余裕のある者たちは、専用の棺桶を借りた。この棺桶の底には扉がついていて、そこから死体をそのまま墓穴に落とせるようになっている。埋葬後、棺桶は返却される。

それ以外の死体はすべて、重ねて穴に放り込み、土で覆い、さらにその上へ次の死体を投げ入れた。

道端には死体がそこかしこに転がり、おぞましい様相を呈していた。小さな村でさえこの有様だ！　もっと大きな村や町がペストに襲われたら一体どうなることやら。

さらに困るのは、ペストが流行すると、続いて飢饉がやってくることだ。畑の作物を収穫する人手が足りなくなり、パン屋、肉屋、農民も、他の人々同様に死んでいく。

人々が次々にニクラスの一行に加わり、総勢二十人ほどになった。ニュルンベルクやレーゲンスブルクを目指す者もいれば、道中で新しい住処（すみか）を探そうとする者もいた。

ペストに侵された地域を避けて回り道をすると、教会や修道院の外壁に死の舞踏[1]の絵が描かれていた。それはどのみち忘れ得ない死を、まざまざと見せつけていた。〈死を憶え（メメント・モリ）〉。

鞭打苦行者の小集団を見かけることもあった。災禍を免れようと、我が身を鞭打ちながら移動する者たちだ。また、そこら中で人々が祈っていた。やがて聖セバスティアヌスや聖ロクスをはじめ、五十人ものペスト守護聖人が誕生し、人々が救いを求めるようになった。さらにペストはローマ教会の典礼までもより困難なものに変えてしまった。

免罪は離れたところから与えられ、聖餐は二メートルもある匙（さじ）で受けることになったのだ。

ニクラスがアウクスブルクから数キロしか離れていない所を通り、ドナウヴェールトを過ぎたちょうどそのころ、ベルナルトはレギナルトの手紙を受け取った。数日後、ベルナルトはザンクト・ガレンへ向けて出発した。ニクラスが通った道をたどり、彼を見つけだそうとした。

その間にニクラスには、新しい旅の道連れができていた。一人はヨアヒムと名乗る商人で、自分と家族についてこう語った。

「二週間前にはまだ妻と五人の子供がいた。息子が二人と娘が三人だ。娘は三人とも四年のうちに結婚できるはずだった。息子たちはまだ小さかったが、利発で、仕事をよく手伝ってくれた。そこへ近所に住んでいる仲間の商人が、アウクスブルクから戻ってきた。生地商人に会いに行っていたんだ。次の日から、やつは黒死病に苦しみ、あっけなく死んでしまった。その二日後に、うちの妻が発病し、それから娘二人も発病した。一週間もしないうちに、次女のマリーア以外、家族全員が逝ってしまった。主がなぜわしら二人を残したのかはわからない、わしらにまだ何かをお望みなのかもしれん。だが、あの悲惨な光景は二度と忘れられん。脚に炎症ができて、それが鶏の卵ほど大きく腫れ、間もなくどくどくと脈を打ち始めた。首や腋の下も同じように腫れあがり、その後熱が出た。嘔吐と咳も始まった。そして呼吸ができなくなる。糞尿を抑えることもできない。体が丈夫なら立ち上がれはするが、酔っぱらいのようにふらついてしまう。最後には顔面蒼白になって、苦しみながら死ぬ。こんな病気は、悪魔の仕業に違いない！」

ニクラスはヨアヒムの隣に立っている少女に目をやった。その顔には悲しみが深く刻まれ、目は泣きはらして腫れあがり、着ている服は旅の汚れにまみれていた。

1　死の恐怖を前に人々が半狂乱になって踊り続けるという十四世紀のフランス詩が起源。死の前では身分や貧富の差などなく、だれもが無に還るという死生観。

慌ただしく家を後にしたのだろう。服は置いてくるか燃やしてきたにちがいない。ペストについては未知の部分が多かったが、服にも病原菌が付着する可能性があることは、みな知っていた。

少女はニクラスよりひとまわり小さく、華奢な体つきなので、五人の子供の中で唯一生き残ったとは信じがたかった。目は腫れているが、可愛らしい顔つきをしている。少女がニクラスを見た。そのとたんニクラスは、その大きな深緑色の目に釘付けになった。こんな美しい目は、それまで見たことがなかった。

それに、少女からは優しく甘く、かつ清々しい匂いがして、ニクラスはたちまち虜になった。

これまでに恋をしたことなど一度もなかった。修道院にはそんな機会などなかったし、常に忙しくしていた。

ニクラスは愛想よくマリーアに声をかけた。返ってきた笑みはぎこちなかったが、目は輝いていた。

マリーアの父ヨアヒムは、そうした二人の様子を見逃さなかった。だが何も言わなかった。

骨の折れる旅だが、マリーアは頑張ってついてきた。同行する若者から微笑みのご褒美くらいあってもいいだろう。

その後数日間、二人は多くの時間を共に過ごし、お互いのそれまでの人生について語り合った。ニクラスはビール職人として暮らしていた日々の話も所々差し入れてみた。マリーアは次第にまた笑みを見せるようになった。ある時マリーアが、おずおずとニクラスの方に手を伸ばしてきた。少なくともニクラスにはそう見えた。そこでマリーアの手を取った。かつて神明裁判の時に役に立った固い手のひらに、マリーアの手をすべらせた。

あっという間に時が過ぎた。

インゴルシュタットを少し過ぎた所で、二人は別れた。

ニクラスは引き続きハーンフルトを目指した。名も知れぬ小さな村のため、行く先々で道を聞かねばならなかった。

その間にベルナルトはザンクト・ガレンに到着した。ニクラスの「逃亡」について知っていそうな者をすべて尋問し、二日後には彼の地を後にした。追われているなどつゆ知らぬニクラスは、道連れになった者たちに、自分の行先をつつみ隠さず話した。それでベルナルトは旅人に聞き込みをして、ニクラスがハーンフルトに向かっているのをあっさり突き止めてしまった。

ヨアヒムとマリーアはニクラスと別れ、レーゲンスブルクへ向かった。

「俺たちはレーゲンスブルクで新しい生活を始めることにするよ」ヨアヒムは言った。「そこに帳場があってな。まだ商品が置いてある。それが役に立つだろう。あんたはいい旅の道連れだった。幸運を祈る。レーゲンスブルクに来ることがあったら、いつでも歓迎するよ」

マリーアは、ニクラス以上に別れを悲しんだ。出会った頃の内気さは影をひそめ、素直に感情を表に出してニクラスを戸惑わせた。涙をこぼしてニクラスの首にかじりつき、おまけに両頬に熱いキスをした。

「すぐに会いに来てね!」哀願するかのように言った。

二章

会いに行くとマリーアに約束し、ニクラスはニュルンベルクを大きく迂回して進んだ。ハーンフルトだと思う場所へ近づけば近づくほど、惨事が起きた兆候が増え、陰惨になっていく。〈メメント・モリ〉の絵が増え、鞭打苦行者の数も増していった。死臭も耐え難く、吐き気がひっきりなしにこみあげた。

ようやくハーンフルトに着くと、目の前に広がっていたのは廃村だった。

すべてペストの仕業だった。

ハーンフルトの住民はわずか二百人ほどだったが、そのうち、誰一人として残ってはいなかった。ドナウヴェールト周辺の村々で耳にしたようなことがハーンフルトでも起こったようだ。

ここでも腐敗しかけた死体が道に横たわり、焼死体の悪臭が立ちこめている。

酢や煙、硫黄、香水の匂いもした。ペストから身を守ろうと、あらゆる手を尽くしたようだが、すべて無駄だった。

最後に生き残った者たちが、村を去る前に焼き尽くそうとしたらしい。

目に涙を浮かべながら生家を探すと、家は焼けずに残っていた。

中に入ると母が横たわっていたが、すでに亡くなっており、ペストのせいで体は真っ黒になっていた。

傍らに手紙が置いてあった。ニクラスが知る限り、母は読み書きができなかったから、代筆してもらったのだろう。ペストが蔓延すると、物書きは町や村を歩いては、死期が迫った人々の遺言を高額で代筆していた。

「私はハーンフルトにいる家族の中でただ一人の生き残りです。もうすぐ私もペストで死ぬでしょう。夫ミヒャエルは三週間前に亡くなり、マティアス、ルート、アーデルハイトも死んでしまいました。ニクラスとエリーザベトがまだ生きています。ニクラスは修道院でビール職人として働いています。ザンクト・ガレンにいるはずです。エリーザベトは、フェルブルクの農夫トーマスと結婚しました。この手紙を見つけた方は、どうぞ二人に伝えてください。二人に遺せるものは祝福の言葉以外、何もありません。この手紙を二人に渡してくださる方にも祝福を。ありがとうございます。神のご加護がありますように」

悲しみが押し寄せ、両目に涙があふれた。ペストという天罰で家族は根絶やしになった。もう家族と呼べる者はいない。残されたのはエリーザベトと自分だけ。ただし、早くに家を出てしまったため、エリーザベトとは兄妹らしい関係を持っていなかった。

しばし物思いに沈んでから、決心して立ち上がった。母を埋葬し、死んだ両親や弟妹たちのために祈りを捧げた。

そして家財道具ごと家を焼き払い、レーゲンスブルクへ向かった。家族を亡くした今、新しい家族を作るしかない。

そうして別れてから三週間弱で、ニクラスはマリーアに再会した。

今度は完全な一人旅で、誰にも行先を告げなかった。ニクラスが去った二日後にベルナルトはハーンフルトに辿り着いたが、追跡はいったんここで打ち切るしかないと悟った。ニクラスの生家は突き止められなかったが、村に死人しか残っていないのを確かめると、アウクスブルクへ急いで引き返した。

アウクスブルクでふたたび学問を進めたが、新しい手掛かりを得たらすぐにまたニクラスを追跡できるよう、手ぐすね引いて待っていた。必要とあらば何年でも待つつもりだった。ベルナルトは執念深かった。

レーゲンスブルクに着いたニクラスは、旧友のように温かく迎えいれられた。ニクラスの家族の悲惨な顛末のことは、ヨアヒムにもマリーアにも我がことのように理解できた。不意の客だったのが、長期滞在客になり、やがて家族同然になった。

ヨアヒムはすでに新しい事業を起こしていて、幸先も悪くなかった。ニクラスにはまだ仕事がなく、ザンクト・ガレンで得たお金でやりくりする身ではあったが、有能なビール職人のこの若者を、ヨアヒムは頼もしく思っていた。

ヨアヒムは、何事にも秩序と礼儀を重んじ、ニクラスもそれをきちんと守った。ヨアヒムとの親交は貴重だったし、芽生え始めたばかりのマリーアとの恋はかけがえのないものだった。ふたりは今や深く心を寄せ合うようになっていた。

ニクラスは、レーゲンスブルクの救貧院醸造所に醸造職人の働き口を求めてみようと考えた。この救貧院醸造所は、一二二六年にドナウ川の北側の河畔に、聖カタリーナ救貧院と共に設立された。資金は司教コンラート四世の寄付金七千レーゲンスブルクプフェニヒ[2]だった。

そんな莫大な金額を、ニクラスは生まれてはじめて耳にした。想像を絶する数字だ。

聖カタリーナ救貧院には、巡礼者や旅行者、様々な助けを必要とする人々、障害者、孤児が収容されている。価値のある施設であり、滞在者のためにビール醸造所を設けたのは素晴らしい考えだとニクラスは思った。

この救貧院の経営の半分は、世俗の領主や市参事会員を務める都市貴族によって、もう半分は教会の高位聖職者、司教座教会参事会主席、教会の宝物管理責任者によって担われていて、どちらもニクラスの申し出を受け入れた。

醸造所の運営について公平な判断を下すために聖俗両方が関与しているのだろう、とニクラスは考えた。

救貧院醸造所に応募する前からすでに、職探しにあたってはヨアヒムの知己を得ていたことが大いに役立った。

ヨアヒムは、メッテンのベネディクト会修道院、聖ミカエルの顧問である貴族のアルブレヒト・フォン・デム・マルフテと仕事上の付き合いがあった。

2　十二世紀から十三世紀にレーゲンスブルクで発行されていた薄い銀貨。

通称メッテン修道院と呼ばれるこの修道院はレーゲンスブルク教区に属し、バイエルンの森のはずれとデッゲンドルフ近郊のドナウ川渓谷の間にある。

アルブレヒトは、レーゲンスブルクに代々続くビール醸造所も所有し、参事会員でもあった。

そうと知るやヨアヒムは、すかさずアルブレヒトにニクラスを売り込んでくれたのだ。

ニクラスの経歴が、アルブレヒトを納得させるのに物を言った。アルブレヒトはベネディクト会の顧問でもあったのでなおさらだ。

アルブレヒトはニクラスを呼び寄せて言った。

「期待しているぞ。経験を活かして一日も早くこの醸造所を一人で回してくれ。私の負担が軽くなるようにな」

ニクラスは期待に応え、アルブレヒトの醸造所〈豚の串刺し亭〉をいとも簡単に切り盛りしてみせた。

ザンクト・ガレンに比べてはるかに小さいし、それまでのここの醸造技術とビールの質は気の毒なほどお粗末だったので、ニクラスには他愛もない仕事だった。

まともな醸造技術が修道院の外には普及していないことをニクラスは悟った。

そのため何をやっても、それまでの上をいった。

マリーアに辛抱強く求愛する一方で、ビール造りに精を出し、やがて、アルブレヒトの醸造所の評判は、レーゲンスブルクのみならず周辺地域にまで知れ渡った。

一二七四年の秋、ニクラスははじめて自分が〈ビールの魔術師（ビア・マーグス）〉というあだ名で呼ばれているのを耳にした。

助手たちが、ニクラスは一度もビール造りで失敗したことがない、きっと魔力を授かっているのに違いない、と言いふらしたらしい。

それを聞いて悪い気はしなかったが、同時にこうした称賛がもたらす危険も感じた。

幸せというものがいかに気まぐれかは、すでに経験済みだった。運が悪ければ、魔術師の評判など、間違いなく神明裁判に召喚される理由になるだろう。

そこでニクラスは助手たちに、発酵が失敗することもあるという噂を広めたり、たまに酸っぱいビールを出すよう、厳命した。

これでうまくいけばいいのだが。

それ以外では、久方ぶりに生活を満喫することができた。仕事に喜びを感じ、多くの称賛に励まされ、さらなる成果を上げようと意欲を燃やした。

ただ一つ、アルベルトやディート、ダーヴィドのような醸造職人たちと語らう夕べがないことが寂しかった。

「レーゲンスブルクのこんな小さなジョッキじゃ、どうせ十分に楽しめやしない。ジョッキになみなみつがれたザンクト・ガレンのビールに比べたら、こんなの雀の涙だ」嘲笑的にそんなことをつぶやいては、ニクラスは自らを慰めた。

年も終わろうという頃、ニクラスは思い切ってヨアヒムにマリーアとの結婚を願い出た。状況が違えば、こんなことはまず無理な相談だった。何も自慢できるものはなかったし、立派な朝の贈り物[3]を用意する金もない、それに支度金を用立ててくれる家族もいなかった。にもかかわらず、受諾してもらえるとニクラスは信じていた。ヨアヒムは富裕層の仲間入りをしつつあったが、たった一人残された娘を、まだ自由な身分でない者とムント結婚[4]させることをあっさり承諾した。

階級がもはや以前のように堅固ではなく、何世紀も続いた社会秩序も変わりつつあることに、ヨアヒムは気づいていた。「都市の空気は自由にする」と巷(ちまた)ではささやかれていた。

それにヨアヒムは、ニクラスが今後数年間は安泰だろうと見込んでいた。そこで嫁資(かし)は持たせず支度金を猶予して、今後ニクラスが醸造の仕事で得る収入を手形で支払ってもらうという条件で、婚姻の契約を取り交わした。

父親から結婚を許された瞬間、マリーアは感激で目を輝かせた。マリーアは短い間に、内気な可愛らしい少女から、美しい大人の女性に変貌していた。恋をしていて幸せなのが傍目(はため)にも明らかだった。

クリスマスが目前に迫ったある日、二人の結婚式が執り行われた。互いによく知っていたし、一つ屋根の下にすでに住んでいたので、婚約期間は短かった。

伝統的な婚姻の儀式のほか、マリーアはニクラスに、ちょうどその頃流行していた愛の詩を朗読した。

　私の魂に噛み傷を残した

愛らしい唇が開いて
聞いたこともないような
素晴らしい言葉を語りました
あなたは私の望む愛をかなえてくれる者。
胸の高鳴りを甘く冷ましてくれる者。
唇への熱い口づけ。
宝の至福の歓び。
私はあなたの中にいて、あなたは私の中にいる。
私たちはもうこれ以上近づけないほど近い。
二人は一つの流れに合流し、
一つの型に鋳(い)込まれ、
永遠の睦時(むつどき)を過ごすのだから。[5]

3　ドイツの昔の風習で、初夜の翌朝に新郎から新婦へ贈る物。
4　ムント＝家父長権。中世で最も一般的な結婚の形態。結婚することにより婿へ家父長権が譲られ、代わりに婿側は代償を払う。
5　マクデブルクのメヒティルト（一二一一～一二九四年）『神性の流れる光―マクデブルクのメヒティルト（ドイツ神秘主義叢書一）』創文社、第三巻五より（上田閑照・川崎幸夫＝編、西谷啓治＝監修、香田芳樹＝訳）。

ニクラスは姿勢を正すと、美しく響く声で応えた。

乙女よ、美しい人よ、どうか一緒に来ておくれ。
愛と苦しみを君と分かち合おう。
命ある限り、君を愛し続けよう。
ただし悪しき者を愛することだけは許さない。[6]

ニクラスがマリーアに口づけすると、招待客は拍手喝采した。これで婚姻が結ばれたことになる。ニクラスの友人はみな遠くの修道院にいるので、ニクラス側の招待客は、ようやく捜しあてた妹のエリーザベトだけだった。

ニクラスとヨアヒムは、この日のために仕立てた晴れ着を身に付けた。立派な装飾を施したズボンの前あては、ヨアヒムが緑、ニクラスが真紅だった。その上に毛皮の縁飾りの付いた上着を羽織った。ニクラスは自由市民になった気分だった。

マリーアは空色の麻のドレスを新調していた。色とりどりの飾り布が付いている。髪は、ニクラスお気に入りの編込みにした。

ビールとワインが大盤振る舞いされた。テーブルはたくさんのご馳走の重みでしなっていた。カモ、ニワトリ、ヒバリ、ツグミの料理が何皿も出され、大きな子豚の丸焼きが串刺しになって火に炙られている。その他、ラードにバター、卵にベーコンにキュウリ、はたまた塩やスパイスまでヨアヒムは取り寄せた。

楽士も呼ばれ、楽を奏でた。夜が更け、みなが踊り疲れ、お腹がいっぱいになり、ビールやワインを飲みすぎて足取りが重くなり、しまいに寝床に倒れ込むまで、宴会は続いた。

ヨアヒムは新婚の二人に引き続き一緒に住むよう勧め、新たに部屋をふたつ空けてくれた。

三章

一二七五年三月、ベルナルトはアウクスブルクでオディーロと名乗る修道僧の訪問を受けた。

「メッテンのベネディクト派聖ミカエル修道院に行ってきたところです。ある事件を調べていて、修道院の宝物庫管理責任者に会いました。上出来のビールを一緒に酌み交わしながら四方山話(よもやまばなし)をしていて、こんなことを聞きました。レーゲンスブルクに〈豚の串刺し亭〉という醸造所を所有しており、運営を〈ビールの魔術師〉と呼ばれる醸造職人に任せているとか。その男、ビール造りでほとんど失敗したことがなく、それで魔術師とまで呼ばれるようになっているそうです。その男、以前は修道士だったようでして。確か

6　十二世紀の吟遊詩人キューレンベルクの詩人の歌謡より。

ザンクト・ガレンの殺人事件関連で、そのような素性の男を探しておられませんでしたか？」

ベルナルトは、内心追跡をすぐさま始めたくて矢も盾もたまらなかったが、気を落ち着け、こう返答した。「元修道士だという者はたくさんおります。次にレーゲンスブルクを訪れる機会に確かめてみましょう。何はともあれ、貴重なご報告に感謝いたします」

レーゲンスブルクのような帝国自由都市内でニクラスを追跡するのは、田舎や修道院よりはるかに困難だと、ベルナルトも承知していた。

レーゲンスブルク大司教は立場が弱く、市民からの信望も薄い。後ろ盾は期待できない。

だがその男が本当にニクラスなのかどうか、それだけは確かめたかった。


当のニクラスにも、その夏は修道士だった過去を思い出す出来事が続けて二度あった。

まずザンクト・ガレンから手紙が届いた。ニクラスの手元に届くまで、なんと四カ月もかかっている。

ディートはこう書いていた。


親愛なるニクラス、この手紙が君の元へ届くよう、そして君が元気でやっていることを願っている。ここへ立ち寄るビール職人や商人に君の消息を尋ねたところ、一人が、ハーンフルトのニクラスという醸造職人が今レーゲンスブルクで一番のビールを造るという評判だ、と教えてくれた。

レギナルトがあの後どうなったのか、君に伝えたい。今年二月のある日、レギナルトが夕べの祈りに現れなかった。探しに行くと、なんと自室で死んでいたんだ。毒を飲んだらしく、皮膚が変色して腫れあがっていた。遺体のそばに紙が一枚あり、「私の手記を読んでください！」と書かれていた。部屋には帳面が一冊あった。中には彼が行った実験の詳細が記録してあった。レギナルトはしまいには気が狂ってしまったに違いない。なんと〈アクア・ウィタエ——究極の命の水〉を探し求めて苦悩する様子が書き留められていたのだ。

この水を見つけ出そうとして、レギナルトは薬を調合して八人に試し、死に至らしめている。四件はザンクト・ガレンで起きているが、その内の三件は君がいた時のものだ。昨年、僕たちはもう一人の遺体を発見した。残りの四人は旅の途中で殺害されている。

二月になると、この実験が実を結ぶことはないと、いい加減悟ったのだろう。致死性の薬草入りの毒薬を作り、自らあおったのだ。

彼は君の無実を認める手紙を書き添えていて、その中で、君を殺人犯としてダウアーリンクのベルナルトに密告したことを後悔している。

異端審問官が当地をまた訪れていて、レギナルトの単独犯か、共犯者がいたかどうか捜査中だ。ベルナルトは今回来ていないが、別のドミニコ会士たちがベルナルトとたがわぬ陰鬱な雰囲気を漂わせている。早くいなくなってほしいものだ。こんなことを君に書くのは、君がレギナルトの犯罪を知っていたか、少なくとも推測していたのでは、と思うからだ。

君が突然ここを去ったのがレギナルトのせいなら、今や戻ってくる道は開かれている。もし修道士の誓いを解いたことを後悔しているなら、どうか知らせてくれたまえ。ここザンクト・ガレンには、必要とあらばいつでも喜んで君の味方になる友が何人もいる。

もちろん僕らは皆、君が元気で、レーゲンスブルク市民に濃くてうまいビールを造っていることを願っている。ここの醸造所も繁盛しているよ、三つ目の醸造所はまだ後継者が見つかっていないけどね。

ノートカーもダーヴィドも僕も、君がまたいつかここ、ヘルヴェティア[7]へ足を運んでくれることを望んでいる。またみんなではちみつ入りケルウィサを酌み交わしたいものだ。


許しを請う旨を記したレギナルトの短い手紙が添えてあった。それを読んだニクラスは、夢想だにしなかった危険が我が身に迫っていたことを、はじめて知った。ニクラスはこの二通の手紙を生涯、肌身離さないと決めた。無実を証明してくれる大事な証拠だ。

ニクラスはすぐディートに返事を書いたが、自分がザンクト・ガレンを去ったことがレギナルトと関係していることについては、今回も否定しておいた。また尋問されるのはまっぴらごめんだ。

マリーアとヨアヒムには、レギナルトとベルナルトのことは伏せておいた。

一二七五年の九月、驚いたことにヴァイエンシュテファンからアルベルトが訪ねてきた。事前の連絡なしに、突然ニクラスの醸造所に姿を現したのだ。

アルベルトは家族を訪ねる許可を得、ついでにニクラスの顔を見に寄ったのだという。

二人は抱き合って喜んだ。ニクラスは残りの仕事を二人の見習いに任せ、大ジョッキに濃い色のビールを注いで、アルベルトを醸造部屋の隣の部屋へ通した。

「さあ、話してくれたまえ、ヴァイエンシュテファンはどんな様子だね？」

アルベルトは新しい醸造所の建設について語りだした。ニクラスは、当時の自分の提案の多くが採用されていることを知り、誇らしい気持ちになった。しかも十五年ほど前、ウルブラッハに新しい粉挽水車が設置された際に考案した、最初のアイディアも部分的に取り入れられている。

「いつだったか話してくれたよな」得意げにアルベルトが言った。「君がまだウルブラッハにいた頃、石臼がついた水車でまず麦を挽き、それから麦汁を仕込もうと考えたことがあったって。そしてその粉挽水車を風の力で動かそうって」

先を続ける前に、アルベルトはごくりとビールを飲んだ。

「ただ、全部がうまくいったわけじゃないんだ。粉挽水車は小さすぎて風でうまく回らなかった。それでも麦を手で潰すより臼で挽いた方が、ビールの味はよいし、発酵もうまくいく。問題は濾過だ、麦の粒が挽いて小さくなったんで、濾過が難しくなった。これをどうにか改善したいんだ」

ニクラスはザンクト・ガレンの濾過槽のことを話して聞かせ、アルベルトはヴァイエンシュテファンに戻ったら同じ物を作ると決めた。

7 現在のスイスのあたりを指す古代ローマ時代の地名。

「それでペーターはどうしている?」ニクラスは尋ねた。

アルベルトは、ペーターは晩年頭がおかしくなってしまった、と悲しそうに語った。大地震の時、梁が落ちて頭に当たったのが原因だ。

「しまいにペーターは、自分が麦芽になったと思い込んじまったらしい。醸造所へ行くと間違って麦汁にされてしまう、とひどく恐れていたよ。鶏に突かれるといって外へ出るのも怖がっていた。だから最後の数か月は、自分の部屋と礼拝堂の間を行き来するだけになった」

アルベルトは、またビールをごくっと飲んだ。

「そして先月亡くなった。僕には今、修練士が二人ついている。二人とも、うまくやってるよ。一年以内には〈純粋なる醸造家〉の誓いを立てさせたいと思っている」

ペーターの死を知って、ニクラスはやや悲しくなったが、ペーターの奇妙な思い込みには笑わずにいられなかった。

「ペーターは天国でもきっとビールを造っているに違いない。ただし聖人たちも、ペーターのまずいグルートビールに慣れないといけないだろうけどな。美味しいホップ入りビールを造らせるために、僕らを早く天国へ召還するなんて考えを起こさないでくれるといいんだが」

これにはアルベルトも笑うしかなかった。

アルベルトは修道院以外の場所でも宿泊できる許可を得ていたため、二人は濃く強いビールを何杯も飲み、長い夜を共に過ごした。

翌朝、アルベルトは去って行った。二人は年に一度は手紙を互いに書こうと決めた。

しかし二人が再会するのは、それから何年も先のことになる。

四章

雇い主がアルブレヒト・フォン・デム・マルフテで、ニクラスは幸運だった。

アルブレヒトは、穀類やホップの選別に関しても、ビール醸造に関しても、ニクラスに全面的に任せてくれた。大麦、エンマー麦、ライ麦のどれかをニクラスが選ぶと、それをアルブレヒトがうまく交渉して買い付けてくれるため、〈豚の串刺し亭〉では何かが足りずに困ることはなかった。

アルブレヒトはビールの販売にも寄与した。アルブレヒトやビールを買いに来た客が自分のビールを褒めるのを、ニクラスは何度も耳にした。

マリーアは良い妻で、第一子を妊娠中だった。ニクラスは満足してしかるべきだった。

だがニクラスには変えたい事がひとつあった。

実父同様、ニクラスは不自由民だった。

修道院には、身分の自由・不自由の区別がないため、院内にいるうちはどうでもよかった。だが今のニクラスにとって、市民権を得て真の市民になることこそ、何にもまして重要だった。

市民は、二つ目の名前を持つことができる。大きな町では、同名の者が多数いるので、混同を避けるため、二つ目の名前を持つ市民が増えてきていた。

あだ名を名字にすることもよくあったが、それが望ましいとはかぎらない。ニクラスは、「ザウアービア（酸っぱいビール）」や「デュンビア（薄いビール）」などと呼ばれるのは避けたかった。ほうっておいたらどんな名をつけられるかわかったものではない。ニクラスは「フォン・ハーンフルト」か「ハーンフルト」にしたかった。

市民ニクラス・ハーンフルト、いい響きではないか！

そう呼ばれたいという思いが、日増しに強くなっていった。

ニクラスが暮らしているのは都市であり、レーゲンスブルクは三十年以上前から自由帝国都市だった。だが待っているだけでは市民権は得られない。

市民になれた暁には、もう雇われ仕事はしたくなかった。

いつか自分の醸造所を持とう。その時には市民権も得られるだろう。ニクラスはそう考えて運命に委ねることにした。

きっとその日は来る。


その間にベルナルトにもレギナルトの自死の知らせが伝わった。アウクスブルクの修道院長はベルナルトに、引き続きニクラスを探し続けるよう、強く警告した。

「殺人は解明された。一度容疑がかけられた者は赦しを受けないと地獄で火あぶりになってしまう」

ただベルナルトは、この頃すでに分別をなくしていて、殺人はニクラスの仕業だと頑なに信じ、レギナルトは後年、正気を失い、妄想を書きつけたのだと考えた。

「あの二人は、きっと共同でおぞましい実験をしたんだ。ニクラスは絶対関わっていたに違いないのだ。〈純粋なる醸造家〉の秘密の印、あれこそ悪魔の仕業だ」

とはいえ公式に無罪判決が出たとあっては、ベルナルトは一人でニクラスを追跡するしかなかった。

ニクラスとマリーアの未来はまったくもって定かでなかったが、一二七五年の万聖節の日（十一月一日）、〈豚の串刺し亭〉に雇い主とその上客の形をとって、運命の使者がやってきた。

上客というのは、誰あろうアルベルトゥス、通称「大聖アルベルトゥス」、その人だった。

これまでに修行したどの修道院でも、ニクラスはその名を聞いていた。「普遍博士」の名誉称号がついた偉大な教会博士で、別名がいろいろあり、「大聖」の他、ドイツのアルベルトゥス、ラウインゲン[8]のアルベルトゥス、あるいは間違えてボルシュテットのアルベルトなどとも呼ばれていた。

アルベルトゥスは博識で知られ、異教徒、アラブ人、魔女について書かれた書物や多種多様な禁書も研究していたことから、錬金術師だとの噂が絶えなかった。

すでに齢七十五を重ねていたが、恰幅が良く、朗々とよく通る声をしていた。何十年にもわたり、教師

8 現シュヴァーベン地方の町でアルベルトゥスの出生地。

として、また引く手あまたの論争家として活動する間に鍛えられた声だ。アルベルトゥス・マグヌスは、哲学者、自然科学者、神学者、ドミニコ会士で、十五年前まではレーゲンスブルクの司教も務めていた。アルベルトゥスが厳しい異端審問を行うドミニコ会士だとニクラスが知っていたとしても、二人の出会いに何ら影響はなかっただろう。五年前からアルベルトゥスは、ケルンのドミニコ会聖十字修道院で隠居生活を送っているからだ。

もうあまり訪れることのなくなっていたかつての本拠地に、古い友人のアルブレヒト・フォン・デム・マルフテを訪ねてきていたのだった。アルブレヒトはアルベルトゥスに、最近繁盛している自分のビール醸造所のことを誇らしげに話して聞かせた。

それを聞いてアルベルトゥスは、自分がささやかながらビールの歴史に寄与した話をした。「ケルンの人間は、それはもう強欲で、誰もが税金のおこぼれにあずかろうとする。さあ、とにかくお前の店のビールを味わってみようじゃないか。いいビールを評価することには常にやぶさかでないぞ」そう笑いながらアルブレヒトに言った。「お前のところには、これまでうまいビールがあった試しがないがな。自慢話が本当かどうか、確かめてみるとしよう」

二人はビール醸造所の隣の居酒屋に陣取ると、ニクラスを呼び出し、「レーゲンスブルク一のビール」を持ってくるよう所望した。

ニクラスは、自前の一番甘くて濃いビールをうやうやしく差し出し、二人の傍らに座った。三人ともビールに手を伸ばした。甘いモルトの香りが辺りに漂った。

「これはまたなんとうまいビールではないか」、一気に飲み干すなり、アルベルトゥスは歓声を上げた。

「しかもこんな大きなジョッキで飲めるとは。ケルンのはもっとずっと小さい」

レーゲンスブルクのジョッキの大きさについては正反対の意見だったニクラスは、にやりとした。

「さあ、もう一杯注いでくれ。ケルンのビール税戦争のことを話してしんぜよう。かれこれ四十年ほど前――いやはやもうそんなに経ったとは――ケルンの大司教が、皇帝フリードリヒ二世からビール税を上げる特権を得て、醸造所から税を取り立てようとした。新しい大聖堂を建設するのに莫大な費用がかかるからだ。だが悪賢いこの二人は、市民がすでに長いこと、穀物税やビール醸造税を参事会に払っているのを忘れておった。市民は二重に税を納めるのを拒んで、いったんビールを飲むのをやめた。それが二十年も続いた。だがそんな状態にいつまでも耐えられる者はいない。税金も不足する。そこでわしが仲裁役として呼ばれたというわけだ。皆がまたビールを飲めるよう、ビール税を十年間、大司教と参事会で折半することを提案した。妥当な判決で全員が賛成した。わしは十分な報酬をもらったばかりか、ケルンで生涯、ただでビールを飲めることになった。もう二十年以上も前のことだ」

そこまで言うと、一息ついてビールを飲んだ。

「こんなうまいビールは未だかつて飲んだことがない。濃くて甘味があり、どっしりした味わいながら、苦味があるおかげでしごく飲みやすい。そしてまたこの香りの素晴らしいこと」

皆、ニクラスのビールを堪能した。

特にアルベルトゥスは。

ジョッキ二杯がやがて四杯になり、途中大きなゲップをしながら、六杯、はたまた八杯と増えていく。

アルベルトゥスはニクラスのビールを褒めちぎった。

「ケルンに来れば、そなたはこのビールで裕福になれるだろうに」繰り返しニクラスに言った。

アルブレヒトは顔中真っ赤、額から頬まで汗をだらだら垂らしながら、アルベルトゥスに負けじと必死にジョッキを重ねた。

ニクラスは途中、何度も醸造部屋へ呼ばれて席を立ったため、二人の老人がどんどん酔っていく様を、ゆったり観察できた。

十四杯飲んだところでアルベルトゥスは、就寝するといとまを告げた。

「ニクラス、そなたは魔術師(マーグス)であるぞ。わしのようにな。錬金術でなくビール造りのな。ケルンへ来るがよい。かの地はそなたのような者を必要としている。ケルンへ来い、いいか、ぐふっ」大きくゲップをしながらそう言うなり、そのままベンチで寝入ってしまった。


酩酊状態での誘いだったが、ニクラスは真に受けた。

そしてすぐにマリーアと話し合った。

マリーアはあまり乗り気でなかったが、それでもニクラスの行くところならどこへでもついて行く、と明言した。

ただ出産は旅の途上でなくレーゲンスブルクでしたい、と言った。

ニクラスはマリーアの賛同を得たと受け止め、頃合いを見計らって義父に話してみた。

ヨアヒムもマリーア同様懐疑的だったが、ニクラス夫婦、そして生まれてくる子を含めた三人がうまく移住できる方法を考えてみる、と言ってくれた。

「旅をするなら夏がいい。生まれたばかりの赤ん坊も、夏なら旅の労苦に耐えられよう。行き先はおいおい考えてみよう」

引っ越すまで、醸造所にはやることが常に山のようにあった。

その年の暮れまでに、ニクラスは二人の徒弟に〈純粋なる醸造家〉の奥義を伝授した。そのうちの一人マルクスは、仕立屋（シュナイダー）の父親にちなんでシュナイターと呼ばれていた。もう一人はルーカスといった。両親はオストライヒ（オーストリアの旧名）のハプスブルク家領地であるヴェルスという町からレーゲンスブルクへやってきたので、ヴェルザーと呼ばれていた。

二人とも有能な醸造職人で、〈純粋なる醸造家〉の誓いを生涯守ると、全身全霊で約束した。

ニクラスはマルクスとルーカスに別れが近いことを伝え、ビール造りの技をすべて教え込んだ。

一二七六年一月、マティアス・フリードリヒが誕生した。安産で、母子ともに健康だった。赤子の父のニクラスと、祖父のヨアヒムは、そのことを競って自慢した。

その夜、二人はまるで自分が大仕事をやり遂げたかのように、上機嫌でビールを酌み交わした。

その夜、ニクラス一家がレーゲンスブルクを離れることが話題になった。

ヨアヒムはすでに情報収集をしていた。

「自分の醸造所と市民権が欲しければ、まずは小さな町へ行って、運を試すといい。ケルンは人喰い神モロクのような町だ。お前たちなど、すぐに飲み込まれちまう。すぐにケルンへは行かず、数年待った方がいい」

ビールをジョッキ半分飲んでから、ヨアヒムは先を続けた。

「ヴァレンティーンという名の従兄弟がいる。ラインラントのビドガウでろうそく職人をしている。住んでいるのはビッツブルクという小さな町で、トレヴィリス（現トリーア）とケルンを結ぶ、ローマ人が作った古い通商路沿いにある。まずはそこへ行ってみるといい、そこでも自由市民になれる。お前たちが夏に行くと、ヴァレンティーンに手紙を書いておこう」

ヨアヒムの提案は、ニクラスの想定とは違っていた。けれどもケルンには、少々恐れもあった。巨大な都市で、人もものすごく多いと聞いていた。成功する者もいれば、全財産を失い生活できなくなる者も少なくないという。

ケルンへもそう遠くない。そこにいる間に一度は見に行けるだろう。

とにかくにも、もう決めた。夏にはビッツブルクへ向かおう！

五章

春が過ぎ、息子のマティアス・フリードリヒもすくすくと育ってきたところで、荷作りをした。

今回は、今までのように自分の荷物だけまとめて出発すればいいというわけにはいかない。これからはマリーアと赤ん坊を守らなくてはならないのだ。

ヨアヒムが費用を工面してくれたおかげで、三人は馬車で旅することができた。持ち物も一緒に積んでもらえた。

驚いたことに、レーゲンスブルクの商人たちが商品を守るために雇った警護の者たちが、コーブレンツまで同行した。

アルブレヒトはニクラスの決断に大層がっかりし、給料を上げて引き留めようとした。しかしニクラスが、シュナイターとヴェルザーの二人で引き続き〈豚の串刺し亭〉をうまく切り盛りできるよう仕込んであると請け合うと、ようやく説得を諦めた。

「レーゲンスブルクに戻ってきたらいつでも歓迎するぞ！　幸運を祈る、お前のビール造りの噂をきっといつか聞くだろうな」

別れ際にヨアヒムは二人にもう一度念を押した。

「ビッツブルクに着いたらろうそく職人のヴァレンティーンを訪ねるのだぞ。リヒター（ろうそく）と呼ばれておる。お前たちが行くことは知らせてある。最初のうちは何かと助けになってくれるだろう。幸運と神のご加護を祈っておるよ」

マリーアと赤ん坊は荷台に横になり、ニクラスはその傍について歩いた。

こうして旅が始まった。ヴァイセンブルク、ローテンブルクを経由して、マイン川河畔のミルテンベルクへ向かう。

そこからはマイン川を船でマインツまで下るか、引き続き馬車で、フランクフルトからズィンツィヒ、北アイフェルを越え、アーヘンへと続くクレーヌング街道を行くか、ふたつにひとつだ。

ニクラス一家は船旅を選んだ。ビンゲンを通る際、ニクラスはヒルデガルトのことを考えた。ウルブラッハ修道院にいた若き日に崇拝し、ぜひとも会いに行きたいと願った人物だ。やっと聖女が眠る地に来たが、お参りする余裕はなかった。

ビンゲンからはライン川をすいすいと下っていった。十二日後、無事にコーブレンツに到着した。

ニクラスもマリーアも、レーゲンスブルクへ向かったときは家族を亡くしたばかりで、悲しみに暮れていたが、今回の旅は朗らかな雰囲気に包まれていた。マリーアはよく歌い、ウルリヒ・フォン・リヒテンシュタイン[9]やケルンの有名なアルキポエタ[10]、ディートマー・フォン・アイスト[11]、ヴァルター・フォン・デア・フォーゲルヴァイデ[12]といった有名な吟遊詩人の詩を朗誦した。

その先ビッツブルクまでの旅路は、ニクラス一家だけになった。父なしではじめて旅をするマリーアは、森に棲む霊や狼男など、おぞましい者たちに出くわすのではと怯えていた。アイフェル山地のその辺りは湿地が多い痩せた土地で、住居は乏しくめったに人に出会わなかった。はじめのうちは、樹木の少ないなだらかな丘が続き、不毛で貧しい土地に見えたが、旅を進めるのはことのほか楽だった。ビッツブルクに近づくにつれ、マリーアの不安は薄れていき、ニクラスも胸をなでおろした。

そのさらに三日後、二人はビッツブルクの市門の前に立ち、町に入る許可を求めた。

ニクラスとマリーアが旅立ってまもなく、レーゲンスブルクのヨアヒムはいきつけの居酒屋で、旅の途中のドミニコ会士と知り合った。修道士は、〈豚の串刺し亭〉の誉れ高いビールの噂を、すでに何度も聞いていたという。

「どこへ行けばそのビールの魔術師（マーグス）に会うことができるでしょう？　我らアウクスブルク修道院のひどいビールを、どうすれば美味しくできるか、助言をしてもらいたいのですが」

「醸造職人ニクラスはわたくしの娘婿でございます。自分の醸造所を持ちたいとかで、二人ともちょうど旅立ったところでして」

「おお、それはまた残念ですな。計画がうまくいくといいですね」

「ラインラントのビッツブルクへ行かせたんですよ。最初は小さな町の方がうまくいきやすいと思いましてね」

「ビッツブルクですか？　聞いたことのない町です。ともあれ明日出発することにします。またレーゲンスブルクへ来る時は、お会いできるかもしれませんね」

9　一二〇〇年頃～一二七五年。

10　十二世紀の詩人。「アルキポエタ」は「大詩人」の意味。

11　一一一五年頃～一一七一年頃。

12　中世ドイツを代表する詩人、一一七〇頃～一二三〇年。

ろうそく職人のヴァレンティーン・リヒターはすぐに見つかった。従兄弟のヨアヒムからの贈り物をたいそう喜び、二人にしばらく滞在するよう勧めてくれた。

ニクラスは市民権を得ようと、すぐに働き始めた。まずは、この町をよく知る必要がある。ビッツブルク（Bitzburg）という名はめったに用いられず、Bidburg または Bitburg と呼ばれたり綴られたりすることの方が多かった。隣のルクセンブルクでは Bittburgh だったし、ラテン名は Bedeburgo だった。

この町はローマ時代のウィクス・ベーダ[13]であり、トリーアから北へ一日で行ける距離にある。ゲルマニア・インフェリオル[14]の中で、当時の二大都市、トリーアとケルンを結ぶ街道沿いの要所であった。ニクラス一家がビットブルクにやってきた頃、町は徐々に往時の勢いを取り戻しつつあった。八世紀、この地域には歴代のフランク王の館があり、ビットブルクは同時に広範囲のガウ[15]、すなわちビドガウ（Bidgau）の中心地でもあった。

しかし、ルクセンブルク伯爵家とトリーア大司教間の、この町をめぐる長年の決闘（フェーデ）や政治闘争により、町は不穏な空気に満ち、不満がくすぶっていた。それに加え、高位聖職者も互いに反発しあっていた。ビットブルクは、エヒターナッハ、プリュム、トリーアの聖マクシミンという、名高い修道院のほぼ真ん中に位置し、この三修道院は、ビドガウ司教座教区と今なお呼ばれるビットブルクの周辺地域を、管轄下に置き、利用しようとしのぎを削っていた。そのため住民の多くがビットブルクを離れ、大きな町へと移って行った。

ビットブルクは、平坦な台地にある町で、森や荒野、河川に囲まれている。市壁の外側には、市境の防塞となる塹壕つきの防壁を抜けて道路が通り、敵の進入を町の入口である程度防げるようになっている。防壁は棘のある藪で覆われ、近づいて来る敵を早期発見するために物見やぐらが随所に設置されていた。最近起こった二つの出来事が、ビットブルクの町を活気づけた。今では二千人以上が市壁の内側でひしめき合って住んでいる。市場が以前のように毎週開かれるようになり、住民の数も増えた。さらに週ごとに人の数は増えていった。町は拡大しつつあった。

二つのうち最初の、ビットブルク史上最も重要な出来事は、一二三九年にトリーア大司教とルクセンブルク女伯エルメジンデの間で締結された、トリーア・ルクセンブルク条約である。

この条約により、ビットブルクははじめて城塞都市（オッピドゥム）と呼ばれることになり、トリーア大司教はビットブルクに対する権限を大幅に放棄し、ルクセンブルクがビットブルクを守護する任を担うことになった。

これで不安定な状況は当面、一掃された。

エルメジンデ女伯の息子はハインリヒ金髪伯といった。

ハインリヒは一二六二年、ビットブルクを解放し、自由都市とする宣言書をしたため、印章を押した。

13　Vicus Beda=「ウィクス」はローマ帝国内にあるローマの属州の町の最小行政単位、「ベーダ」は「白樺」の意。

14　ローマ帝国の属州のひとつ。現在のオランダ南西部、ベルギー、ルクセンブルク、フランス北東部、およびドイツ西部にあたる。州都はコロニア・アグリッピネンシス（Colonia Agrippinensis）で、現在のケルンにあたる。

15　中世ドイツにおけるドイツの行政区画。

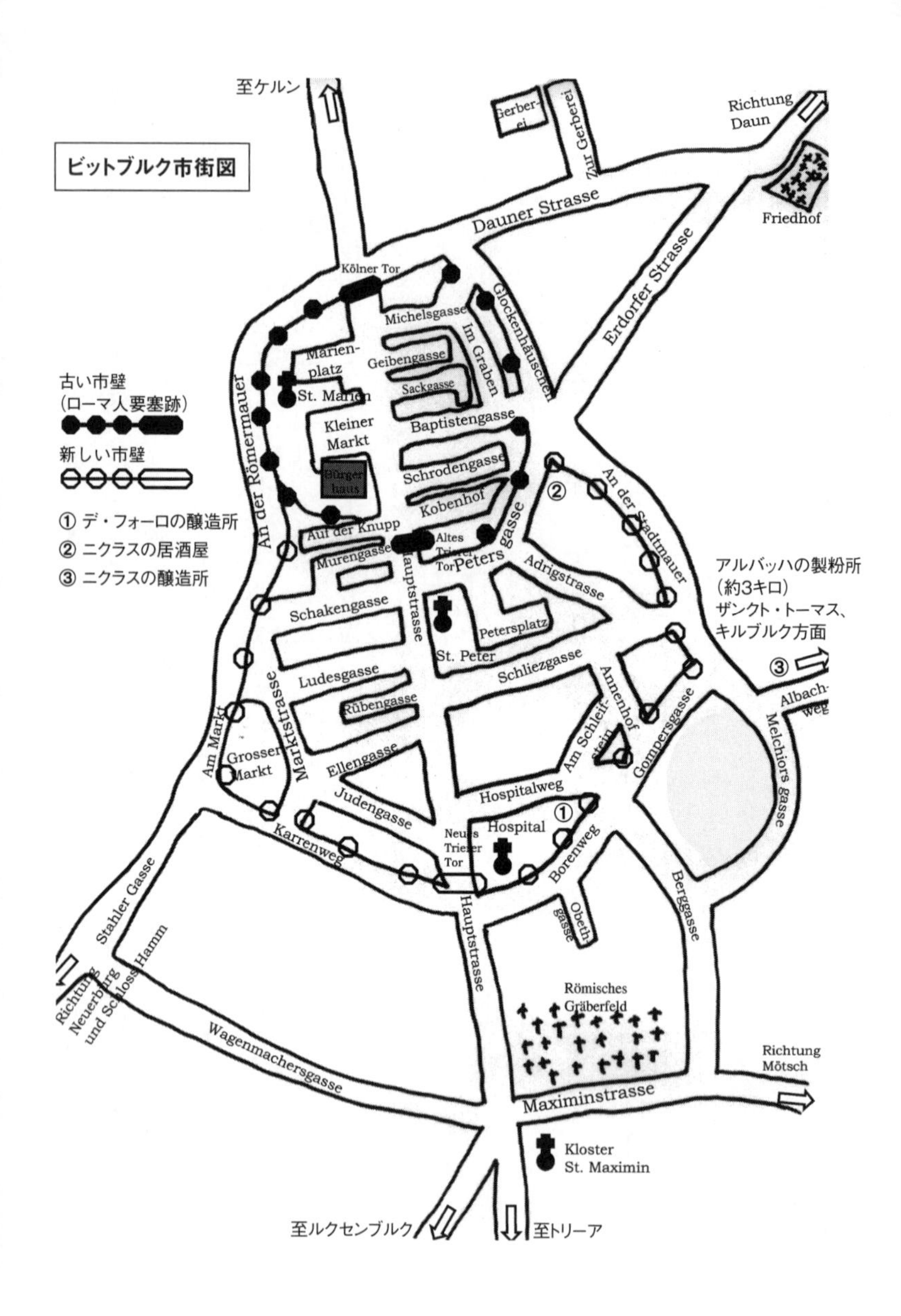
ビットブルク市街図
至ケルン
Richtung Daun
Friedhof
Gerberei
Zur Gerberei
Dauner Strasse
Erdorfer Strasse
Kölner Tor
Michelsgasse
Glockenhäuschen
Im Graben
Marien-platz
Geibengasse
Sackgasse
St. Marien
Kleiner Markt
Baptistengasse
Bürgerhaus
Schrodengasse
Kobenhof
An der Römermauer
Auf der Knupp
Murengasse
Altes Trierer Tor
Petersgasse
An der Stadtmauer
Adrigstrasse
Hauptstrasse
Schakengasse
Petersplatz
St. Peter
Schliezgasse
Ludesgasse
Rübengasse
Annenhof
Am Schleifstein
Gompersgasse
Albachweg
Melchiorsgasse
Marktstrasse
Am Markt
Grosser Markt
Ellengasse
Hospitalweg
Judengasse
Hospital
Karrenweg
Neues Trierer Tor
Borenweg
Stahler Gasse
Obethgasse
Berggasse
Hauptstrasse
Richtung Neuerburg und Schloss Hamm
Römisches Gräberfeld
Wagenmachersgasse
Richtung Mötsch
Maximinstrasse
Kloster St. Maximin
至ルクセンブルク
至トリーア
古い市壁
(ローマ人要塞跡)
新しい市壁
① デ・フォーロの醸造所
② ニクラスの居酒屋
③ ニクラスの醸造所
アルバッハの製粉所
(約3キロ)
ザンクト・トーマス、
キルブルク方面
①
②
③

「聖者と三位一体の名において、ルクセンブルク伯ハインリヒ並びにアーロン辺境伯ラロッシュは、ビットブルク市民が、平和と平穏を獲得するために奮闘したことに鑑み、自由を与える恩恵を施すこととし、現在並びに未来永劫、全キリスト教徒に知らしめんとす」

この自由により、市民や参事会員は、自分たちの中から裁判官を選び、自ら裁判を執り行い、独自の度量衡を設定し、領地内の牧草地、湖水河川、森林を自由に使えるようになり、さらに自力で町を警備する権利も与えられた。

この宣言は、次の一文で締めくくられた。

「ビットブルク市民は、人格と所有物の双方において永遠に自由と安全を享受すべし。ただし先に述べた義務を遂行すること。そして罪を犯した場合、今まで通り参事会員の判決によって刑罰が科されることを条件とす」

この一文はニクラスの耳に心地よい音楽のように響いた。

「先に述べた義務」という言葉をニクラスは聞き流していたが、数か月後、それを思い知らされることとなる。

自由にはそれなりの対価がつきものなのだ。いついかなるときも、そしてどこにいようとも。

ルクセンブルク人も、特権を与える引き換えに高額な対価を要求した。

市民はそれぞれ毎年十二ルクセンブルクデナーレを納めなくてはならず、延滞すれば二倍支払わされた。市壁内で販売される物品は、穀物を除いてすべて課税された。だが脱税して罪が確定しても、追って支払いを済ませば刑罰は免れられた。

穀物は購入者に課税され、ワインは逆に販売者が税を支払わされた。

そして兵役は、ルクセンブルク人にとって毎日日が沈むのと同様に、当然の義務だった。

六章

数日間市内を見て回った後、ニクラスは書状を一通したため、裁判権と警察権を持つ市長の元を訪ねた。市長の名はマンフレート・デ・ポルタという。市長と参事会員は全員貴族階級出身で、互いに親戚関係ないし姻戚関係にあった。市に提出される申請書は参事会員が審査する。認可の条件には数々の例外があり、住民は誰でも自由市民の権利にあずかれる状態だったが、ビットブルクの貴族は、誰に特権を与えるか、慎重に吟味しようとした。自由市民権は女性や子供にも認められるだけでなく、世襲できたからだ。

その頃ビットブルクにビール醸造所は一軒しかなく、ペーター・デ・フォーロという参事会員が所有していた。野暮な名前が好きなビットブルク人らしく、〈好色なイノシシ〉という店名だ。

それでもニクラスは事態を楽観視していた。どの町にも、ビールを出す店は三軒ないし、それ以上あるものだからだ。

マンフレート・デ・ポルタはニクラスの書状を声を出して読み上げた。ニクラス自身と家族について、またビール醸造職人としての経験と知識を記したものだ。その後ニクラスはいったん帰宅を命じられ、二日後にまた出頭するよう言い渡された。

二日後、ニクラスは集合した参事会員の前に進み出た。マンフレート・デ・ポルタが口火を切った。

「ハーンフルトのニクラスよ、そなたのビール造りの腕前はよくわかった。またそなたやそなたの家族が、ここビットブルクに住居を構えたい旨も理解した。しかし決定を下す前に、もう一つそなたについて知っておきたいことがある」

デ・フォーロは机の上の小さな鈴を取り、はっきり聞き取れるよう大きく三度鳴らした。

急ぎ足で近づく足音が聞こえた。扉が開き、入ってきたのは——ダウアーリンクのベルナルトだった。

その姿を見てどう反応するかなど決まっている。

ニクラスは怒りで顔を真っ赤にして怒鳴った。

「不愉快きわまりない奴め、なぜ俺を付け回す。俺が何をしたというんだ！」

言うなりニクラスは、ベルナルトの喉元につかみかかろうとした。二人の参事会員がニクラスを取り押さえた。

ベルナルトは頭巾の下で薄ら笑いを浮かべた。歯並びが悪いせいで、その笑みはグロテスクなほど醜く見えた。

「罪人にはいつかその報いを受ける日が来るものだ。我々はお前を尋問する。デ・ポルタ市長、お借りできる家はありますかな？」

デ・ポルタが返答する間もなく、ニクラスが大声を上げた。

「私は無実を証明できます！　この告発は、どういうわけか私を破滅させんとする、頑固で強情な男の妄想にすぎません」

ニクラスは肌身離さず身につけている胴巻きを外すと、丁寧に折りたたんでしまっておいた二通の手紙を取り出した。

ニクラスがそれを読み上げると、ベルナルトのただでさえ青白い顔からさらに血の気が引き、醜い笑みも消え失せた。ベルナルトは窓辺のベンチに腰を落とした。

読み終えるとニクラスは、文面を確認してもらえるよう、デ・ポルタに手紙を渡した。目を通すとデ・ポルタは言った。

「ダウアーリンクのベルナルト殿、あなたはどうやら狙う的をお間違えのようだ。これらの手紙はこの男ハーンフルトのニクラスが、あなたが告発しようとしている件には一切関わりがないことを明らかに証明している。なので尋問はやめ、この町から退去願いたい」

憤怒に燃え、屈辱にまみれ、真っ赤な顔をしてベルナルトはそこを立ち去った。ニクラスは後に面白がって言った。「ようやくあいつの顔に色がついたよ！」だがベルナルトはまだ諦めるつもりはなかった。〈純粋なる醸造家〉に、二度とビール造りができないようにしてやる。そう心の中で誓った。

ニクラスの市民権申請は受理され、それなりの金額を支払って参事会員たちにワイン半フーダー（四〇〇～九〇〇リットル）を進呈すると、市民証明書が厳かに授与された。証明書は羊皮紙でできていた。証書の類もそのうち紙で作られるようになるだろうという、ハインリヒ・モリナリウスの予測はまだ実現していなかった。市に対し忠誠の誓いを立てると、ニクラスの当初の目的は達成された。

早速、次の計画に移った。まずはビールを造り、提供する場所が要る。住む家も必要だ。

楕円形をした古代ローマの要塞(カストラ)の内側に作られた旧市街は、約千年前から建つ厚さ四メートルあまりの市壁に囲まれ、市門が二か所、塔が十三基あった。塔は円柱または四角柱で、高さや幅はまちまちだ。張出し部があり、小さな窓がついている。屋根には小さな旗がはためき、数か所に金メッキを施した十字架も見える。素晴らしい眺めだ。

狭い旧市街はすでに収容量を超えていて、自由都市権を取得すると、南側に今の二倍近い大きさの楕円形部分が付け足され、町が拡大された。

二つの古い市門は一つはトリーアへ、もう一つはケルンへ向かう道に続いている。どちらもそのまま残されたが、南側に新しい門が建てられ、古いトリーア門は意味をなさなくなっていた。ビール居酒屋は新しい南門のそばに開こうかとニクラスはしばし考えたが、すぐにその考えを捨てた。

ペーター・デ・フォーロの醸造所は、新市街地の南端にある救貧院のそばだ。なのでニクラスは旧市街へ行った方がよさそうだ。

しかし旧市街は丘の上にあるため、給水に難があった。つるべ井戸で汲み上げる水は、洗濯やその他生活用水には十分だが、ビール造りができるほど豊富ではない。

まだ誰にも言ってはいないが、実はひそかに決めている場所があった。アルバッハ川がキル川に流れ込むところ、そこにビール醸造所を作ろうとニクラスは思っていた。

この場所の利点としては、まずビール造りに適したいい水があることだ。醸造用の水を取る予定の箇所には下水が流れ込まない。もっと上流、そこから三キロ離れた辺りではそれがよく起こった。ビール造りの前日は川へ排泄するのを禁じるよう、市参事会で決議を得るのは相当苦労するとしばしば聞いていた。人々はそんな規制など守らないくせに、出来上がったビールの味には文句をつける。でもここなら粉挽水車や攪拌機に使う流水もある。町の中心からは離れているが、一応町の中だ。

それにここはキルブルクとザンクト・トーマスへ向かう道沿いにあり、巡礼者や商人が大勢訪れる。またこの道は、ビットブルク市内へ入る主要道路の一つでもある。ビットブルクの貴族階級も、郊外の牧場や畑で牧畜や農業を営んでいた。家畜小屋の一部は市内にあるので、家畜を外の草地へ連れ出し、また市内へ戻す必要がある。これは喉が渇く仕事に違いないとニクラスは踏んでいた。

もう一か所、旧市街の市壁の外縁沿いにあるペーター横丁にビール酒場を作ろうとニクラスは考えていた。すぐ前のペーター広場に、旧市街で一番大きなつるべ井戸がある点も有利だ。石づくりの水桶に次から次へと井戸水を汲み上げるのは骨が折れる。それに従事する者たちもビールを飲みたくなるだろう。

マリーアや子供と暮らすのは、この二か所の近くにしたかった。ペーター横丁かアルバッハ川のほとりにあれば、仕事が長引いてもすぐに帰宅できる。

大勢のビットブルク市民がニクラスを歓迎し、祝辞を述べ、ありがたい助言をくれたり、一緒に商売をしようと申し出たりした。

最初にニクラスを訪ねて来た人々の中に聖マクシミン教会の司祭がいて、教会に隣接する救貧院用にビールを造ってほしいと言った。

「私たちと同じ聖トーマス修道院に所属するシトー派の貧しい修道女たちは、私共を見放しているのです。助けてくれるなら、代わりに私共の所有であるリッタースドルフの粉挽水車を使えるように計らいましょう」

それに対しニクラスは答えて言った。

「粉挽水車は必要ありません。けれども修道院で暮らすのにビールがなくてはなんの楽しみもないことは、経験上よくわかります。ですから折に触れ、あなた方のことも考えるようにしましょう」

ビール醸造職人たちはライン川以西の地域、ルクセンブルク、フランドル地方ではブラッサトールと呼ばれていて、昔の職人ギルドからの流れを汲むそのツンフト（組合）が、大きな町のいくつかには存在している。だがビットブルクの町は、ビール醸造職人のツンフトを形成するには小さすぎた。なのでニクラスはペーター・デ・フォーロとの競合関係だけうまくやればよかった。

ニクラスは必要な元手を事細かに計算してみた。ヨアヒムからもらったお金はしばらく生活するには十分だが、家二軒と醸造所、その上、その内装まで賄えるほどではない。そこでユダヤ人の金貸しから貸付を受け、翌春、ビールがうまく造れた後で返済することにした。

ペーター横丁に家を一軒買い、その隣の二軒を格安で借りて居酒屋にした。

こうしてようやく引っ越すことになった。ヴァレンティーン・リヒターに心から感謝を述べ、長期間無償でビールを提供すると約束することも忘れなかった。

　マリーアが、自分の家の家具調度をはじめてそろえるのに喜びを感じているのは明らかだった。特に台所用品は手間暇かけて取り揃えた。

　家族用の台所だけでなく、居酒屋とアルバッハ河畔の醸造所もあるため、すべての道具を三つずつ注文しようとした。

　そこでニクラスとマリーアははじめて喧嘩になった。ある日帰宅したニクラスは、無数の台所道具が所狭しと置いてあるのを見て、マリーアを怒鳴りつけた。

「お前、気は確かか？　しょっぱなから破産させるつもりか？」

　マリーアは泣きそうになった。それから二人は話し合い、すべてを三つずつ揃えるのではなく、最低限の必需品だけにすることにした。残りは追い追い買い足せばいいだろう。

「ではこうしよう。取っ手付き平鍋とやかんは三つずつ要る、火掻き棒とふいごもだ。焼き網、焼き串、肉切り包丁、陶製の蓋つき鍋は二か所で使う、灰掻き箒（ほうき）と鍋置きの鉄輪も二つずつ。塩の桶二つも忘れずにな」

　とりあえず家庭の平和は保たれた。

　加えてニクラスは、ビールを運ぶための荷馬車一台と、馬や牛をつなぐ首輪を買った。

　ヴァレンティーンと親しい馬商人のティクスから、二頭の丈夫な荷役馬を手に入れ、それぞれゾンネ

(太陽)、モーント(月)と名付け、アルバッハ川沿いの小屋で飼うことにした。ニクラスは馬には乗れない、乗馬は貴族階級の特権だ。だが常に徒歩やロバが引く荷車で旅をするのは嫌だった。少し考えて馬一頭だけで引っ張れる少し軽い荷馬車も一台買った。

ビットブルクではベルナルトの追跡に怯えずにすむようになったので、ニクラスは命を保証する例の二通の手紙を胴巻きから出し、寝室の二本の梁の間に挟んでおいた。

そこなら安心だ。

アルバッハ川沿いの土地をすぐに買い入れ、ニクラスが引いた図面通りに棟梁が建設を開始した。醸造所の隣で麦芽を作れるようにしたかった。さらに穀物保存用の納屋、発芽した麦を乾燥させる窯と、乾燥させた麦芽を保管する貯蔵室も必要だ。

ニクラスには、修道院醸造所で習い覚えたことの他に考えがあった。

粉挽水車の車輪は、麦芽を挽く以外にも使えるに違いない。革のベルトをうまく使って、他のハンドルを持ち上げたり傾けたりする仕掛けを作ることができれば、醸造所の仕事はもっと楽になるはずだ。

粉挽水車も作れて、そのうえ桶もこしらえることができる大工がぜひとも欲しかった。ビットブルクには桶職人が二人いたが、その技術は桶や樽を作るのがせいぜいだった。

適任の者がやっと見つかった。ヴィルヘルムという名の大工で、経験豊富だが少々変わっていて、足が少し不自由だったが、ニクラスが依頼したい仕事にはうってつけに思われた。

ヴィルヘルムには夜、特に満月の夜に木材を切る習慣があった。

良質の古材を乾燥させるため、大量に貯蔵してある納屋をニクラスに見せながら、ヴィルヘルムは問わず語りにこんな話をした。

「満月の夜に切ると木材は長持ちするし扱いやすい。他の木材より持ち主に多くの恵みをもたらしてくれるんだ」

夜にも仕事をするので、彼には〈ノッテ（夜）〉というラテン語の別名がついていた。

ビットブルク市民の中には、そんなヴィルヘルムを怖がる者もいた。そして「夜は死人たちの時間だ」と陰口を叩いた。


ニクラスはヴィルヘルムに図面や粉挽水車のスケッチ、桶の大きさ、桶から桶へ中身を移す装置を見せた。もちろん、立派な冷却船のスケッチも。

自分が発明した装置を、ついに手に入れられると思うと、嬉しくて待ち遠しくてならなかった。

ヴィルヘルムが仕事を始めると、ニクラスは販路の開拓に取りかかり、どこでビールを売るか考えた。

たとえば市が開かれる日は、ビールを売るには絶好の機会だ。市庁舎に赤い旗が立てられている間は、市外の商売人も店を開くことができた。そのため大勢が売り場を得ようと殺到する。市外から来る人々は飲食を必要とする。ニクラスは、自分も市場に店を出して、ビールの売上を増やそうと計画した。

市門の外にある皮なめし屋にも目を付けた。

そしてビットブルク周辺の地域も頻繁に見て回った。秋の醸造シーズンが始まるまでまだあと二週間ある。市内の住民以外にも、周辺の城や館や修道院にもビールを供給したい。ペーター・デ・フォーロはそうしたことをしておらず、ビットブルク市民に売るだけで満足していると、ニクラスは聞いていた。

まず注目したのはハムの領主たちだ。ハム城は西に八キロほどのところにあり、ちょうど増築されたところだった。壮大な要塞は二百年以上前から居城として使われており、プリュム川の河岸段丘に建っている。ハム城では定期的に騎馬戦などの催し物が開かれていた。そこでニクラスはビールを振る舞いたいと思った。ハム城の領主に対する職人や農民たちの評判はよかった。十分な報酬がもらえるし、支払いが遅れることもないという。ニクラスは面会を申し入れ、用件を伝えると、次回の祭りでビールを提供してもよいとの許可が下りた。ニクラスがビットブルクにいる間、ハムの領主たちはありがたい顧客になってくれるだろう。それにきっと満足してもらえるだろう。

別の方角へも目を向けてみた。ビットブルクの北西には、シトー派の聖トーマス女子修道院がある。ドイツ最古の女子修道院だということは、すでにビットブルクの聖マクシミン教会の司祭から聞いていた。この修道院は、一一七〇年に殉死し、その三年後に聖別されたカンタベリー大司教のトーマス・ベケットを記念して、百年ほど前、キル谷に建設された。

聖トーマス女子修道院の修道女たちはビールを造っていなかったため、ニクラスのビール供給の申し出を歓迎した。キル城が建って以来、修道女たちは、アグネス・フォン・マールベルクの財産をめぐって、アグネスの父、騎士ルドルフ・フォン・マールベルクと争っていた。アグネスは荘園を大司教に譲渡し、大司教はキル城の建設費を賄うため、二百ポンドで荘園を聖トーマス女子修道院に売った。ところがルドルフ・フォン・マールベルクはアグネスの死後、力ずくで荘園を奪おうとした。修道院が襲われて、修道女たちは出て行かざるを得なくなった。修道女たちはトリーアへ向かい、来る日も来る日も行列をなして大聖堂へ詣でては、ミサの間、大きく哀れな声で「命半ばに我らは死ぬ(メディア・ウィタ・イン・モルテ・スムス)」や「サルウェ・レギナ」を歌い続け、とうとう大司教は修道女たちを助けるべく、暴漢ルドルフ討伐に急ぎ赴いた。大司教が勝利を収めると、当面の平穏は訪れたが、ビールはなく、聖トーマス女子修道院の修道女たちの懐(ふところ)も寒かった。最寄りの醸造所はキルブルクとオーバーカイルにあったが、どちらのビールも高すぎた。

　ニクラスは、売れ残ったビールを格安の値段でこの修道院に売ることにした。数年後ニクラスの醸造所が繁盛して売れ残りが少なくなると、聖トーマス女子修道院の修道女たちの喉を潤すには足りなくなり、修道女たちはふたたび定期的に近くのキルブルクの醸造所にビールを注文せざるを得なくなった。

　このキルブルクを、ニクラスは聖トーマス女子修道院からの帰途、改めて眺めてみた。ここには評判の高い醸造所がすでにあるため、商売は考えられなかったが、見るべきものがいくつかあった。建築が始まったばかりの司教座教会の工事現場に興味を引かれ、新しい建築技術にいたく感心した。今まで見てきた中でも最大規模の建築現場だった。吊り上げ機を使って巨大な砂岩の角石を持ち上げるところをはじめて見た。どうすればそんなことができるのか、想像すらできなかった。ただ、新しいものを見た時の常で、できるだけ多くを記憶しておこうとした。いつその記憶が役に立つかわからない。

　最も興味を惹かれたのはトリーア大司教の城で、三十五年前、トリーア選帝侯の所領を守る重要な要塞として建築が始まった。このキル城はいまでは完璧な城塞になっていた。二十年前に城が完成してようやく、強固な城壁と門に囲まれたキルブルク一帯に、都市権が与えられた。ビットブルクよりは小さいが、キルブルクにもビットブルク同様、都市と呼ぶに値する要素がすべて備わっていた。騎士、守衛、門番がいて、市民が住み、市場も開かれている。市民には町の防衛義務が課せられていた。さらにキルブルクには、都市の最重要条件である上級裁判所もあった。

ニクラスは町を見て歩き、ミューレン横丁にあるビール酒場に行ってみた。ただ外から覗くだけで気づかれないようにした。自分のことを知られる前に、まず自分のビールの味を知ってもらいたかったのだ。オーバーカイルにある醸造所についても良い話を聞いてはいたが、訪ねるのはやめておいた。この辺りで一番有名なビールはそこで造られていた。オーバーカイルの名前の由来となった極上の水源（オーバーカイル）は、この醸造所の所有だった。その源泉は、ふざけて〈ぼこぼこ〉とか、〈湯騰泉（ヴァレンボルン）〉とか呼ばれていた。二十キロ離れたヴァレンボルンにある、臭いガスと硫黄混じりの水を噴き出す、火山性の冷水間欠泉にちなんだ呼び名だ。そんなわけで、オーバーカイルの醸造長は随分前からヴァレンボルナーというあだ名で呼ばれることを余儀なくされていた。

周辺地域探索の最終目的地は北に位置するプリュム侯爵領大修道院で、この地域一帯では最大の権勢を誇っている。この大修道院のことは、ニクラスも修道院時代に聞いていた。ウルブラッハでトーマス修道士が話してくれたのだ。五百年以上の歴史があり、カロリング朝の王ピピンと、カール大帝の母にあたるその妻ベルトラーダによって建立された。ノルマン人により二度も焼失の憂き目にあったが、その都度再建されてきた。プリュムは常にカロリング家の恩恵を受けてきた。何しろ伝説によれば、ここはカール大帝の生誕地であるし、皇帝ロタール一世の墓もここにあるからだ。あの有名な言葉「万物はすべて変化し（オムニア・ムタントゥル）、我々もまたそれらと共に変化する（ノス・エト・ムタムル・イン・イッリース）」は、ロタールの言とされる。この言葉をニクラスは座右の銘にしようと思った。自分と自分の遍歴をうまく言い当てている。同じく有名な詩「変化するものは、その価値を失う」よりも気に入っていた。ニクラスはちょうど転機を迎えている。悪い方へ転じてほしくはなかった。

大修道院の領地は広大で、ブルターニュやローヌ川流域にまで及んでいた。無数の領地が、アイフェル山地とアール渓谷、タウヌス山地、ザンクト・ゴアール周辺地域にあり、フランス、ベルギー、オランダも含まれた。これら広範な領地を管理するため、代官管轄地（フォークト）や支部修道院が設置されていた。フランスのルヴァン、ユーリッヒのギュースステン、アール川流域のミュンスターアイフェル、ケッセリング、アルトリップなどである。この大修道院は、修道院付属学校でも有名だった。またプリュムは、敬虔王ルートヴィヒの助言者であった聖マルクヴァルトや、列聖されたヴィエンヌのアード、聖アンスバルトと聖フンゲル、詩人のヴァンダルベルトが住んでいたことでも知られている。有名な歴史著述家レギーノは、三百年前プリュムの大修道院長だった。そしてここ五十年ほど前から、プリュム大修道院領は、独立した侯爵領となり、神聖ローマ皇帝フリードリヒ二世から帝国議会で議決権を与えられた。大修道院の権力が増大するにつれ、他の権力者、特にトリーア選帝侯の妬みを買うようになった。その権力争いに巻き込まれ、貧乏くじを引かされるのは、常にビットブルク市民だった。

ニクラスがプリュムを訪れた時、大修道院長を務めていたのは、ヴァルター・フォン・ブランケンハイムだった。ブランケンハイムは気難しい老人で、もはや人生に何の喜びも見出していない様子だった。背は低く、ずんぐりしており、王座のような木製の豪華な肘掛け椅子に座ってニクラスを迎えたが、体の割に大きすぎるその椅子に半ば埋もれているように見えた。

ブランケンハイムの前に立つと、ニクラスは気まずさを覚えた。

「どんな望みがあって来たのじゃ？」ブランケンハイムはニクラスを怒鳴りつけた。

ニクラスが用件を話すと、にべもなく返された。「ここではビールはほとんど飲まん。アール川にワイン醸造所を所有しているが、あそこのワインは美味だ。臭い穀物汁を好む修道院もあるだろうが、ここは違う。少なくとも余が決定権を持つ限りはな。さっさと帰れ！　余の貴重な時間をこれ以上無駄にするな」

ニクラスはなす術もなく帰途についたが、嘆くのはほどほどにした。ビールを売る方法なら他にいくらでもある。

七章

そろそろ醸造所に必要なものを揃えなくてはならない。穀物、樽など、たいていのものはビットブルクで調達できた。ビールの保存や運搬によく使われている陶製の甕は使わないことにした。代わりにザンクト・ガレンで使っていたような、ピッチを塗った木樽を選んだ。

たった一つ、ホップの調達だけが心配だった。ビットブルクではまだグルートビールしか作られていなかった。グルートの材料は主にヤチヤナギの葉だ。かすかに月桂樹を思わせる強い芳香のあるこの植物は、大抵はパン屋でスパイスとして使われているため〈パン屋のハーブ〉とよく呼ばれる。これを使ったビールを作るつもりはニクラスにはなかった。そこで、ビットブルクやその近隣でホップを見つけてくれた人に賞金を出すことにした。

一週間も経たないうちに朗報が届いた。十五キロほど離れたホルストゥームにホップが自生していたのだ。ニクラスは早速出向いてホップの鞠花を摘んだ。そして、ホップが生えている畑を所有する農家に会いに行くと、それまで雑草としか思っていなかったが、今後はニクラスのためにホップも栽培すると約束してくれた。提示された金額は〈パン屋のハーブ〉より安かったので、ニクラスは二つ返事で承諾した。

秋が来てニクラスのビール醸造所は完成した。二か所のビール酒場にはカウンター、テーブル、ベンチが入った。これで客を迎える準備は整った。

店の名前をつけるのは、想像以上に難しかった。できれば自分の運命や〈純粋なる醸造家〉にちなんだ名前を付けたいと思っていたが、それでは間違いなく疑惑を持たれるだろうし、デ・フォーロの〈好色なイノシシ〉とかけ離れた名前にもしたくなかった。よき競争相手として良好な関係でいたかったからだ。

そこで、古のビットブルクの住民、古代ローマ人がビールよりワインを好んだことにちなんで、醸造所を

〈太鼓腹のローマ人〉、ペーター横丁の酒場を〈長尻亭〉と名付けた。じっくりとビールを飲みながら、ゆったり座って過ごせる店だとわかる名前にしたのだ。

看板は三つ発注した。ビール醸造所を示す六芒星の中に、店の名前をそれぞれ入れたものを二つ、鍛冶屋に作らせた。三つ目の看板はノッテことヴィルヘルムに、丈夫なオークの板を削って作ってもらい、こんな文を刻んだ。「天よ我々を悪女と酸っぱいビールから守り給え」

その看板をニクラスは仕込み部屋の壁にかけた。

ビール造りの仕事にはトーマスという、ずんぐりして力持ちの見習いを雇った。トーマスはエレン横丁に住んでいたので、そのうち「エリ」としか呼ばれなくなった。

ビール醸造見習いとしてエリはうまくやっていた。マリーアはペーター横丁で働くことを望んだので、ニクラスはマグダレーナという女を雇い、麦汁の仕込みをさせることにした。これで仕事を始められる。

ニクラスの店は順調に滑り出した。ビットブルク市民らは好奇心旺盛だった。ニクラスの〈古代ローマ人ビール〉をさほど好まない者もいたので、デ・フォーロの醸造所にも客が入った。とはいえニクラスのビールは予想以上の売れ行きを見せた。

幸運にも醸造所のすぐそば、アルバッハ川の小さな谷に洞窟が見つかった。ニクラスはそこを広げてもらい、氷室として使うことにした。

氷室があるのと、ホップ入りビールがグルートビールより日持ちするおかげで、ニクラスは六月に入ってもビールを売ることができた。デ・フォーロのビールはすでに四月で打ち止めだった。

早くも一二七七年三月には、ニクラスの商才が発揮された。オルスフェルト付近の「裁判所そば」と名の付く耕地に、キルブルクの上級裁判所が所有する刑場があった。一二七七年の初春、そこに新しい絞首台が据えられた。五人の罪人が絞首刑にかけられることになったのだ。当日はお祭り気分どころか、祭りそのものになるはずだ。

それを聞き知ったニクラスは、刑場の土地を所有するトリーア大司教にビットブルクの醸造所、つまりニクラスとデ・フォーロ双方に現地でのビールの専売許可を申請した。

無論多少は献金が必要だったが認められた。このため、キルブルクとオーバーカイルの醸造家たちは、地元だというのに処刑日にビールを販売できないと知り、落胆した。

数百人もの人々が刑場に集まった。みな空腹で喉も渇いている。ここまで来るのは難儀だったし、死刑は何時間もかかる。

貴族が到着すると専用の観覧席が設けられた。手品師、軽業師、吟遊詩人が、集まった人々を楽しませた。

普段は二プフェニヒのビール一杯が二倍で売られても、文句を言う者はいなかった。

罪人が荷馬車に乗せられて前を通り過ぎると、群衆の盛り上がりは頂点に達した。思う存分罵り、唾を吐きかけ、物を投げつけた。そして、死の手に委ねられている者に触ると幸運がやってくると信じられていたため、大勢が彼らに触れた。

まずはありきたりの盗みを働いた罪人が二人続けて処刑された。絞首台にははしごが二台掛けられている。死刑執行人は、麻の縄でできた輪っかを絞首台にかけてから、受刑者ともどもはしごを上る。台の上まで来ると輪っかを受刑者の首にかけてはしごを下りる。そして二つ目のはしごを倒すと死刑囚は宙ぶらりんになった。自重で縄のかかった首は絞めつけられ、気道と血管が押しつぶされて数分後には死に至った。

観衆はどよめき、飲んで食べて楽しんだ。子供たちは最前列に座らせてもらい、大人たちに混じって一緒に叫んだ。次の罪人は子供を殺した女であった。この女にも絞首刑が予定されていた。本来なら袋詰めの刑になるはずだった。罪人を袋に入れて水中に沈め、溺死させるというものだ。しかしこの刑場に池はなく、おかげで見物人たちにとっては見世物が一つ増えた。

女は抵抗し泣きわめいた。見物人たちは構わず女を罵り、腐った果物を投げつけた。同情のかけらもなかった。ようやく絞首台にかけられると、ふたたび大きな歓声がわき起こった。女がもだえ苦しみ、子宮や下部の内臓が股間から体外へ飛び出てくると、ひときわ大きな歓声が上がった。女が絞首刑にかけられると大抵こうなる。

最後に強盗殺人犯と辻強盗の二人が刑に処せられた。この二人は、絞首刑にかけられる前に、罪の重さを知らしめるため拷問も受けた。二人の体は刑車に縛り付けられ、四肢を潰された。半死状態になったところで馬に繋がれ、逆さに絞首台に引っ張り上げられた。ただ首を吊られるよりも、この方が何倍も苦しかった。二人の罪の卑劣さをさらに示すため、絞首台の左右に犬が一頭ずつ、後ろ足を括り付けてぶら下げられた。これは特に不名誉な刑だった。犬たちはぶら下げられて苦しいせいで、罪人に食らいつき、さらなる痛みをもたらすからだ。

見物人たちは、たっぷりと余興を味わって大いに満足して帰途に着いた。ニクラスとデ・フォーロはこれを機に打ち解けて懇意になり、儲けを得る以上に満足した。

ニクラスは翌週すぐ、大司教に専売権の十年間の延長を申請し承認してもらった。これで他の醸造家たちが口をはさむ余地はない。

八章

それから数週間が経過した。ニクラスと家族はビットブルクで快適な暮らしをしていた。〈太鼓腹のローマ人〉は間もなく町中で認められ、〈長尻亭〉もうまくいっていた。たまに客同士の殴り合いが起きたが、それ以外はいたって平穏だった。

マリーアと子供は健康だったし、家と醸造所を買うために借りた金ももうすぐ完済する。

ベルナルトがビットブルクを去り際に悪い噂を流していったが、ニクラスは気にも留めなかった。〈ビールの魔術師〉どころか、〈悪魔の醸造家〉、〈ビールの錬金術師〉、〈反キリスト〉などと呼んで陰口を叩く者がごくまれにいることはいた。だがどんなに言い募ろうとも、黒褐色の甘く濃いビールが注がれたジョッキが目の前に置かれた途端、そんなことは忘れてしまう。さらに何杯か飲み干すと、顔を真っ赤にして、よくもそんな悪口を言う奴がいるもんだと憤慨するのだった。

冬になるとニクラスは自分とマリーアに、普通の革紐付きの靴の他、丈夫で上品な木靴をあつらえさせた。豚があちこち掘り起こしてぬかるんだ道を、日曜日に散歩する時に履くためだ。散歩をしていると、豚の臭いや人間や動物の排泄物の悪臭がしてくるので、マリーアはよい香りを含ませたハンカチを時々鼻にあてて歩いた。せめて日曜日くらいは、そんな臭いを嗅がずに過ごしたかったたからだ。

散歩用に新しい服も仕立てた。マリーアはいつもの麻の下着と半長靴下の上に長上着、その上にさらに胸元に切込みがあり、袖を付け替えられるシュールコーと呼ばれる丈長の上着を着て、顎のところで幅広い布を結ぶ冠形の帽子をかぶった。

ニクラスは長靴下のようなショースと麻のパンツを履き、その上に長衣と色のついたシュールコーを着た。

たいてい白い被り物を頭につけ、時には帽子をかぶって洒落た姿を披露することもあった。

毎日食卓に上る栄養たっぷりの料理がニクラスは好きだった。キャベツやネギ、豆、えんどう豆や玉ねぎの匂いは、たまらなくよかった。そこにリンゴ、洋ナシ、ナッツやサクランボが加わることもあった。いい香りの黒パン、ハードチーズ、うまい自分のビールもある。これ以上何が要るだろう？

しかしすべてが順調だと思えるときに限って、運命が行く手を阻むのが常だ。今回はヴァイエンシュテファンやウルブラッハの時ほどひどくはなく、自然災害でも事故でもなかった。ドロンクマンという参事会員のせいだった。

ヴィルヘルム・ドロンクマンは、ビットブルクに代々続く貴族の出だった。ドロンクマン家はデ・ポルタ家に次いで二番目に古い。町の財政管理が参事会員としての彼の役割だ。計算に強く賢い彼のおかげで、町の財政は潤っていた。

ある晩、ドロンクマンが〈長尻亭〉にやって来た。額にかかった最新流行の付け巻き毛をかき分けると、ビールと食事を注文した。もう五月だったがビールはまだあり、しかも美味しく飲めた。ニクラスを自分の席へ呼び寄せると、ビールを褒め、話を始めた。ドロンクマンはさりげなく店の経営やビールの値段、デ・フォーロ醸造所との競合状況について聞いてきた。ニクラスは悪びれず正直に答え、何かおかしいとは思いもしなかった。しかも、ビットブルクに来て最初の冬にドロンクマンに配達したビールの量さえ、正直に、しかも半ば誇らしげに伝えてしまった。

ドロンクマンがデ・フォーロよりかなり安くビールを売れる理由を率直に尋ねても、ニクラスには未だピンと来なかった。経費を節約し安く作っているし、デ・フォーロより儲けを出していないからだと答えた。

ドロンクマンは礼を言うと、食事代を払い、帰っていった。

一週間後、突然ニクラスの元に市長のマンフレート・デ・ポルタから出頭命令が届いた。要件は書かれていない。

ニクラスが市庁舎に着くと、参事会員が全員待ち受けていた。すぐに本題に入った。

「ニクラス・ハーンフルト、そなたが昨年市民権を申請した際、我々は尊敬に値する醸造家をビットブルクに迎え入れると思っていた。なのに醸造所を始めて以来、税金を一プフェニヒも収めていないのはなぜか？」

ニクラスはびっくり仰天した。そのあまりの驚きぶりに、演技ではないのは明らかだった。

ドロンクマンが立ち上がり、ニクラスの納税不履行と納税義務について短い演説をぶった。

「ビットブルクで醸造されるビールにはすべて税金がかけられる、デュンビア（薄いビール）、ディックビア（濃いビール）、グルートビア、はたまたホップビールも然（しか）り。それは市内で作られたものにも、外から持ち込まれて市内で売られるものにもあてはまる。

ビール樽税は遅くとも冬に売った量が判明する四月には納めねばならない。

その他、税金がかかるものは以下の通り。買入人には穀物税、醸造家には樽税、モルト職人にはモルト税、居酒屋で売るビールにはビール税」

参事会員たちがひねり出す税の種類の多さにあっけに取られ、ニクラスは目をこすった。

マンフレート・デ・ポルタが立ち上がってニクラスに言った。

「そなたがビール造りを修道院で学んだこと、そしてかなりの腕利きであることは我々も知っている。今の醸造所ははじめて自営するものであろう。税とビール醸造については、修道院は都市の醸造所に比べ、かなり優遇されている。原料を自営の農場から調達できるだけでなく、働き手の人件費もかからない。しかも修道院は納税義務を免除されているし、ビール醸造を禁じられる心配もない。我々は不作の年や悪天候や戦争などで畑が破壊された時には、しばしばそうした措置を取らざるを得なくなる。そのような時はパンや穀物の値段は無論跳ね上がるが、大勢が飢えるよりまだましというものだ」

デ・ポルタは少し間をおくと、真剣な面持ちで続けた。

「ニクラスよ、そなたが卑怯にも脱税を試みたのではなく、知らなかっただけであると信じる。ルクセンブルクに市民税をすでに支払っていたのは有利だが、それでも相応の処罰を受けてもらわねばならない。二週間、債務者塔へ入り、十二日間以内に未払いの税金を納めよ。ただし無利子でよい。税金を納められないとなれば、一ルクセンブルクデナールにつき一週間、さらに塔の中で過ごさなければならない」

処罰に従う以外、ニクラスになす術はなかった。これを教訓とする他ない。

ビール造りをしない夏の二週間、ニクラスは債務者を収監するコーベン塔に入った。二週間は瞬く間に過ぎた。その間マリーアも頻繁にニクラスを訪れた。拘留人へ食糧を渡すため、塔に入るのは許されていた。冬の間つましくやりくりし、稼いだ金はほとんど使わず貯めてあった。未払いの税金は無理なく払うことができた。そもそも最初恐れていた程の金額ではなかった。でなければビールの値段を上げるしかなかっただろう。

この年は冷夏で、八月末には次の仕込みの時期が来た。ニクラスは帳面を買い、売買の帳簿をきちんとつけた。

債務者塔に入るのは二度とごめんだった。

九章

ところが新しい仕込みの季節は不愉快な幕開けとなってしまった。樽職人のメルヒオールはニクラスの注文通り納期に間に合わせて樽を納品したが、実際ビールを入れてみるとビールが漏れ出し、樽はやがてバラバラに壊れてしまったのだ。よくみると鉄帯も箍（たが）も締めが甘かった。他にもざっと一ダースほどの樽が同じような状態だった。ニクラスはメルヒオールを呼びつけた。

「お前の樽はみな箍（たが）が外れてるじゃないか！」ニクラスはメルヒオールを叱りつけた。

すぐに修理をし、代わりの樽を用意するとメルヒオールは約束した。

ニクラスは最初のうち少ない樽でやりくりするしかなかった。

それから間もなく、今度はいい知らせがやってきた。マリーアが二人目の子を妊娠したのだ。仕事も順調で、あれこれ組み立てたり改良したりする余裕までできた。醸造所でいまだうまくいっていなかったのは、マイシェ（糖化もろみ）を固体と液体に分ける方法だった。これまでもいろんな濾過装置を見てきたし、実際に使ってきた。ビットブルクではザンクト・ガレンで使っていたのと同じ装置を作らせた。濾過槽の下に排水口があり、底に押し固めた麦わらを敷いてある。ヴァイエンシュテファンでは、巨大な靴下状の、目の粗い麻袋を使っていた。デ・フォーロもこれと同じ濾過方法を取っていた。しかしこの靴下状の袋で濾す方法は、作業中に残った搾り滓を何度も取り出さなければならないので、かなり骨が折れた。これが醸造の過程で最も大変な汚れ仕事だった。

ニクラスはこの二つの方法を組み合わせてみようと考えた。下に排水口のある小さな濾過槽を作らせ、大工のノッテに、内側の下部に留め金をいくつか取り付けてもらった。大きく円形に切り取った丈夫な麻布をこれで留め、底の上に布をぐるりと固定した。

こうして、煮た麦汁をこの濾過槽に注いで濾すことにした。結果は予想以上だった。ただこの一連の作業の労働量は相当なもので、弟子のエリひとりでは手が回らない。

偶然が解決策をもたらした。ある晩、参事会員の一人で貴族のクリストッフェル・ラ・ペンナが〈長尻〉を訪れたのだ。ちなみにペーター横丁の店は市民の間でこう呼ばれるようになっていた。ジョッキ数杯を飲み干すと、ラ・ペンナはニクラスを自分のテーブルへ呼んだ。そしてビールの出来栄えを褒めてから本題に入った。

「私にはもうすぐ十五歳になる息子のフーゴーがおる。息子が能無しの役立たずになっては困る。まともな職人技を身に付けさせたい」

公的な場と異なり、くだけた口調でニクラスにそう話しかけた。

「息子にできる仕事はないか？　最初の一年は六デナーレ分、こちらが持つ。きちんと働けるようになったら、他の見習いと同じ賃金を払ってもらいたい。それから二年使ってやってほしい。その後は、その時になってから考えるということでどうだろうか」

将来商売敵(がたき)になるかもしれない者を迎え入れることに一抹の不安も覚えたが、ニクラスは申し出を受け入れた。

フーゴー・ラ・ペンナはまもなくニクラスの醸造所で働き始め、すぐに器用で勤勉な若者であるとわかった。フーゴーが来たおかげで、ニクラスは濾過槽の改良にさらに注力できるようになった。槽の内側に留めた麻布は麦芽の重さですぐに裂けてしまう。ニクラスは鍛冶屋に来てもらい難しい注文を出した。

「丸い銅板か鉄板が欲しいんだ。大きさは濾過槽の底板と同じにしてほしい。二枚の板にわかれていても構わない。作ってもらえるか？」

そんなものが何の役に立つのか、皆目見当もつかなかったが、最善をつくしてみる、と鍛冶屋は約束してくれた。

その後四週間経って、銅板ができあがってきた。二つの半円でできていたが、その方が持ち運びも扱いも楽だ。

銅板を受け取るとニクラスは数日かけて、先端が少し丸くなっている小型の鏨（たがね）で銅板に小さな穴を無数に開けた。うまく行くか自信がなかったので、この作業は人目につかないところでこっそりやった。麦汁をこの小さい穴から通し、滓を銅板でせき止めるのが狙いだ。

次に大工に木製の小さな脚を二十本注文した。濾過槽の底に脚を置き、その上に銅板を載せた。

一度の仕込みだけで効果は明らかになった。他の方法で作業する気にはもうなれなかった。濾した麦汁の透明度は高く、質は卓越していて、仕事の負担は大幅に減少した。

この特別な装置を自分たちだけのものにするため、ニクラスはその年の暮れに弟子のエリとフーゴーに〈純粋なる醸造家〉の誓いを立てさせ、さらに醸造所内の秘密をけっして口外しないよう約束させた。特にデ・フォーロやキルブルク、オーバーカイルの醸造家たちに秘密がもれるようなことは断じてあってはならない。

まもなくニクラスはもう一枚銅板を発注した。今までは麦わらで濾過していたが、それを銅板に付け替えた。二月からニクラスの醸造所は完全に新しい仕組みに切り替わった。

一二七八年三月、マリーアは無事に元気な女の子を産んだ。その子はアグネス・マリーアと名付けられた。

ニクラスは、まだ小さい息子のマティアス・フリードリヒのために木の道具をこしらえさせた。醸造所にある実際の道具のミニチュアだ。フォークに似た撹拌棒、お玉、木槌と栓を持った小さなマティアス・

フリードリヒが客の間を歩き、マリーアがくれた木桶でビール造りの真似事をするのを見て、客は笑顔になった。

五月までビールを造ってニクラスは大金を稼ぎ、税金もすべて納期内に収めた。ニクラスは我が身にも生活にも満足していた。

十章

一二七九年の春、例年より早く突如としてビールが底をついたのは、ある特殊な理由からだった。四月初めのある朝、幼いマティアス・フリードリヒが、ペーター横丁にあるニクラス一家の小さな住まいの二階でろうそくを倒した。布と毛布にすぐさま火がつき、数分の内に小屋組みの片側が燃え、反対側にもすぐに火が移った。幸いニクラス、マリーア、そして子供たちは無事に逃げることができた。しかしニクラスは二度家へ戻り、胴巻きと帳簿を救い出した。その他の財産は、〈太鼓腹のローマ人〉に置いてある鉄の長持に施錠し保管してあった。

ビットブルク市民が急いで駆け付け、火消しを手伝ってくれた。ペーター広場の井戸水が底をつきそうになると、ニクラスは〈長尻亭〉を開け、保管してあったビールを火消しに使えるようにした。市民は貴重なビールを手桶やジョッキで汲んで、燃え上がる炎にかけた。中には誘惑に抗しきれずに、火を消す前に〈火消し水〉を一口頂戴する者もいた。そうこうするうちに火消しが、状況にそぐわないにぎやかな酒盛りの様相を呈していった。基礎壁が燃える手前で火は消し止められたものの、当分の間は住めたものではなかった。

市民はその後しばらくの間、ビールジョッキを片手にいかに燃え盛る炎に立ち向かったか、武勇伝を語り合った。

ニクラスの方はというと、またしても平穏な人生を妨害した運命を恨んだ。憂いなき暮らしがしたいだけなのに、なぜそれができないのだろうかと。

火事の後数週間、ビットブルク市民から寄せられた同情がいくらか慰めになった。家の建て直しにも多くの助けが得られた。こうした火事はよく起こり、互いに助け合うのが市民としての義務だった。

今後もベルナルトの迫害から命を守ってくれるはずの二通の手紙は火事で燃えてしまったが、ニクラスはさして気にとめなかった。ビットブルク市民になってから、ニクラスはベルナルトから解放され、自由になったものと信じ込んでいた。


秋の醸造シーズンが始まる頃には、みな火事の衝撃から立ち直っていた。建て直したペーター横丁の家で、これまでどおりの生活がまた始まった。

初めのうちこそニクラスはペーター・デ・フォーロとうまくやっていたものの、一二八〇年の春以降、二人の関係はみるみるうちに悪化していった。ペーター・デ・フォーロは裕福で、ビットブルクの貴族や周辺の権力者と懇意にしていたが、商売上手な方ではなかった。キルブルクの処刑場での祭りの際のように、ニクラスの商売に便乗して利益を得ていたが、デ・フォーロのビールの需要はどんどん減っていった。

そこへニクラスが、大司教との取り決め内容を文面通りデ・フォーロに教えるという過ちを犯してしまった。書面にはニクラスでなく「ビットブルクのビール醸造家」と書かれていたのだが、それをデ・フォーロは自分一人だけとも解釈しうると結論づけた。

処刑の際のお祭り騒ぎで年に一度ビールを独占販売できれば、後はほぼ遊んでいられる。

そこでデ・フォーロはニクラスのビールの評判を落としにかかった。ニクラスのビールは何かおかしいと市民が思うようになるまで、あらんかぎりの嘲笑や悪口を広めた。ベルナルトがその昔言い残した誹謗中傷の言葉も持ち出した。

「古代ローマ人ビールは悪魔のビール」

「あいつがビールを造っているところを見てみろ。なんともうさんくさいぞ」

そんな調子で悪い噂を流していった。

こうした流言飛語が一年以上も続いた。

デ・フォーロはあの手この手を駆使して、ニクラスがビットブルクでビール造りをする気を無くすよう画策した。ビットブルクの救貧院にビールを納品するという儲け仕事の依頼を受けて二年目だったが、まずはこの仕事に歯止めがかかった。

ペーター・デ・フォーロの弟オットーが一二七九年末、救貧院の院長に選ばれ、ニクラスは一二八〇年の年初、今後聖ヨハネス救貧院へのビール納品はふたたび〈好色なイノシシ〉に委託すると告げられた。

宣伝工作の極めつけは、一年後に突然どこからともなく町中にばらまかれたチラシだった。一人の男が向かい側に立つもう一人の男の前で嘔吐している絵が描かれていて、その下に次のような文句が印刷されていた。

古代ローマ人のビールを飲んで
どれほど気分が悪くなったことか

デ・フォーロが黒幕だとはわかっていたが、誰の仕業なのか突き止めることはできなかった。ニクラスは市長や参事会員らに苦情を申し立てたが、返ってきたのは嘲笑いだけだった。そうした紙きれを撒くのは違法とはされず、背後からチラシの文言を浴びせられてもニクラスになす術はなかった。

とりわけこうした事態に苦しんだのが家族だ。マリーアはニクラスよりひどく痩せこけ、マティアス・フリードリヒとアグネス・マリーアは、他の子どもたちからなぜからかわれるのか、幼すぎて理解できなかった。

ついにニクラスは醸造所を売ることに決め、ひそかに交渉を始めた。醸造所はニクラスが綿密に設計し

「古代ローマ人のビールを飲んでどれほど気分が悪くなったことか」

たものだし、まだ四年しか経っていないため状態はとてもよかった。ビットブルク周辺でこれほどの設備は他にないだろう。いい値で売れれば、当分金銭面の心配はなくなる。

いい買い手がいないものかと、ニクラスはトリーアやエヒターナッハへも慎重に探りを入れた。えらく驚いたことに、一二八一年秋のある日、ほかでもないペーター・デ・フォーロがニクラスを訪ねてきた。心にもない同情の言葉をひとしきり述べてから、なぜ醸造所の売却を自分に持ちかけないのかと聞いてきた。古い付き合いだし、ビットブルクの醸造家同士がまず話し合うのが筋ではないかと言う。

ニクラスは、出て行けとどなりつけたくなるのをぐっとこらえ、デ・フォーロに醸造所をもう一軒経営する余裕があるとは思えない、と皮肉を込めて答えた。デ・フォーロはそれに答え、「その通りだ、ニクラス。ここを買ったら一軒目は畳むつもりだ。さあ、いくらで売ってくれる」

デ・フォーロを早く追い返したいばかりに、ニクラスはトリーアやルクセンブルクの同業者に提示した値の半額を上乗せした値段をふっかけた。

働いてもらっていた醸造職人や使用人もそのまま雇ってほしい。今期が終わるまでビール造りは続けるつもりなので、売り渡すのは次の夏になる。そう条件を出した。値段を聞いたデ・フォーロはにやりと笑みを浮かべると、「高いな、だが出せない額じゃない」と言って条件を飲んだ。

醸造所は失うが、成功者になった。

とうとう、アルベルトゥス・マグヌスの勧めに従う時が到来した。成熟し、経験を重ね、前より金持ちになった。

ケルンが待っている……

十一章

ケルン！　ヨーロッパ最大、いやそれどころか世界最大の都市かもしれない。

貿易の中心地だが、詐欺師や売春婦たちのメッカでもある。何度もケルンに行っている旅の道連れが、道中ありとあらゆる話をニクラスに聞かせてくれた。

「売春婦なんぞまだかわいいもんだ」と一人が言った。「俺たちは売春婦を〈クーニベルトのガチョウ〉って呼んでいる。奴らの目印は黄色い靴紐だ。二百年ほど前、ジーゲヴィン大司教の時代に火事があってな、旧大聖堂にまで燃え広がりそうになった。大聖堂の周りで客引きしていた売春婦たちが火消しを手伝った。しまいに司教座参事会員たちが、聖クーニベルトの棺を旧大聖堂の前まで運んでくると、なんと奇跡のごとく火が消えちまったのさ。それで参事会員たちは、火消しを手伝った売春婦らを祝福したんだ。火が消えたのはどう見ても死んだ聖クーニベルトの奇跡だってのにな。大聖堂はどっちみち取り壊された。新しいのを建てるためにな」

もう一人の道連れが話を続けた。

「あれほどいろんなならず者がいる町はケルン以外にないね。ありきたりの泥棒ですら、どこでどんな悪事を働いてるかで区別されてる。市場を狙うのはスリ。フラッタラー（はためくもの）は洗濯物を盗んで転売する。カタツムリ（シュネッケ）は上着や外套を盗むし、教会荒らしは教会の財産に平気で手を出す。それに加えて普通の泥棒やコソ泥、強盗殺人犯なんかもいるってわけさ」

最初の語り手がつけ加えた。

「それにギリシャ人て呼ばれているのもいる。やつらは札遊びでいかさまをして糊口をしのいでいる。田舎からケルンへ出るなら、百姓を狙うやつに気を付けるんだ。まがいものの装飾品やらなんやらを売りつけてくるからな。似非（えせ）聖職者は教会に寄進を求めてくるし、ペテン師や無銭飲食者なんかも、他人を丸め込む術をいくらでも心得ている」

「発作が起こったふりをして注意を逸らして胴巻きに手を伸ばすやつらもいるから、それにも気を付けな」二人目が思い出したように付け足した。

「ビールやワインをつい飲み過ぎちまうくせがあるなら、決して一人で飲むんじゃない。酔っぱらいを狙う追い剝ぎがいて、死体剝ぎとも呼ばれているが、奴らは、時に下着一枚残さず盗っていくからな」

そんな注意を受けながらの、ビットブルクからケルンへの旅は、あっという間だった。四日後の一二八二年五月初め、とうとう一行は二十三年前に建てられたばかりのケルン市壁の前に立った。

ケルン市民たちは、ケルン大司教フィリップ・フォン・ハインスベルクの許可を得ず、一一七九年に町の周囲に防壁を造り始めた。これにより市街地の面積は四百ヘクタールほど広がった。まず濠が掘られた。それに沿って後に市壁が作られ、ケルンの町は難攻不落の要塞となった。

大司教とハインリヒ獅子王ことザクセン公は長いこと不和状態にあり、ラインラント各地は幾度も、とりわけ大司教側の傭兵に略奪され荒廃していたため、市壁の建設はすぐにも必要だった。大司教の差止め命令にも屈しなかった。

赤髭王（バルバロッサ）と呼ばれた神聖ローマ皇帝フリードリヒ一世が、一一八〇年にすでに建設許可を出したにもかかわらず、市壁の完成にはそれから八十年もかかった。

市壁建設の費用を捻出するため、ケルン市民は製粉権とビール醸造権に新しい税を導入した。ケルンは、ゆっくりながらもまさにビールの一大都市として名を上げるところだったので、これは賢い一手だった。

市壁ができたおかげで、大聖堂に収められている東方の三博士の聖遺物は、ようやくケルン市内で最も価値ある宝にふさわしい適切な保護を受けることになった。この聖遺物を所有していることで、ケルンはエルサレムやローマと並ぶ聖地としての地位を得た。一二五九年、とうとう工事が完了すると、ケルンはアルプス以北最大の都市になった。堤防、濠、壁からなる町の要塞は全長一万五千エレ（七・五～十二キロ）以上に及んだ。ケルン市民は市壁建設にあたって、エルサレム同様、十二の城門と五十二の防御塔を、さらにライン河岸に十二の市門を設けることに重きを置いた。その後数世紀にわたって、この領域が市域となる。

ニクラスがケルンに着いてまず感心したのは塔の時計だった。そもそも機械仕掛けの時計など見たことがなかったし、ましてやこれほど大きいものを見るのははじめてだった。時間を示す針がついたその時計を、ケルン市民はとても重宝していた。都市では修道院や田舎よりも、正確な時間を知ることが重要だ。田舎の人々にとっては、暮らしも労働も、昼と夜の二つの時間に結び付いているだけだ。一日は日の出とともにあがる鶏の鬨の声で始まり、日の入りと共に終わる。正確な時間を特定する術はなかった。時間は太陽の位置と、近くの教会の鐘の音で把握した。修道院では、次の祈りの時間まで、ろうそくを灯したり砂時計を置いたりして時間を計っていた。ニクラスも、こうした時計をビール造りの時に使っていて、レーゲンスブルクやビットブルクでは仕込み部屋に大きな砂時計を置いていた。ヴァイエンシュテファンではその他に大きな日時計が庭にあった。ザンクト・ガレンでは水時計を幾度も試したことがあったが、冬になると凍って壊れてしまい、そのたびに日時計に戻っていた。

都市で暮らしていれば人と会う約束もあり、市場は開く時間が決められている。また参事会員、裁判官、商人は、近頃は仕事の時間を時計で測るようになっていた。店の開店時間は朝六時の祈祷の後とされた。

教会ではまだ鐘の音で信者たちに祈りの時を知らせていたが、ミサは時計の時間に合わせて始めるようになっていた。ビットブルクには時計塔などなかったので、ミサがない時でも決まった時間に教会が鐘を鳴らしていた。

こんな大きな町に来たからには、まず勝手を知らなくては始まらない。思っていたほど楽ではなかったが、ニクラスはあらかじめ計画を立てていた。家族を連れてあやしげな宿に泊まるのはいやだったし、胴巻きにはたっぷりお金が入っていたので、かつて旅の途中にしばしばビットブルクを訪れ、ニクラスの古代ローマ人ビールを気に入ってくれた商人を訪ねた。この商人ヨハネス・キュッパーは、ニクラスが自分たちの住処を見つけるまで、少額で自分の家へ住まわせてくれた。さらにデ・フォーロからもらった醸造所の支払手形を現金化するのも手伝ってくれた。

市民権を申請する必要はもうなかった。ビットブルクでもらった証明書を担当参事会員に見せると、すぐにケルンの市民証明書を発行してもらえた。ただここでも、相当額の手数料を支払い、ケルン市に対して誓いを立てる必要はあった。

ニクラスはすぐに家を探しに町に出たが、偶然が幸いし、ホーエ通りの脇道にあたるグローセ・ブーデン横丁に、ちょうどいい家が見つかった。ユダヤ人街に接した通りだ。

その家は以前も醸造所として使われていて、当時はあまり繁盛していなかったが、建物の構造はニクラスの想定にぴったりだった。

前の店名は〈テュンの店〉だったが、ニクラスは〈ブラウハウス・ツム・シュテルン（星の醸造所）〉に変えた。ビットブルクの時と同じように〈純粋なる醸造家〉の六芒星を使いたかったが、ケルンでは看板ではなく、自分のビールの名前と印にそれをつけることにした。

アーチがついた門からは、樽や仕込み釜を積んだ手押し車ごと店に入ることができる。左側にはビール醸造用の小さ目の広間があり、その奥にビール酒場、下に地下室があった。

ホーエ通りは幅およそ三十メートルの、ケルンで一番の目抜き通りだ。大勢の商人がここで商いをしているのは、「高い（ホーエ）」という通りの名が示す通り、川が氾濫しても安全な高さにあることを、千年以上前のローマ人同様、知っているからだ。

角を曲がった先のウンター・タッシェンマッハー小路に、〈グイトライト〉というビール醸造所があった。ここの醸造長はリヒャルト・コーメスという名だが、グレーフェと呼ばれていて、はちみつビール（メーデビア）を専門に作っていた。メーデビアは穀物とはちみつ、薬草が原料のビールで、ニクラスはまだ飲んだことがなかった。〈グイトライト〉と〈ブラウハウス・ツム・シュテルン〉は角を挟んですぐ両側に立っているので競合するが、二軒の間に、水溜まり（ピュッツ）と呼ばれるケルン市内最大の井戸の一つがあるのが利点だ。二軒とも、この井戸を使用できた。

グローセ・ブーデン横丁は、新しい大聖堂の建築現場から二街区しか離れていない。手工業者が大勢、建築現場で働いているので、ニクラスは彼らが客となってくれればと期待していた。

それに建築現場の前には、なぜかまだ名前の付いていない大きな広場があった。この広場では、聖俗両方の権力者たちが特別な行事の際にパレードを催していた。教皇や王が姿を見せることもあれば、死刑執行人や伝令官の舞台となることもあった。普段は、巡礼者、物乞い、売春婦といった者たちが互いに押しあいへしあいしながら通り抜け、そんな中でビール職人たちもビールを売っていた。ケルンのビール醸造史上ビールが最も売れたのは、一一六四年七月二十三日だ。その日、ライナルト・フォン・ダッセル大司教が、東方三博士の聖遺物を旧大聖堂へ厳かに納めたのだ。その日ケルン市内、中でもこの名無し広場は、聖遺物を見ようと集まった人々でごった返し、ビール職人たちは一生分ともいえる儲けを得た。

この広場の一角に司教直轄の監獄があった。魔女の汚名を着せられた女たちが再三再四、そこに投獄され、お上の都合のいいように屈辱的な尋問を受けては拷問された。公開審判は広場で開かれ、見物人たちは熱狂した。だが哀れな者たちの処刑は、不名誉にも、市門の外のメラーテンで執行された。

名無し広場でビールを売れる機会があれば何ひとつ逃すまい、とニクラスは決めた。

十二章

　ビットブルクでのように納税不履行で処罰されるのはごめんだった。それでニクラスは醸造所の経営に関する規則や法律をまず調べることにした。

　するとわかったことがいくつかあった。ケルンには自営の醸造家以外にも、昔からの巡回醸造が存続していた。自前の醸造所は持たないが醸造権を有する市民が多数いて、そうした市民は仕込釜を共有し、それを一定の順番で回して使う。順番はくじ引きで決められた。醸造職人に来てもらい、自宅でビールを造ってもらうこともできた。醸造権を持つ家は一目でわかる。仕込釜を入れられるよう、門のアーチが高くなっていて、幅も広く取ってあるのだ。ビール造りの原料は、仕込釜が届く日に仕込む分だけ売ってもらえ、造るのはグルートビールだけだった。

　ケルンでもホップ入りビールは知られていたものの、あまり好まれてはおらず、周辺地域での販売や遠方への輸出用に造られるだけだった。ケルンではグルート（Gruit）をGrutとつづり、市内の醸造職人のほとんどは麦汁に月桂樹、ショウガ、キャラウェイ、アニスを入れていた。ケシの花が使われることもあり、ケシビールは主に鎮痛剤として売られていた。

　ケルンのグルートは、大麦、スペルト小麦、燕麦の麦芽をあらかじめ混ぜ合わせた状態で醸造家に販売されていた。元々大司教がグルートの醸造販売権を独占していたが、取り締まりが難しくなってくると、独占状態は徐々に形骸化していった。

ニクラスはビールの原料をグルート売りから買うつもりなどなく、すべて自前でやろうとした。麦芽を自分で作り、ホップはビットブルク近郊のホルストゥームから取り寄せた。五十年前なら大司教の独占権を妨害するとしてもめたかもしれないが、目下大司教の懸念は別の所にあった。

はじめて聞く規則がもう一つあったが、ニクラスはこれをとても気に入った。ビール造りをごまかす不正な醸造家は処罰する、というものだ。ケルンでは、ビール職人は形式上パン職人に帰属し、ビール職人だけのツンフト（組合）はなかった。一方、パン職人には随分前から不名誉な組合員に対する罰則が設けられていた。

頻繁に行われたのは「パン職人の洗礼」という処罰だ。不正を働いたパン職人は檻に入れられ、檻は鎖でつながれライン川へ沈められる。パンが決められた重さより少しでも軽いと、それを焼いた職人はこの刑を受けさせられる。「パン職人の洗礼」はほぼ毎週行われ、毎度お祭りのような賑わいを見せた。

ビール職人の場合、明確な不正の証拠を見つけるのは難しかったが、薄いビール（デュンビア）を明らかに濃いビール（ディックビア）として売った者は五度の浸水の刑に処せられた。

ビール樽を打ち壊すなど異なる処罰を取り入れようと、ビール取締官たちが前々から画策していたものの、成果は上がっていなかった。

こうした処罰に留意しつつ、ビール職人たちはワインとも競合せねばならなかった。なにしろケルンはヨーロッパのワイン貿易の中心地だ。ワインは収穫のよい年には安く売られ、質の点でもビールより安定していた。一二八六年までは、ニクラスもこの競合から身を守らねばならなかった。だがその次の冬は極めて厳しい寒さに見舞われ、地域一帯のワイン畑が凍りついてしまった。結果、人々はビールを飲む以外選択肢がなくなり、ニクラスをはじめ市内の醸造家たちは、一気にビールの値段を釣り上げた。そしてこの冬を境に、少なくともケルンでは、ワインの取引がかつての盛り上がりを見せることはなかった。だがそんなことより、まずはニクラスの醸造所の話をしよう。

ニクラスは市内の醸造家たちと接触を持った。

相当な数の醸造家と知り合いになったが、女性が経営する醸造所があること、それも二軒もあるのには驚いた。女性醸造家はブラクサトリーケと呼ばれていた。一人はマルガレーテで、聖使徒聖堂の隣に醸造所を持っている。腰が張ってがっしりした体つきをし、はち切れそうな胸を抱えてニクラスの目の前に現れた彼女は、自分が醸造したビールと仕事を愛する醸造家の鑑のような人物だった。いの一番にマルガレーテは、ケルンの醸造家中、自分の家系が一番古い、なにしろウビイ人[16]直系の子孫は自分しかいないのだと語った。

「ラインラントが何世紀もの間、私たちの故郷だった。ローマ人でさえ、私たちを追放できなかった。でもほとんどのウビイ人はフランク人と混ざってしまった。私の一族はローマ時代からずっとケルンで生き

16　ライン川東岸に住んでいたゲルマン人の一部族。

小さすぎるパンを焼いた職人への洗礼

出典：›Heute back' ich, morgen brau' ich – Zur Kulturgeschichte von Brot und Bier‹ Irene Krauß 著、出版：Deutschen Brotmuseum Ulm, 1994 年

てきたウビイ人の最後の生き残りなのよ。私も真のウビイの男とでなきゃ絶対結婚なんかしない」

もう一人はエマといい、伝説的女性醸造家サピエンタの孫だった。サピエンタはケルンで正式に認められた最初の女性醸造家で、ヨハニス通りとアム・アルテン・ウーファー（旧河岸）通りの間には、彼女の名を冠した通りがある。エマの醸造所もその通りにあった。マルガレーテ同様、エマも、頻繁にビールを飲んでいるのが外見から明らかだった。人生を謳歌している様と大声で笑うところが二人は似ていた。

マルガレーテは古いゲルマン語を混じえて途切れ途切れに話し、ニクラスには十分理解できた。これに対しエマは、話すというより歌っているかのよう。その抑揚のある速い口調を聞き取るのに、ニクラスは当初かなり苦労した。

ニクラスが最初、ケルンの言葉をなかなか理解できずにいたのを、のちに二人は冗談めかして笑った。


ニクラスは、他の醸造家について知るべきことを、すぐに覚えた。ケルン最古の醸造所は、一一三〇年ごろエツェリンが創業したもので、今はその子孫が営んでいる。

それからニクラスの隣人グレーフェの醸造所があり、さらにはちみつビール（メーデビア）の醸造所が二軒ある。旧市場とベッヒャー横丁の角にある〈メーデの家〉、そしてフォラー通りとヴェーバー通りの角に立つ〈メットハウス〉だ。

さらに、ホイ市場とザルツ横丁の角の〈ハインリヒ・ツア・クレーエ〉。その三軒先にも、井戸のあるよい立地に〈ツム・ホーエン・ドゥルペル〉がある。ドゥルペルが何を意味するのか誰に聞いても分からず、誰もそんなことは気にしていないようだった。

ケルン市民は気楽なもんだと、ニクラスは幾度となく思うのだった。

六十年以上も前から〈ツア・ブリッツェレ〉という醸造所がアプフェル市場にあった。ライン川に面したその市場では、主に果物や野菜が売られていた。

ヴュルフェルポルツェンの〈ローメ〉は、五十年前から老齢のヘルペリヒ・レーマーの所有で、ケルンで人気の醸造所の一つだ。

〈ヒルシュ〉や〈エム・ザルツルンプ〉という小さめの醸造所もあるが、自分の居酒屋で提供する分しか作っていない。

他にもシルダー横丁に一二五五年からボードー、マルツェレン通りにヨハン・ファン・リーレという醸造家がいた。この二人は汚い商売をすることで悪名高く、投獄されたこともある。しかしそれも二人の醸造権には何ら影響しなかった。当時ボードーは参事会員をしていて、周到に手を回したからだ。

大司教も自分の醸造所を所有していた。しかも場所は自宅と新しい大聖堂の建築現場のちょうど中間あたりだ。そこに農場があり、敷地内には穀物倉庫、パン工房、厨房にビール醸造所、ワインセラー、食肉処理場、飼育している鳥の羽根をむしり取る小屋があった。さらに刀鍛冶、ベルトや鞄、拍車を作る工房もあった。

エマとマルガレーテのおかげで、ニクラスはケルンでビールの醸造を比較的楽に始めることができた。これが男だと、そううまくはいかない。二人の女は新しい物事に理解を示し、競合相手を恐れなかった。

自分の計画やホップ入りのビールの話をニクラスが少し話すと、エマは「そろそろこの町にも新しい風が吹いていい頃ね」と返してきた。

「ケルン人はそりゃあ底なしのように飲む。でも美味しいビールの味をちゃんとわかっているとはまだいえない」マルガレーテが付け加えた。「先月、大司教のところで通夜があって、ビールを配達したんだけど、見張り役のうち五人が三日間で三分の二アーム（九〇リットル）も飲んじまったのよ！　さぞかし楽しいお通夜だったでしょうよ。でも大司教はケチで金払いが悪いから、あたし一番薄いビールを配達したんだけど、それでもそんなに飲んだのよ。

なぜって、大司教の屋敷で造ってるビールはケルン一まずいからよ。大聖堂の敷地でビールの管理をしてる薬剤師のヴィーナントってのがいるけど、全然心配しなくて大丈夫」

ケルン市民がどんなビールを好むのかも、二人は教えてくれた。「エツェリンの子孫たちはツヴァイヘラービア（二ヘラー硬貨のビール）を売りだし、ボードーはメルヒェンビアというビールを売ってるけど、メルヒェンていうのはケルンで一番小さい硬貨のことよ。私たちブラクサトリーチェはビールをその色で名付けててね。ゲルプ（黄色い）ビア、シュヴァルツ（黒い）ビア、ブラウン（茶色い）ビア、ロート（赤い）ビアっていう具合」

エマは身を乗り出すと、秘密めかして言った。「巡回醸造では時々ドルビア[17]を造る人がいる。恍惚状態

17　ヒヨスなど向精神性のある薬草を混ぜた下面発酵ビール。

や半狂乱を引き起こす薬草を混ぜて造るのよ。表向きは禁止されてるけど、高値でこっそり売られてる。メラーテンやローデンキルヒェンの醸造所や酒場では、醸造するのも売るのもドルビアだけでね。彼らはケルンの市参事会の支配下にないのよ。彼らは自分たちのビールを〈ケルンのクヌップ〉[18]って呼んでる。ケルン人は時々それが飲みたくてたまらなくなるのよね」

メラーテンはケルンの市壁から西に五キロほどのところに、ローデンキルヒェンは南に六キロほどのところにある。

ケルンの醸造家は、客にビールを出す時、レモンやナツメグを添えることがよくあるという。ビールがまずいことがしょっちゅうあるからだ。だがレモンにしてもナツメグにしても、ニクラスは見たことも聞いたこともなかった。

「レモンはイタリアで獲れるとっても酸っぱい果物よ」とエマが言い、

「ナツメグっていうのは東洋のほうで穫れる香辛料で、十字軍がケルンに持ってきたものなのよ」とマルガレーテが続けた。

両方とも味はとてもよいが極めて高価なので、ビールに添えて飲むことができるのは裕福な市民だけだという。

職人や手伝いを探すときも、ニクラスは二人からよい助言をもらった。腕がよく仕事の速い職人を探し出し、早速仕事を依頼した。麦芽の打穀場と醸造所で働かせる見習いを二人と、ここでもまた湯炊き女を一人雇った。粉挽用水車を動かす流水はなかったので、ドゥフェス川にあるケルン市直営の粉挽き場で麦芽を挽いてもらうか、水力を使わずに麦芽を圧搾する機械を調達するかのどちらかしかない。ニクラスは後者を選んだ。市の粉挽き場では大量の麦芽が理由もなく行方不明になる上、税が単純に計算されてしまい、しかも独占経営のため課税率が高かったからだ。

流水がないため、ビットブルクでやっていたような革のベルトを使った可動装置は使えない。つまりそれは、醸造見習いたちにまた多くの肉体労働を課すことを意味した。

ビールで消火する破目になったビットブルクでの火事を鑑みて、ケルンの醸造所には梁に防火の守護聖人クリストフォロスの像を彫ってもらった。手に大きなビールジョッキを持ち、ビールで火事を消そうとする姿だ。もう二度と不幸に見舞われないようにとニクラスは願った。

ビットブルク同様、ケルンでもマリーアは一生懸命ニクラスの仕事を手伝った。そのうち客に食事をふるまう予定で、見たらよだれが出そうな品書きを作るつもりだ。

季節ごとに庭や畑で獲れる作物を使い、肉もちゃんと入った滋養のあるスープに、焼き立てのパン、そしてソーセージとチーズも出そう。

18　クヌップビアとも。下面発酵の色の濃い強いビール。美味しいこのビールを巡って小突き合い（クヌップ）が起きたことから。

祝祭日には鶏のローストや豚の丸焼きもいい。

他の土地なら懐疑的な目で見られそうだが、ケルン市民はごちゃ混ぜにするのが好きで、たとえばリンゴと血のソーセージ、玉ねぎと乳を組み合わせたりする。血のソーセージはよそでは燻製するが、ケルンでは茹でていた。

マリーアはやがてそうした変わった組み合わせの料理も覚え、美味しく調理してみせるようになった。金曜日は丸干しの魚を、冬には塩漬けの魚を出すことにした。

いつでも人気があったのは、大きい緑色のそら豆かインゲン豆を小さく切ってベーコンと一緒に煮たものだ。

冬をしのげるよう、地下室にはザウアークラウト、大きなそら豆、白いキャベツあるいはラピーニ[19]を樽に漬けて保存した。

冬の保存食用に、早い時期から肉の塩漬けも準備した。

マリーアはどの祝祭日にどの野菜の漬物の樽を開けたらいいかわかるように、綿密にカレンダーを作った。

醸造所の準備は順調に進み、秋が訪れる頃、つまり改築工事を始めて三か月も経たずして、最初の仕込みができた。出来栄えは素晴らしかった。地下室を掘らせ、夏に低温でビールを長く貯蔵できるようにした。一方で、複雑なケルンの法律や税の仕組みについて勉強した。ビットブルクではじめてで驚かされることが多かったが、ケルンではエマとマルガレーテの二人が、あらかじめいろいろ教えてくれたので助かった。

ケルンでは、ビールは後年ほどにはまだ人気はなかったが、すでに四百年も前から収入源として欠かせなくなっていた。だが一二二五年に飢饉があり、貴重な穀物をパンに回すため、大司教エンゲルベルト一世が醸造禁止令を発布した。ビールになぜ課税されるのか、ニクラスには、はなから理解できなかった。修道院が免税の優遇を受けられるのが羨しかった。最初は決められた量のビールを納品するだけでよく、また自己消費用に醸造する分には課税されなかった。その後、酒場の経営権が制限され、課税対象にされた。そしてついに、ビール醸造そのものが市のぼったくり被害に遭うことになった。しかも現物でなく現金で取られる。お上というのは、もっともらしい名前の税をいくらでも思いつく。ビア・プフェニヒやビア・ヘラー[20]といったビール税がそうだ。というのも戦争の資金はたいがいビール税で賄われたからだ。

居酒屋以外はすべて整った。店先でビールを振る舞ってもよい相手は、法喪失者[21]だけということになっていた。死刑執行人とその従者、皮剝ぎ人、裁判官の使用人たちだ。こうした者たちは、蓋のない欠けたジョッキでビールを飲まなくてはならない。

しかしこの規則を守らない者も多かった。立ったままさっと一杯ひっかけたいという者もいた。最初ニクラスはこうした注文に応じなかった。

19 アブラナ科の植物。葉、茎、つぼみを食用にする。
20 Heller プフェニヒより小さい中世の通貨の単位。
21 犯罪などで市民権を剝奪された者。法の保護を受けられない者。

しばらくして、ケルン人がかなり柔軟なことに気づいた。堅気な市民もいれば山師もいる。船乗りに貿易商、健康な者に病人、女たちにばくち打ち、うるさい酒飲みに、静かに酒をたしなむ者——これだけいろいろな人間がいては、正確に見分けるのはまず無理だ。ニクラスも、しまいには郷に入っては郷に従うようになった。

ニクラスは自分に関わる税はすべて把握し、冬期に発生した税金はすべて翌春の期限までに納めた。ビール醸造所はみな同じ額を課せられたため、異なる穀類税、ビール税、酒場税を払う必要はなく、競争に不利は生じなかった。そこには麦芽税、醸造税も含まれていて、これらの税はアルベルトゥス・マグヌスの采配で、ケルン市参事会と大司教に同額ずつ納められた。アルベルトゥス・マグヌスの名を聞いて、ニクラスはレーゲンスブルクのことと、アルベルトゥスがドミニコ会聖十字修道院に住んでいると言っていたのを思い出した。あの時アルベルトゥスが見せた威勢のいい飲みっぷりは、いまでも昨日のことのようによく覚えている。そこで秋になるや、ビールを入れた小さな樽を台車に乗せ、アルベルトゥスに会いに行った。

聖十字修道院で、アルベルトゥスがなんと二年前、御年八十歳でこの世を去っていたと聞かされ、ニクラスは落胆した。せっかくなので、アルベルトゥスを偲んで飲んで欲しいと、ビール樽を修道院に献上した。これはニクラスの仕事上、図らずも巧妙な一手となった。修道院で余生を過ごす老人たちがニクラスのビールをいたく気に入り、その後得意先の一つになったのだ。

ニクラスはまた、アルベルトゥスが聖アンドレアス教会に近いコメーディエン通りに、薬草園を持っていたことも教えてもらった。その薬草園にはホップもあった。聖十字修道院から薬草園へは遠く、管理できないので、ニクラスは薬草園のホップ栽培を引き受ける許可をもらうことができた。その後二十年間、ニクラスは、アルベルトゥスの意に沿うべく、ホップという植物を研究し、改良を試みた。そしてホップは雌株だけがビールに苦みを与えることを突き止めた。発見したことはすべて、ホルストゥームのホップ農家に伝え、そこで大規模に実践されることとなった。

十三章

ビール造りの傍ら、ニクラスはできる限りの時間を勉強に費やした。読み書きは修道院で覚えたし、ラテン語もかなり理解できたので、学びを妨げるものはなかった。

それまでは修道院の外で良書を入手するのはなかなか困難だった。だが幸い、状況が次第に変わってきた。「都市の空気は自由にする」と巷で言われ、市内への人口流入が増えるにつれ、人々の教養への欲望がいや増し、あらゆる分野の書物の需要が高まった。

特にヨーロッパ最大の都市ケルンは、このような発展にもってこいの場所だ。旅商人がヨーロッパ各地から書物を運んできた。丁寧に彩色が施されたものもあれば、ばらばらになってしまいそうなほど使い古されたものも、ほぼ新品に近いものもあった。ラテン語だけでなくあらゆる言語の書物が集まった。

ニクラスは面白そうな本を手に入れては、貪るように読んだ。しかし読書のことは口外しなかった。旺盛な知識欲を人に怪しまれたくなかったのだ。

セビリアの聖イシドールス[22]が書いた『自然について』を手に入れた。これはヨーロッパ一知られた教科書で、ニクラスは世界をアジア、アフリカ、ヨーロッパの三つに分けたところをまず読んでみた。「世界の円盤」と称する挿絵は、ニクラスが生まれてはじめて見る地図だった。三大陸、四大元素の火、水、気、土。四基本性質の熱・冷・湿・乾。四季。そして四体液説[23]の血液、粘液、黄胆汁、黒胆汁。これらすべてが互いに関連しあっているという。

自然の要素がどれも四つずつあるなら、大陸ももう一つなくてはおかしいのではないか、とニクラスは何度か考えた。方角も四つ、風も四つ――東風のアイオロス、南風のアウステル、西風のゼピュロス、北風のボレアース。それに天国に流れこむ川[24]も四本ある。本当に何もかもが四を基盤に成り立っている。

ヴァイエンシュテファンにいた頃、あの不幸な地震の際に病人やけが人の手当をしたこともあり、ニクラスはガレノスの自然と医学に関する書物にとりわけ興味を持った。ガレノスも自然の四構造を信じていた。ガレノスの書物は医学典範(アルティセラ)[25]として、模写され出回り、アラビアの医者による注釈が付けられていた。

ビールも水、穀物、ホップ、酵母の四要素で成り立つことから、神聖な飲み物と捉えられないだろうか、とニクラスは考えた。医学的な目的に利用するなど、ビールをもっと人々の役に立たせられないだろうか。〈純粋なる醸造家〉の技術をアルティセラのような形で広められないだろうか。

人間が食べたり飲んだりした物が、四体液に対応する四大元素とどう結びつくのか、そして良質な食事や飲み物が、四大元素を完璧なバランスに保つのにどう関わっているかを、書き記そうとした。一つの要素が他を凌駕せず調和している状態においてのみ、体は健康といえる。

　食物と病気の関連性を学びながら薬についての書物を一通り読むと、ビールに使う原料の中に薬効を有するものがあることを確信した。

　ヒポクラテスも蜂蜜酒、オキシメル[26]、ワインの他に、麦汁から作る〈大麦水〉という飲み物を勧めている。

　いつか時間がある時に、薬の調合を試してみようと思った。ザンクト・ガレンでのレギナルトのおぞましい実験を忘れたわけではなかった。だがあれは薬とは真逆のものだ。

　様々ある薬草の本は、香辛料商人にとても珍重されたため高価だったが、それらの本にはビンゲンのヒルデガルトの名が頻繁に登場した。中でもニクラスが気に入っていたのはアプレイウス[27]の本だった。

　ラテン語で書かれたある医学書の記載によると、一二一五年の第四ラテラン公会議で、大修道会に属する修道士に対し、患者へ焼灼止血[28]や切開を施すことを禁じる決定が下された。ただ、ヴァイエンシュテフ

22　五六〇年頃～六三六年。スペイン、セビリアの大司教で聖人、教会博士、神学者、歴史家。
23　古代ギリシャや古代インドに広まった、人間は体液によってバランスが保たれているという説。
24　『旧約聖書』「創世記」二章十～十四節。ピション川、ギホン川、ヒデケル川、ユーフラテス川の四つ。
25　十一世紀にサレルノ医学校で編纂された医学教書。
26　酢とハチミツを混ぜた飲み物。
27　ルキウス・アプレイウス（一二三頃～？）マダウロス出身のローマ帝国の弁論家。代表作『黄金のロバ』。
28　傷口を焼ごてで焼いて止血する方法。

ァン修道院での地震の際、重傷者にこうした痛みを伴う処置をしたことからして、実際にこの禁止事項が守られることはめったにないようだ。

別の本の中には、感覚器官や、様々な精神の働きを脳のどの部分が司るかを記した手稿を見つけたが、これはアルベルトゥス・マグヌスが書いたものだった。レーゲンスブルクですっかり酩酊した姿を目にしたものの、ニクラスはアルベルトゥスを師と仰いでいた。そしてその師が想像力や空想力、記憶力そして判断力といった知的能力を、脳内の一定領域に分類していることに、深い感銘を受けた。この本は特に大事にしようとニクラスは決めた。

神話や古代ギリシャについての本も読んだ。様々な鳥が何を意味しているかについて書かれたフリエトのフーゴー著[29]『Aviarium（鳥小屋）』で見つけた、伝説の鳥カラドリウスの絵はとても印象深かった。病床に伏す王の寝台に座し、王の方を見つめるか視線を逸らすかで、王の生と死を決めるのだという。その絵を見てからというもの、病気になる度に、ニクラスは自分の寝台にカラドリウスが座しているところを想像した。

十四章

知識欲に駆られ、ニクラスは本を探しにしばしばユダヤ人街にも足を伸ばした。ユダヤ人街はクライネ・ブーデン横丁とウンター・ゴルトシュミート通り、オーベンマルスプフォルテン通り、ユーデン横丁に囲まれた界隈だ。そこは独特な世界で、裕福な個人の家と並んでユダヤ人共同体の建物がいくつも軒を連ねている。パン屋に風呂屋、シナゴーグ、ミクワー[30]、病院、そして結婚式や集会用の建物などだ。二百年前、第一回十字軍の時代にユダヤ人に対する迫害があり、シナゴーグは破壊されユダヤ人は追放された。彼らはのちに戻ってきて破壊された建物を建て直した。シナゴーグも一二七〇年には完成し、女性専用の出入口と新しい地下室も設けられた。

ケルンのユダヤ人街は常に活気に溢れていた。

キリスト教徒同様、ユダヤ商人たちも、神聖ローマ帝国屈指の貿易と見本市を誇る町ケルンの恩恵を受けていた。

町に受け入れて保護する対価として、ケルンの大司教はユダヤ人に高い税を要求したが、安全は確保された。ケルンのユダヤ人はドイツ国内の最富裕層に属した。忘れてならないのは、ケルン市民として土地の所有が認められていたことである。一二六六年には大司教エンゲルベルト・フォン・ファルケンブルクから法的に公正な処遇と、市壁の外のボン門際にある墓地を、自由に使用できる優遇措置まで得ていた。

ユダヤの老人たちの知恵と博識ぶりは誰もが認めるところであり、知識欲旺盛なビール醸造家のニクラスにとって、新しい書物を得るのにユダヤ人街ほど適した場所はなかった。

29　（一一〇〇年頃～一一七四年頃）フーグ・ド・フイヨワとも（Hugo de Folieto, Hugo von Fouilloy）。聖職者、神学書を記した。

30　ユダヤ人が清めの沐浴をする儀式、またそれに使う浴槽。

市庁舎のすぐ裏のユーデン横丁にあるダーヴィド・ローゼンツヴァイクと称する者の本屋は特に気に入った。数回訪れてからは、名前を呼んで挨拶するようになり、毎度談笑して過ごした。

ローゼンツヴァイクにはモシェとザーロモンという二人の息子があり、二人ともニクラスの仕事にとても興味を示した。そして毎回ニクラスに驚くような質問をした。その際十一歳のモシェは、二歳上のザーロモンと常に張り合おうとした。

ニクラスは二人の質問にできるだけ丁寧に答え、一度醸造所を見に来るよう誘った。

二人は喜んでニクラスの招待に応じた。細い通りを二本越えれば、その先はもう醸造所だった。翌年になると、二人はニクラスの醸造所に入り浸るようになり、ニクラスや見習いを手伝い始めた。はじめのうち見習いたちは、それをあまり歓迎しなかった。モシェとザーロモンから質問を浴びせられ、仕事の邪魔だと感じたからだ。ユダヤ人が食事や飲み物について独自の戒律に従っていることは知っていたが、ビールを飲むことがはたして許されているのかどうかまでは知らなかった。

見習いの一人が冗談でザーロモンに言った。

「ここのビールは清浄だからお前も飲めるぞ。豚肉は入ってないからな！」

二人の見習いは、笑いながら下品な冗談を言い続けたが、ニクラスはそれを知ってきつく叱りつけた。

それからというもの、見習いたちはユダヤ人の少年二人に親切に接するようになり、二人の方も見習いたちが知らないことを教えてやるようになった。

ザーロモンが語った。

「我が民族はエジプトから脱出した後、約束の地にビール醸造の知識をたずさえていったんだ。先祖はビールを〈シェカール〉[31]と呼んでいて、すぐに日常的な飲み物になった。でも祝祭日や捧げ物にする飲み物にはワインがふさわしいとされていたんだ。そこはケルンと似ているよね。僕らの先祖の方がビールの伝統はもっと長いけどね」

モシェが付け加えた。

「栽培してから七年目の穀物は刈り取っちゃいけないっていう決まりもあるんだ。安息の年だからね！でもこれを守るのは、ものすごく信仰深い人たちだけさ」

ユダヤ人がビールを造る際に気をつけなくてはならないのは、醸造過程を清浄に保つことだ。ビールを入れるところには決して豚の脂を塗らぬこと。血もついていてはならないが、これはビール醸造所ではめったにないことなので心配なかった。

ある日、見習いがふたりとも休んだ。ひとりは病気になり、もうひとりは居酒屋の喧嘩でケガをしたためだ。モシェとザーロモンが手伝いに来て醸造所を徹底的に掃除した。すると醸造所は開所した初日のようにきれいになった。ユダヤ人のこうした側面は、ビール醸造の仕事に間違いなく有益だ、とニクラスは思った。

醸造所がまた汚れてくると、うちの見習いたちもユダヤ教に改宗させたらどうだろう、そうすれば醸造

31　『旧約聖書』「申命記」に出てくる語。「強い酒」の意。

所を清潔に保てる、とニクラスはしばしば考えた。

一二八三年から一二八四年にかけての冬は長く、寒かった。ケルン市民の暖炉は昼夜稼働し、薪は底をつきかけた。二月になると家じゅうを暖めることができるのは裕福な市民だけになった。ほとんどの家では、台所の竈(かまど)にしか火を使えなかった。

ニクラスも醸造所の薪をうまくやりくりしなくてはならなかった。これが原因でビールの値段が上がり、人々は飲む量を控えるようになった。みなもうすぐ迎える春を心待ちにしていた。

裕福な者が市内で一番多いユダヤ人街では、市内のどこよりも頻繁に暖炉を焚いていた。そしてこの極寒の一二八四年二月の末、ユーデン横丁で火事が発生した。どうやらどこかの家の暖炉が焚きっぱなしの状態で負荷がかかりすぎ、壊れてしまったらしい。火はすぐに周りの家々に燃え移った。

酷寒の中、外を歩いていた人々が駆けつけ、火消しを手伝おうとしたものの、水が乏しかった。井戸水はほとんど凍り付いていて、まず叩き割らねばならなかった。旧市場からすぐのライン川までは井戸のある場所までと大差ないが、それでも時間がかかりすぎた。

モシェとザーロモンは、自分たちの家に火が移ると通りへ走り出た。そして両親を助け出してくれる人を必死に探した。

だがほとんどの人は、市民が拠出して建てた高価な市庁舎を、火から守るのに手いっぱいだった。

危機が回避できたところで、人々はやっとユーデン横丁の家々に目を向けたが、中心部は炎に包まれていて、すでに手遅れだった。

五軒の家が全焼した。うち一軒はローゼンツヴァイクの家だった。隣接する八軒も建て直さなければ住めないほど焼損してしまった。

その後何日も、火事の煙が焼死体の臭いと混じり合い、煤煙雲となって旧市街の上を漂っていた。

三日経つとようやく瓦礫の熱も冷め、壊れた家の始末にあたれるようになった。

ダーヴィド・ローゼンツヴァイクとその妻の焼死体が、正確に言えば焼け残った二人の体の一部が、寝室の下の部屋で見つかった。家の石壁は焼けずに残ったが、二階の木の床はすっかり焼け落ちていた。

夫妻が煙で窒息死したのか、それとも焼け死んだのか、知る術はなかった。

ニクラスは火事の夜のうちに二人の少年を探し出して連れ帰り、落ち着き先が決まるまで預かることにした。ユダヤ人共同体の中に、孤児となった二人の面倒をみてくれる親戚がいるだろうとニクラスは思っていた。ところがそうはならなかった。

ニクラスはモシェとザーロモンに、自分のところにこのまま住みたいかと訊いてみた。一連の出来事ですっかり打ちのめされていた二人は、そうしたいと答えた。

それぞれ十三歳と十五歳になった二人を、ニクラスは正式に養子に迎えようと思った。

もちろん二人が立派な醸造職人になるだろうという目論見もあった。だがラビは承知しなかった。

「ケルンにユダヤ人がいる限り、我が民族の孤児を、どんなに親身であろうとユダヤ人以外の手に委ねるわけにはいかん」と、ラビは二人の少年とニクラス一家に言い聞かせた。

ラビの考えを変えることはニクラスにはできなかった。

ダーヴィド・ローゼンツヴァイクと親交があった、ユダヤ人のザムエル・ヒルシュという男が、二人の後見人に指名された。

この男をニクラスはローゼンツヴァイクの本屋で二、三度見かけ、本について短い会話を交わしたことがあった。

ヒルシュは二人が醸造所で働くのを認めたが、条件を二つつけた。

学校や勉強をおろそかにしないこと、二人の食べ物、飲み物はユダヤ教の戒律通りに供すること。

ニクラスはその二条件を守ることを、ヒルシュに、そして最高権威のラビに約束した。

火事の犠牲になった十八名のユダヤ人のうち十四名の葬儀が終わると、ニクラスは二人の少年を住み込みの醸造職人見習いとして雇った。

十五章

ニクラスは、ラビと後見人のザムエル・ヒルシュに約束したことを、おおむね守った。

二人の少年は引き続きユダヤ人学校に通った。

ユダヤ教の戒律に即した清浄な食品を用意するのも、ニクラスにとって難しくなかった。清潔さを保つことは醸造所だけでなく家庭内でも最重要事項だった。

モシェとザーロモンは、キリスト教徒と区別するため、ユダヤ人用に決められたケルンの服装条例に従わなくてはならなかった。上着の袖の長さは半エレ（二五〜四〇センチ）を超えてはならず、袖口に付ける毛皮の縁飾りも見えてはならない。外出時は、最低ふくらはぎまで届く総房飾りのついた外套を着なければいけない。絹の靴は禁じられた。

こうした服装はビール造りの作業には明らかに不便だったので、他人がいないときは普通のシャツや胴着を着ても構わなかった。しかし二人が醸造所を出るときは、ユダヤ人用の服装に着替えるよう、ニクラスは気をつけていた。

そのうちまずザーロモンが、ユダヤ教の禁忌の一部を無視しはじめた。モシェがすぐ兄の後に続いた。禁忌を無視しても、それはユダヤ教の伝統にのみ関わることで、醸造所の仕事の妨げになるわけではない。ニクラスはそう考えて騒ぎたてなかった。居酒屋には清浄な食べ物、ないしはそう見える食べ物が常にあった。インゲン豆とベーコンの煮込みだけではないのだ。

醸造見習いとしては二人とも飲みこみが早く、規律を守り、清潔で仕事熱心だった。ほどなくニクラスは、職人たちを解雇した。モシェとザーロモンは我が子同然の存在になっていた。

いずれは二人が、湯焚き女を除き、家族経営の醸造所として、ここを受け継いでいくことになるだろう。あと数年もしたら、マティアス・フリードリヒも手伝えるだろう。だがニクラスは、マティアス・フリードリヒには自分より良い修業をさせたいと思っていた。

醸造所の経営状態はまずまずだった。古株のケルンの醸造所との競合は厳しく、グルートビアは依然として大人気だった。モシェとザーロモンのおかげで、ニクラスはユダヤ人共同体から多大な好意を寄せられていた。結婚式であれ、バル・ミツワー（ユダヤ教徒の成人式）であれ、祝い事があれば参加できただけでなく、たいていの場合ビールを提供させてもらえた。

まもなくザーロモンが麦汁桶の底に小さな六芒星を発見し、その桶を作ったユダヤ人職人は誰なのか、とニクラスに尋ねた。

ニクラスは、その印の由来について詳しく話すのを次の冬まで延ばし、それから二人に〈純粋なる醸造家〉の誓いを立てさせた。

一二八四年の終わりに、ヨハネス・キュッパーが久しぶりにニクラスを訪ねてきた。商人のキュッパーと醸造家ニクラスは、お互いに仕事が忙しく、行き来が間遠になっていた。だが再会するなりすぐにまた打ち解け、ジョッキを次々と空けては互いの近況を語り合った。

キュッパーはトリーアに行ってきたところで、ビットブルクにも立ち寄ったという。

「おまえの醸造所を買い取った参事会員のペーター・デ・フォーロは、今年の夏に亡くなったよ。道で倒れたんだ、嵐で倒された木みたいにな。そしてそのまま死んでしまった。フーゴー・ラ・ペンナとフーゴーの父が醸造所を引き継いだ。ビットブルク市民たちはビールがまたうまくなることを願っているそうだ」

二人は笑い、まずデ・フォーロのために献杯し、それからラ・ペンナ父子とまだ醸造所にいるであろうエリの成功を願って、さらに一杯飲んだ。

その後キュッパーは真顔になり、こう言った。

「もう一つ話すことがある。おまえを探している男がケルンにいる。ドミニコ会士の服装をしているが、おれに言わせれば本物の修道士じゃない。喧嘩っ早く、ビール酒場に入り浸っている。ただビールは口にしない。酔っぱらいを罵り、悪しざまに言っては、これまでに何度も殴り合いになっている。心当たりがあるか？」

ニクラスは心臓が止まるほど仰天した。ベルナルトのことは、もう何年も意識に上らなかった。ビットブルクにいたときすでに、ベルナルトは狂っているにちがいないと思っていた。

ビットブルクのニクラスの家が焼失したことを、ベルナルトが聞き及んでいることを、ニクラスは知らなかった。ビットブルクを離れることになったいきさつについてもだ。ベルナルトはニクラスが手紙を失ったことまで知っていた。そのことをニクラスは妻マリーアの親戚、ろうそく作りのヴァレンティーン・リヒターにしか話していなかった。ただヴァレンティーンは、火事をビールで消した自慢話を語るついでに、悪気なく手紙のことも言ってしまったのだ。それがデ・フォーロにも伝わり、そこへある日、ダウアーリンクのベルナルトが訪ねてきたというわけだ。

ベルナルトは数年前にドミニコ会から脱会させられていた。度を越した、ときに精神錯乱と紙一重の狂信ぶりが原因だった。破門されるか、それどころか屈辱的な審問を受けさせられるやもしれなかったので、その前に自ら修道院を去ったのだ。

それからというもの、ベルナルトは逃亡者のごとく居を定めずにせわしなく、ニクラスが住んだり働いたりしていた町を訪ね歩いた。行く先々に忌々しい宿敵ニクラスや他の〈純粋なる醸造家〉のことを屈託なく教えてくれる人間が必ずいた。おかげでベルナルトの追跡欲はついえることなく、ニクラスに対する憎悪を煮えたぎらせ続けた。

レーゲンスブルクでベルナルトは、シュナイターとヴェルザーの二人を告発したが、失敗に終わった。ヴァイエンシュテファンのアルベルトまでも、一時期狙っていた。だがどこへ行っても、ベルナルトは門戸を閉ざされた。

ウルブラッハへの道は阻まれていたため、ベルナルトは憎しみを、〈純粋なる醸造家〉の首領たるニクラス一人に向け、復讐しようとしていた。

〈純粋なる醸造家〉がザンクト・ガレンの殺人事件の黒幕であっただけでなく、他でも似たような悪事を働いていたものと、ベルナルトは信じ込んでいた。

ニクラスとベルナルトの二人がケルンで遭遇するのは、もはや時間の問題だった。

十六章

ケルン市民は日常生活の中で通常、お上の政治に首を突っ込まない。ニクラスはそのことをとても高く評価していた。

ただし、じつに腹立たしい例外があった。いわゆるリンブルク継承戦争だ。数年前からくすぶり、絶えず騒動を引き起こしてきた政争だ。リンブルク公ヴァルラーム四世は一二八〇年、男系の跡継ぎを残さず死去し、その三年後、一二七九年に神聖ローマ皇帝ルドルフ一世から荘園を譲渡されていたリンブルク公女イルムガルトも亡くなった。その後、肥沃なリンブルク公爵領の継承権をめぐって、ケルン大司教、ゲルダーン伯ライナルト、ルクセンブルク伯ハインリヒ、ブラバント公ジャン一世の四者が争うことになった。リンブルク公爵領を所領とすれば、ニーダーロートリンゲン公爵の称号も得られる。

まずリンブルク公女イルムガルトの夫君ゲルダーン伯ライナルトと、リンブルク公ヴァルラーム四世の近親者であるベルク伯アードルフ五世が、リンブルク公爵領の継承権を主張した。

ところがベルク伯は一二八三年、当時神聖ローマ帝国北西部で最強の貴族ブラバント公ジャン一世に、自分の請求権を売却した。

当時、ケルン大司教はジークフリート・フォン・ヴェスターブルクだった。

ジークフリート・フォン・ヴェスターブルクは一二七五年三月十六日、リヨンでケルン大司教に叙された。ケルン市は一二六八年、教会から破門されていたため、叙任式には不適切だったからだ。

ヴェスターブルクは同年、新しいケルン大司教としてケルン市の破門を解き、市と和解した。

その後、ブラバント公ジャン一世が野心を見せたため、ヴェスターブルクは一二八三年、ゲルダーン伯側と手を組むことにした。ケルン市もブラバント公の権力の強大化を恐れていた。だがこれは取り返しのつかない事態を招いた。当時、ゲルダーン伯が有利と見て、いったんは継承請求権を放棄したルクセンブルク伯が一二八八年、ケルンと同盟を組んだゲルダーン伯から請求権を買い、次いで同年五月にケルン大司教ヴェスターブルクから発言権を買い取ったからだ。

この政治的混乱の渦中で、善悪、敵味方の見分けがつかなくなった。

一二八七年にも平和的な解決が模索されたが、実を結ばなかった。同年七月、ケルン大司教ヴェスターブルクは、ケルン市民が忠誠を誓えば、この政争の中で生じる戦費を徴収しないとした。

その後も状況は悪化の一途をたどり、戦いはもはや避けられなくなった。

その機をとらえて、ケルン市民は市参事会とケルン大司教に反旗を翻(ひるがえ)し、ブラバント公側について参戦した。

ゲルハルト・オーヴァーシュトルツを頭にすえたケルン市民と、ヴァルター・ドデ率いるベルク伯の軍隊は臨戦の態勢を整えた。

すべてのケルン市民が招集された。

武器や装備は各自、用意しなくてはならなかった。参戦したくない、あるいはできない者は金を払えばすまされた。表向きには「貴重な軍資金援助」とみなされた。裕福なケルン市民の多くは参戦したくなかったものの、卑怯者呼ばわりされるのも嫌だった。

ケルンのビール醸造家たちは、これを自分たちの影響力を知らしめる絶好の機会ととらえた。醸造シーズンは公式には終わっていたが、しめくくりに地下貯蔵室のビールをすっかり飲み干した。酷寒が長引き、春も寒かったせいで五月まで醸造したため、まだ相当量のビールがあったのだ。ともあれ醸造職人たちには今、冬よりも時間の余裕があった。

参戦する醸造家のうち最年長で経験豊富な、メーデビア醸造家のグレーフェが指揮権を要求し、彼の下、醸造職人の義勇軍が結成された。

他の二軒のメーデビア醸造所も、それぞれ醸造職人をひとりずつ入隊させた。まだ若いエッツェリンと〈クレーエ〉のハインリヒも加わった。〈ホーエン・ドゥルペル〉からも若い醸造職人がひとり、アプフェル市場の〈ブリッツェレ〉にいたっては二人も送り出してきた。〈ヒルシュ〉そして〈エム・ザルツルンプ〉からもひとりずつ参戦した。ニクラス・フォン・ハーンフルトは、本人自ら義勇軍に加わった。

ヘルペリヒ・レーマー、ヨハン・ファン・リーレそしてシルダー横丁のボードーは、相当の金を積んで参戦を免れた。

エマとマルガレーテは、負傷者の手当と食事の世話を引き受けると名乗りでた。

醸造職人義勇軍はこうして兵士十一人、看護役二名で編成された。

ただ一人、戦争の経験があるグレーフェが、戦いの何たるかや、うまい防御の仕方、敵を巧みに追い詰める方法について一席ぶった。

「十一人とは勇ましい数じゃないか！　だが死んで英雄になるのはごめんだ。俺たちの町のために戦い、生きて還ってこよう」

さらにグレーフェは敵陣となった大聖堂の敷地に、醸造職人が二人呼ばれたことを話し、

「ビール造り同様、戦い方も下手くそなら、こっちのもんだ！」と言って笑った。

ビール醸造家は、他の職業についている者たちよりも経済的に余裕があるため、戦いに有利で危険性の低い戦列を買い取ることができた。

「ヴォリンゲン近郊の春の荒野（フリューリングスハイデ）に集合！」と言い、グレーフェは部隊を解散した。

六月五日の前夜までに、隊員はヴォリンゲンに集結した。

参戦する者にはビール樽を一つ二つ持たせてやるよう、ニクラスは各醸造所と話をつけた。ビール樽は事前に集められた。集合場所にビール樽を乗せた荷車が到着するや、歓声があがった。


ニクラスはこの機会に、例外的にもう一度薬草入りのビールを造った。

数年前からマリーアは森で薬草を集めていて、その中に五月草（マイクラウト）、別名森の番人（ヴァルトマイスター）（クルマバソウ）もあった。マリーアはこの薬草を乾燥して小袋に詰め、ベッドに置いていて、その香りのおかげで、常によく眠れた。こうした鎮静作用を知っていたので、ニクラスは考えた。

理性を保ったまま戦えるよう、士気を鼓舞するためのビールにこの薬草を加えてみてはどうだろう。こ

れはなかなかいい思い付きだ、と。

そこでニクラスはビールに乾燥させたクルマバソウを入れた。これを飲んだ者は後に、勇気百倍、大胆になりつつも向こう見ずにならずに済んだといって、褒めちぎった。もちろんビールの味そのものをたたえることも忘れなかった。

陣営では三つのビールテントが早くも人気を集めた。来たる戦闘に備え、勇気を奮い立たせるため我先にビールを飲んだ。

実話からほら話まで、さかんに語られた。一緒に戦地へ赴いた〈クーニベルトのガチョウ〉と呼ばれる売春婦の誘惑に陥落した者もいた。明日は死ぬ身かも知れず、それならばその前にせいぜい楽しもう、と。

一二八八年六月五日の朝を迎えた。ニクラスと戦友たちは二杯ずつビールを飲み、それから隊列を組んだ。念のため、戦場にビール樽を一つ持っていった。

ニクラスは金属板を縫いつけた軽い革の甲冑を身に着け、兜をかぶって盾を持った。甲冑はビットブルクで市民権を得た時に仕立てさせたものだ。

戦闘経験はないし、隊列の前方につくわけでもないので、この武装で十分だろうと踏んでいた。武器には短刀を携えていた。参戦すると決まってからケルンで買ったものだ。

戦場となった草原にはいくつもの隊に分かれて、両陣営合わせておよそ九千人が結集していた。ブラバント公ジャン一世とケルン市民側には約四千八百人、残る四千二百人は大司教ジークフリート・フォン・ヴェスターブルクの兵だ。

ゲルハルト・オーヴァーシュトルツとヴァルター・ドデが率いる隊は、壮麗ないでたちのブラバント公ジャンの左翼で戦うことになっていた。その中に十一人の醸造職人も入っていた。エマとマルガレーテは陣営に残った。

右翼にはベルク伯アードルフの部隊が集結している。歩兵のほとんどはただの農民だ。

ケルン市民は少し遅れて隊に加わった。気合いを入れるためビールを飲んでいて、出発し損ねた部隊があったのだ。ヴァルター・ドデが躊躇しているようなので、グレーフェが大ジョッキにビールをついで差し出し、こう言った。

「我らが景気づけに飲むのを許されるなら、我らが指揮官も同じです！」ドデは礼をいい、半分ほど飲んでオーヴァーシュトルツに回した。オーヴァーシュトルツはそれを飲み干して、こう呼びかけた。

「立ち上がれ、我が勇敢なケルン市民よ、ケルン大司教とゲルダーン伯を震え上がらせてやろうぞ！　大司教に二度と指図はさせない！」

一同が到着したときには、すでに戦闘が始まっていた。

それでも難なく所定の位置につくことができ、出だしは遅れたものの、敵に決定的な一撃を与えることができた。

勝利を確信したブラバント公ジャンは、お抱えの詩人を連れてきていた。詩人ヤン・ヴァン・ヘールは英雄譚『ヴォリンゲンの戦い』の中で戦いの様子を次のように描いている。

まずは伝えん
釘を打ちし梶棒たずさえ
戦におもむき　ことを成した
ベルクの勇猛なる農民
かの者どもの勲（いさおし）を
かの者ども　しきたりにしたがい
戦う覚悟あり
大半が胴着を身につけ　頭巾をかぶる
甲冑をつけし者もあり
鋭く研ぎし剣は
持てずとも
みな　ふりかざす
先端に蹄鉄用の釘打ちし梶棒を
農民兵の一団に加わるは
ケルンの市民兵

輝ける鎖帷子(くさりかたびら)
喉あて　剣は市民兵のもの
第三の部隊たる市民兵団を待たず
ブラバント公　すでに
戦端開く　手勢を駆って
棍棒構えし農民兵の加勢あらば
ブラバント公　劣勢に
ならずにすんだはず
されど農民兵　動かず
待てど暮らせど来ぬ援軍
不安に駆られしは
修道士ヴァルター・ドデ
かの者　持って生まれし
ブラバントの気性と忠誠心を発揮した
信仰心篤き平修士でありながら
勇猛なるかな　自隊を率いて縦横無尽
馬を駆り　檄を飛ばす

「一国一城の主たるもの
みずから戦場に立つは　誉れ高きこと
ブラバント公とて同じなり
剣をふりかざし
勝利を得ん
進め！
勝つなら　いまがそのとき
勝機はわが方にあり
敵は消耗している」
この檄に勇躍した部隊
隊列組んで
勇ましく突撃　声高らかに
「いざ、誉れ高きベルクよ！」
されど戦場に立つや
ブラバント軍の優勢は
一目瞭然
ベルク伯　いままさに

大司教を虜囚として引き上げつつあり
大司教がわが方の攻勢にひるまずば
かくなる戦果はあらざりき
されどこの顚末　語るにおよばず
すでに述べしこととなるがゆえに
片や戦場に残りし農民兵
壕ぎわに立ち並び
敵も味方も見境なしに打ち殺す
一切手加減せずに
敵方か　はたまた味方か
判別する術　なきがゆえに
折も折　神の業なるか
ブラバント公の従者にして小姓の
バッテレが痩せ馬
唐突に立ち往生
迫り来るはゲルダーン兵
馬の動きが遅いと見て取るや

バッテレ　馬から飛び降り
剣抜き放ち　馬を切り殺すなり
向かうは折しも戦端をひらきし
ベルクの農民兵のもと
されどもベルクの農民兵
バッテレを打ち倒さんとす
二度と立ち上がれぬほどに
すかさずバッテレ　叫ぶ
「なんたることか
我はブラバント公の従者なり
ブラバント公が味方を討てと
命じた覚えなし」
農民兵はこぞって叫び返す
「汝がブラバントの者ならば　唱えよ
ベルク万歳！
我らは汝らに手を貸さん
先頭に立ち　我らを速やかに導かれよ

我らが敵のいる場所に
敵さえわかれば
すぐにも決着をつけてみせようほどに」
つづいて従者が叫ぶ
「ブラバント万歳！　ベルク万歳！
我につづけ
敵の元へ
すぐにも連れゆかん」
かくして従者バッテレ　農民兵を引き連れて
敵の背後をつく
これに付き従う　ケルンの市民兵
まんまと敵を挟み撃ち
阿鼻叫喚
見るも無残な有様
敵を背後から攻め殺す
多くの敵兵、抗う(あらが)間もなし
いかに勇敢であろうとも

攻撃をかわせる者はなし
前にすすめば
ブラバント軍の
剣の露と消え
後ろに引けば
ケルン市民兵　ベルク農民兵に出くわす。
かくのごとき事態となるや
敵の騎士や従者の多くは戦意喪失
方法さえわかれば
降伏を望んだ
子細についてはこの後、述べん

ベルクの農民兵は大暴れしたが、醸造職人部隊を擁するケルン兵も負けず劣らず勇猛果敢に闘った。戦いは一日中続き、やがて決着を見た。

ブラバント公ジャン一世とベルク公アードルフ、ケルン市民と醸造職人たちが勝利を収めたのだ。敗戦側についていたケルン大司教は、ケルン市の支配権を失った。

この日およそ二千人が戦死し、その中にはケルンの醸造見習い二人もいた。

犠牲者のうち最も有名なのは、ビットブルクに都市権を与えた、ハインリヒ金髪公の息子のルクセンブルク伯兼ヴォリンゲン伯ハインリヒ六世だ。彼は大勢の騎士と共に命を落とした。与する側を間違えたのだ。

ニクラスはかすり傷を少々負っただけでたいした怪我はなかったが、エマとマルガレーテは大忙しだった。グレーフェは腰に刀傷を負い、エツェリンは石弓で腕をやられた。両者とも幸い致命傷にはならずにすんだ。

負傷者たちの叫び声、およびきつい手当てであがる悲鳴で、戦いの騒ぎに勝る騒々しさだった。ニクラスはヴァイエンシュテファンの地震を思い出した。戦いが終わり疲労困憊していたが、怪我人に包帯をしたり焼灼したりするのを手伝った。ただ、瀕死の重傷者にとどめを刺すことだけはできなかった。その役目はニクラスの手に余った。

ケルン大司教ジークフリート・フォン・ヴェスターブルクはブラバント公ジャンに捕らえられ、ベルク公アードルフ五世に引き渡された。

まずモーンハイムのシェルメン塔に監禁され一夜を過ごした後、大司教はベルク城へ連行された。一二八九年七月六日、釈放されたが、監禁中に重病を患ってしまった。

その前の同年五月一九日、大司教はヴォリンゲンの戦勝者と平和条約を交わし、銀三トン分に相当する一万二千マルクの賠償金をベルク伯に支払うよう命じられた。また、リューネンとそれに付随する司教の権利やヴェストホーフェン、ブラッケル、ヴェルル、メンデン、イーゼンブルク、ラッフェンブルクといった数多くの領土を手放さなければならなかった。マルク伯エーバーハルトがヴォリンゲンの戦いで最も利益を得た。エッセンの代官の地位もそのひとつだ。

さらに大司教はいくつかの城を抵当に入れねばならず、ヴォリンゲン、ツォンス、フォルマーシュタインなど他の城は取り壊された。

リンブルク公爵領はブラバント公ジャン一世の領土となった。

敗北の結果を受け、大司教は一二八八年六月十八日、ケルン市と条約を交わし、ケルン市の主権を承認した。

ただちに貴族や大商人が市の支配権を手中に収め、ケルンの命運を握ることになった。

こうしてケルンはようやく〈自由都市〉になったのだ。

ケルン市民は町と戦いの英雄たちを寿ぎ、盛大に戦勝を祝った。醸造所では需要に応えるため、取っておきのビールを地下室から出さざるを得なかった。

これはこの季節最後の祝宴で、記憶にとどめるにふさわしい出来事のしめくくりとなった。例外的な冷夏のおかげで、六月にビールがまだ残っていたことが幸いした。

「主が我らのお味方であるなら、天気の神やビールの守護神は言わずもがなだ」とケルン市民は冗談めかして言った。

醸造所には特別の褒賞が与えられた。ビール刑吏が廃止されたのだ。一シーズン前に当局は、ビール醸造で不正を働いた醸造家の処罰に〈パン屋の洗礼〉は行わないと決めた。その代わり、検査に合格しなかったビールは下水に流され、樽は壊された。そして多くの場合、さらに扉にこのような告知文を記した看板が下げられた。

「悪質なビールを醸造したため閉鎖中」

これらの処罰は、ヴォリンゲンの戦いでの活躍に報いるため、代替案なしに廃止されたのだった。

十七章

ヴォリンゲンの戦いに先立ってリンブルクの継承権争いが激しさを増し、一二八七年、教皇ホノリウス四世が死去した。ホノリウスは修道会、特にドミニコ会とフランシスコ会と懇意にしていたが、両会の節制の会則には少しも理解を示さなかった。噂ではホノリウスは痛風が原因で亡くなったという。長いこと痛風を患っていて、手足がほぼ麻痺していた。特別に作らせた機械仕掛けの助けを借りてやっと、ミサの時に聖体（ホスチエ）や聖餐杯を持ち上げることができるという状態だった。

ホノリウスの帰天後行われたコンクラーヴェ[32]は、ローマ教会史上もっとも難しいものとなった。コンクラーヴェは一年近くもかかった。ローマの夏の暑さでマラリア熱が発生したためだ。六人の枢機卿が発病し、悶死した。コンクラーヴェは中断され、枢機卿はただ一人、フランシスコ会のジローラモ・マッシ・ダスコーリを除いてローマを去った。ようやくコンクラーヴェが再開するや、事はジローラモに有利に運んだ。マラリアが蔓延するローマで生き延びたことをみごとに実証したのだから、教皇の座も長らく維持できようというわけだ。

北イタリア出身のジローラモは、コンクラーヴェの再開後、当然のごとく新教皇に選ばれた。彼は一八九代教皇ニコラウス四世として、フランシスコ会ではじめて教皇の位についたのだ。

先任の教皇も、異端審問を独占させていた修道会の力をいちじるしく強化したが、八年前に亡くなったニコラウス四世の名付け親ニコラウス三世も、その点は同じだった。

先任者の縁故主義に嫌悪感を抱いてはいたが、ニコラウス四世もこの権力を駆使せずにすますつもりはなかった。

宣教を推し進め、フランシスコ会の修道士を宣教師として中国へ遣わし、北京に初代司教を置くことに尽力した。当時中国はモンゴル帝国の皇帝（ハーン）の支配下にあった。

ペルシャを支配していたイルハン王朝の王アルグンがイスラムに対抗するための同盟国を探していた頃、ニコラウス四世は新たに十字軍の結成を呼び掛けた。だがヨーロッパ内のキリスト教君主たちの間に起こった紛争により、実現することはなかった。

32 教皇選挙のこと。枢機卿の投票によりローマ法王を選出する。

ニコラウス四世はローマ教皇庁にふたたびいくらか節制をもたらした。とはいえ、修道士として良質のビールを褒めるのにやぶさかでなかった。

教皇のビール好きはすぐに知れ渡り、ローマでは客への手土産としてビールに人気がでた。だが教皇の食卓に上るころには、ビールの味が落ちていることも多々あった。それだけにフランシスコ会出身の教皇の味覚に叶ったビールの評価は高まった。

ケルンの大司教ジークフリート・フォン・ヴェスターブルクも、教皇がビールに目がないのを知った。大司教と配下の聖職者たちは、ヴォリンゲンの戦いでの惨めな敗北以来、教会関連の特別な用事がある時にしかケルンに足を運ばなくなっていた。

大司教の住まいは近くのボンに移された。

大司教はケルン市民に主権を渡すことを約束させられていたが、一二九〇年一月十八日、教皇ニコラウス四世はその約束を解いた。

さらに一月三十一日には、教皇はマインツとトリーアの大司教に、ジークフリート・フォン・ヴェスターブルクがケルン司教区を取り戻せるよう助力を要請した。

この教皇のとりなしによってケルンの大司教ジークフリート・フォン・ヴェスターブルクの権力はふたたび強まり、義兄弟のナッサウ伯アードルフを一二九二年六月、自らの手でアーヘン王に戴冠させることができた。

ケルンの大司教は感謝の念を知る人間で、誰に恩があるかを忘れなかった。

教皇の恩に報いるために、大司教はケルン最良のビールを送ることにした。ケルンに滞在することは少なくなっていたが、大聖堂の敷地で造られているビールがほとんど飲めたものでないことは知っていた。ケルン市参事会との関係はいまだに良好とはいえなかったが、商人や職人とは必要とあらば折り合いをつけられた。多数の市民が自分に敵対したことを大司教は知っていたが、仕返しができるような状況ではなかった。

いろいろ聞き回った結果、大司教はニクラスに白羽の矢を立てた。大司教はかつてアルベルトゥス・マグヌスと親しい仲で、ビール好きは二人の共通項だった。ケルンにニクラスの醸造所ができたのをアルベルトゥスが知ることができていたなら、必ずや大司教に勧めたはずだ。大司教はニクラスが以前アルベルトゥスに格別のビールを供したことがあったのを、何かの折に聞き及んだ。それで一二九〇年の三月、ニクラスに一番強いビールを五樽注文し、教皇に献上するためのものだとほのめかした。ニクラスがそれを名誉ととらえ、無償でビールを提供するだろうと踏んだのだ。

しかし冬はまもなく終わりを迎えようとしており、ニクラスはケルン市民に十分飲ませるに足るビールさえ造れずにいた。それに政治的に敵対する相手と商売する気にもなれなかった。それで注文を断った。

怒りに燃え、大司教は特使をニクラスに送ったが、特使もなにもできず引き返してきた。ケルンの市壁内では大司教は無力であり、ケルンの職業法に従う他なかった。しまいにジークフリートはあきらめ、樽を乗せる荷車を一台出し、すぐに代金を支払った。

大司教が欲しかったのはビールだけではない。一二四八年からザンクト・ペーター・ウント・マリア大聖堂を建築中の、ケルンの手工業者たちの間で評判を落とすことも避けたかったのだ。[33]

この新しい大聖堂には、東方の三博士の遺骨が納められることになっていた。一一六四年に大司教ライナルト・フォン・ダッセルが、ミラノを征服しケルンへ持ち帰ったものだ。

この大聖堂は全ケルン市民の関心事だったが、さらに肝心なのは建築主の評判がいいことと金払いがいいことだった。でなければ仕事はすぐに放棄されてしまう。

「そなたのビールがこの出費に見合うものだといいが」ビールを受け取りにきたジークフリートの特使がいった。「さもなくば神か教皇様からばちが当たるぞ。どちらがひどいか知らんがな」

およそ二か月後、この高価なビールは、その他の贈り物と共にローマに届けられた。

夏になり、ジークフリートの特使がまたニクラスを訪れた。今回はやけに愛想がよく、へりくだってさえいた。

「教皇陛下はそなたのビールを大変お気に召された。これまでお召し上がりになった中で一番のビールだそうだ。そなたにローマへ来て教皇庁のためにビールを造ることを所望されている。何不自由させないとのことだ」

ニクラスは驚きのあまり、すぐには口がきけなかった。

それから「三日ほど考える時間をいただけませんでしょうか」と尋ねた。

その猶予が与えられた。

しかしニクラスはケルンに留まることに決めた。ほとんどの教皇は在位が短いことを知っていた。ニコラウス四世ももう六十四歳だ。教皇御用達の醸造家になるのは栄誉ではあるが、そう長くは続けられないだろう。

お役御免になれば、また一から始めなくてはならない。

侮辱や軽視と受けとられないよう、遠回しに返答することにした。

「何年もの間、このビールの配合を試してきました。ここケルンではじめて、水、麦芽、ホップに酵母と、このビールに最適な原料が手に入りました。ローマでビールを造っても同じように美味しくはできないでしょう。教皇様にはぜひここケルンから、ビールを送らせてください。ビールを切らさないよう、定期的にローマへ荷車を出すとお約束いたします」

特使はぶつぶつ文句を言ったが、しまいにはニクラスの返事を受け入れた。

特使もジークフリートも、ニクラスのビールが気に入っていた。ローマへ行かれてしまっては、自分たちもうまいビールが飲めなくなってしまう。

教皇のことを考え、新たな需要に応えられるよう、ニクラスは醸造所を大きくすることにした。

一二九〇年から九一年にかけての冬の醸造が始まるや、四週間おきに十二樽のビールを積んだ荷車がローマへ向かった。

ジークフリートは、あらかじめ取り決めておいた特別価格でビールの代金を支払った。

33 ケルン大聖堂の正式名称。「聖ペトロとマリアの大聖堂」の意。

ローマ教皇の権威にどれだけ恩恵をこうむっているか、ジークフリートは承知していた。そしていずれまたその権威に頼る必要が生じかねないことも、よくわかっていた。

ケルンでは、ダウアーリンクのベルナルトが行きつけの店を見つけていた。シルダー横丁にあるボードーの醸造所では、いつも快く迎え入れられた。悪魔のごとき〈純粋なる醸造家〉の身の毛もよだつ話をベルナルトがするのを、ボードーは好んで聞いた。だがボードーの独特でキャラウェイに似た味のビールで、ベルナルトが酔うことはなかった。ベルナルトの要望を入れてビールを薄め、ナツメグで味付けしていたからだ。

こうしてベルナルトは、来る日も来る日も、シルダー横丁に長居し、謀(はかりごと)を巡らせた。

一二九一年の十一月、ある知らせがまたたく間に広まり、それを聞きつけるやベルナルトは悦に入った。

そしてこれで手を汚さずに待望の目的を果たせると信じた。

十八章

ケルン市参事会の衛兵長がニクラスの醸造所に現れた。

「醸造主ニクラス・ハーンフルトはどこにいる？」衛兵長が叫んだ。

「その者を連行し尋問するようにとのお達しだ！」

ニクラスは咎められる覚えはないながらも、衛兵長に同行した。

ニクラスは市参事会所へ連行された。議長は背の高い商人ヘルマン・フォン・デア・シュテッセが務めた。真面目な面持ちで唇は薄く、重責を担っていることを完璧に体現している。

むっとする甘ずっぱい汗の臭いが漂っていた。市参事会所では、大勢の男が何時間もすわって審議や意見交換をしていた。総勢十二人。ヘルマン・フォン・デア・シュテッセ以外で、ニクラスが知っていたのは、ヨハン・ルーフ・フォム・ホルネ、リヒョルフ・メネギン・フォン・デア・アードゥフト、ゴットシャルク・フォム・シュターフェ、ヨハン・フォム・シュピーゲル、ディートリヒ・フォン・ブレンプト、ハインリヒ・フォン・マインツ、そしてヨハン・クヴァッターマルトの七人だ。後の四人の顔は見たことがなかった。

「そなたの目の前にいるのはケルンのリーヒャーツェッヒエ[34]の重鎮の面々だ」議長が言った。

「そなたは大司教ジークフリート・フォン・ヴェスターブルクに重罪で訴えられている。大司教を我々の友人とはさらさら考えていない。しかし告発内容が正しければ、そなたの裁判権を大司教に委ねなくてはならない」

「罪状はなんでしょうか？」ニクラスは尋ねた。

34　ドイツ最古にして最強の門閥組合。ケルンで政治的・社会的に指導的役割を果たした。市長、参事会員、参審員をメンバーに擁し、参事会を牛耳った。「富者兄弟団」「富者クラブ」ほどの意。

「そなたは最も重い罪の一つを犯したとされている。教皇様が重体で、その原因はそなたにあるという。胆汁と内臓が毒にやられたそうだ」ヨハン・クヴァッターマルトが答えた。

「醸造家のボードーの証言によると、そなたには致死の秘薬となる魔の薬草について詳しいという噂があるそうだな。また、ザンクト・ガレン修道院での殺人につながった実験や、その他の悪行についてもそなたが関与した疑惑が報告されている。異端審問はここでは馴染みがないが、必要とあらば開かねばなるまい。参事会員裁判を開き、そなたを大司教へ引き渡すかどうか決める。十四日後にまた集会する。その際そなたは弁明することができる。それまでは牢獄に入ってもらう」

ニクラスは有無を言わさず連行され、集会所の地下にある、シラミだらけの冷たく薄汚い牢獄に放り込まれた。

それからの二週間は、ニクラスの人生で最も長く感じられた日々だった。独房では、シラミのみならず、ネズミやありとあらゆる害虫とともに過ごさねばならなかった。

大司教の監獄内の、本来魔女を投獄するために作られた独房に入れられた我が身を想像しては、恐ろしさに身もだえした。

夜は夜で苦悩と怒りで絶叫した。教皇と市参事会、ケルンの町、ベルナルト、ボードー、そして自分の人生を呪った。

その間、ボードーとベルナルトは祝杯をあげていた。これでボードーは競争相手を一人消し、ベルナルトは宿敵を永久に打ち負かしたものとほくそ笑んだ。

マリーアとアグネスとマティアスは、毎日ニクラスを訪ねた。モシェとザーロモンも度々立ち寄ったが、ニクラスの哀れむべき状況を変えることはほとんどできなかった。改善できたのは食事の質だけだ。さもないと二週間も持ちこたえられないだろう。

マティアスが醸造所で働き始めた。

マティアスと二人のユダヤ人醸造職人の三人で醸造所を切り盛りした。とうとう参事会裁判へ引き出されたニクラスは、さながら生きる屍で、痩せ細り、骨と皮ばかりになっていた。

審議が始まった。

ニクラスはまともに考えることもままならない状態だったが、大司教が最初どのように自分のビールを買い上げたかを説明した。

教皇庁御用達の醸造家にぜひともなるようにという教皇の要請についても。そしてそれを断ったことについても。

造ったビールの材料と配合についても述べた。

毒として作用しうる薬草についても知っていると認め、同時にそうした薬草を配合したことは一度もないと誓った。そして競合者を排除する目的で自分を訴えたのだ、とボードーを非難した。ビットブルクで燃えてしまった手紙のことや、頭がおかしくなったレギナルトについても供述した。

「ビットブルクで市民権を得るためにその手紙を提示しました。なにとぞビットブルクの参事会員に問い合わせてください。提示した手紙が私の無実を証明したと確認できるはずです」

それからニクラスは、ビールが輸送中に腐敗してしまった可能性もあることを指摘した。特に夏の間は、ビールの腐敗は想像以上に頻繁に起こること、教皇は三月の醸造時期以降にも、ビールの納品を強く要求していた。

最後にニクラスは、教皇の中毒症状の詳しい説明を求めた。だが大司教とその特使たちは、教皇の健康状態について新たな情報を携えてローマからケルンへの帰途にあるため、詳細を知る者はまだ誰もいなかった。

ニクラスは声高に苦情を申し立てた。

「皆様方は確たる理由もなく、私を地下牢で野垂れ死にさせかけました。今後誰かを投獄する際には、提訴内容を事前に厳密に検討していただきたい。でなければケルンの自由市民である皆様方も、分別のない封建領主と同類になりましょう。うまくやろうとするのは結構ですが、これはお門違いです！」

面目を失ったリーヒャーツェッヒェの面々は、ニクラスに帰宅を許し、大司教がローマから戻るのを待つようにと申し渡した。

五日が過ぎ、待ちかねた情報が届いた。

大司教が戻り、こう報告した。教皇は健在で、数日下痢を患い、かなり衰弱したものの、快方へ向かっていると。

しかし、無実のニクラスを訴えたことを詫びるどころか、中毒を克服できたのは、教皇ニコラウス四世が頑健で深い信仰を持っているおかげだ、と大司教は強調した。

症状を聞く限り、ビールが途中で腐敗してしまったに違いない、とニクラスは答えた。そして出荷時にはなんの問題もなかった、と続けた。

議長のヘルマン・フォン・デア・シュテッセは、ニクラスを大司教側へ引き渡さないと決めた。

「ニクラスが毒を盛った証拠は何ひとつない。教皇様の身に生じたのは病気であって中毒ではない。そなたを誤って二週間、投獄したことを、市参事会は謝罪する。シルダー横丁のボードーには処罰を科す。今後、安易に提訴せぬよう申し渡す」

市参事会の議事録にはそう記された。


大司教は、なす術もなくボンに戻っていった。


今回もまた思惑が外れたダウアーリンクのベルナルトは、額に青筋を立てながら、シルダー横丁の居酒屋に座っていた。この日は珍しく強い黒ビールを飲んだ。ボードーと共に何杯か飲み干して、階段を上りかけるや、転げ落ちた。額に負った傷口からはひどく出血し、赤みを帯びた青あざがくっきりと残った。

ニクラスは一プフェニヒの賠償金も得なかったが、敢えて請求する気にもなれなかった。

市参事会に貸しを作っておくのも悪くないだろう。

今回、もう一つ学んだことがある。いつかまた遠隔地へビールを届けるときは、現地で受け取り状態を確かめてくれる人が必要だと。

誰か、信用できる人が要る。


教皇ニコラウス四世は、半年後の一二九二年四月に亡くなった。死因は腐敗したビールではなかった。

十九章

投獄され屈辱を味わったことはじきに忘れ、体調も回復し、ニクラスはケルンで一番のビールと大勢が称えるビール造りの仕事に戻った。

稼ぎもよく、時おりマリーアに高価な贈り物をして驚かせることができた。一二九一年のクリスマスには、釉薬をかけて彩色を施した陶器の食器を贈った。ある商人がイタリアから持ってきたものだ。天文学的な値段だったが、出費を惜しむよりも、マリーアの素直に喜ぶ様を見る幸せの方を選んだ。

一二九一年から九二年にかけての冬、ケルンの醸造職人たちは自分たちの声望を高めるために、ある決断をした。まずヴォリンゲンの戦いでの栄えある勝者ブラバント公ジャン一世が、ブリュッセルの醸造職人ギルドの名誉会員になった。ケルンの醸造職人たちは、その知らせを皆に触れてまわった。「ヴォリンゲンの勝者はビール醸造職人（ブラクサトール）だぞ！」と。

さらに醸造職人たちは、他の職人たちの例にならって、自分たちの守護聖人を選んだ。ヴォリンゲンの戦いで名声を上げた醸造職人には、守護聖人が必要だ。アルベルトゥス・マグヌスは、それをニクラスがケルンで働き始める何年も前に提唱し、ある提案をしていた。ケルンの醸造職人の守護聖人にはドミニコ会士がよい、というものだ。ヴェローナの聖ペトロのことである。この聖人は生涯一度もケルンを訪れたことはないのだが。

四十年前に亡くなったばかりなのに、早くも悪天候の被害から農作物を守る守護聖人とみなされていた。悪天候と不作は醸造職人が何よりも恐れるものだ。

言い伝えによれば、ヴェローナの聖ペトロは一二五二年、コモ近郊のファルガで二人の異端者によって頭に剣を突き刺されて命を落とすのだが、襲われている間もキリストにならって何の抵抗もしなかったという。その一年後、教皇インノケンティウス四世により列聖された。

アルベルトゥスの言葉は、死後もその重みを失っていなかった。ビールを大いに愛したことから、アルベルトゥスはケルンの醸造職人たちの間では心の拠り所のような存在であり、皆から尊敬され、争いごとが起これば判定を求められたものだった。激論の末、ヴェローナの聖ペトロを守護聖人に選ぶと、ケルンの醸造職人たちは改築中の聖アンドレアス教会を、醸造職人の教会に格上げすることに決めた。以後この教会では、毎年四月二十九日にヴェローナの聖ペトロを称えて守護聖人の祭りが催されることになった。

ケルンの生活はにぎやかで楽しかった。ニクラスと家族は積極的に町の通りや広場に出向いて、時間がある限りそこで過ごした。

特別な催しがあると、ニクラスはしばしば屋台を出し、樽ビールを提供した。名無し広場は見世物に恰好の場所だった。動物を戦わせる見世物は特に人気があった。犬と熊、犬と牡牛またはネズミ、闘犬や闘鶏など、常に残酷きわまりない光景がここでは見られた。見物人は金を惜しむが、流血はいくらでも見たがった。

そして闘いが激しくなればなるほど、見物人のビール需要も高まった。

もう一つ人気なのは、説教師が市場前広場に立ち、公衆の前で口角泡を飛ばすのを見物することだった。

ニクラスは時々、マリーアを連れてそれを聞きにいった。もっともマリーアは、説教師の話を真に受けすぎた。ベルナルトが説教に立つこともあった。彼を見かけると、ニクラスはマリーアの腕を掴み、さっと立ち去った。

説教師の中には、ケルン市民を罪深いといって、口汚くなじる者もいた。皆それぞれひいきの罪人がいて、ある者は酒飲みと彼らに棲みつく酔魔を罵り、またある者はケルンの女たちを引き合いに出すのが好きだった。

「みだらな女たちよ、接吻魔、酔っぱらいよ！」ほとんど恍惚状態で説教師は叫んだ。「悪魔がおまえたちを珍味のごとく貪っている！　おまえたちがまともな男たちを貪るように、悪魔もおまえたちを無残に貪りつくすのだ。おまえたちは雌獅子、たてがみを逆立て軽薄な男たちを引っ張りこんでは、血まみれの抱擁をする。凶暴な毒蛇たちめ！」

こうした辻説法が延々と、時には数時間にわたって続いた。

それから説教師は、自分についてきて懺悔するよう罪深い女たちに促した。

それでいて懺悔室では、しばしば暴力沙汰や強姦が起きたのだが。

日頃から評判が悪かったケルンの聖職者が発言を控えていたせいで、偽りの聖職者たちの悪行は目に余るものがあった。

マリーアも一度、偽の聴罪司祭に引っ掛かったが、振り払って逃げることができた。

そのためこの夏、告解場と呼ばれる新型の懺悔室がお目見えした。従来の懺悔室との大きな違いは、聴罪司祭と懺悔をする者の間に壁があることだ。これでお互いの声は聞こえるが、見ることはできない。

そしてすべてのケルン市民、特に女性は、聴罪司祭がまず中に入って座るまで待つこととされた。

女性が懺悔中に、偽の聖職者が淫らなことを空想したとしても、ケルンの市参事会は致し方ないとした。

この処置は功を奏し、短期間に強姦の件数は激減した。

教会のことにつけ、金銭のことにつけ、ケルン市民は概して創意工夫に長けていた。両方が結びつくとなおさらだった。新しい仕掛けの時計造りなど緻密な仕事で定評のあるケルンの一機械工が、ちょうど古代の機械の模造に成功したところだった。ギリシャ人数学者で工学者のアレクサンドリアのヘロンは、千年以上前に『気体装置』という本を書いている。その本がラテン語訳でまた読めるようになった。その中でヘロンは、聖水の自動販売機の構造を説明している。その装置では、聖水の水面に薄い木片が置いてある。硬貨をこの機械に入れると、硬貨の重みで聖水が金属管を通って押し上げられ、信者がそれを受け取れるようになっていた。[35]

ケルンの機械工がこの自動販売機を試作したところ、うまくいったので、それはただちに聖ゲレオン教会に設置された。他の教会では聖水がただで使えたにもかかわらず、この機械を試そうと、市民が聖ゲレオン教会に押し寄せた。しかし無料の聖水はいつまでも続かないだろう。聖セヴェリヌス教会、聖使徒教会、聖ウルスラ教会なども、すでに聖水の自動販売機を発注していた。それを聞くや、ニクラスはゲレオン教会へかけつけ、機械の構造を観察した。そしてすぐに別の利用法を思いついた。醸造所はうまく運営できていて、主な仕事は三人の醸造職人に安心して任せられるので、ニクラス自身は新しい発明や改良に時間を割くことができた。そこでニクラスは聖水自動販売機を作った機械工を探し出し、同じ構造で、ビールをジョッキ一杯分出せるもっと大きな自動販売機を作れないか、と話をもちかけた。

オットーという名のこの機械工は、よく考えて、時間ができしだい制作するとニクラスに約束した。ニクラスも、最大の課題二つをどう解決できるか、懸命に考えた。課題の一つは量だった。聖水なら硬貨一枚程度の重さで事足りる。だがそれでは、ビールには少なすぎる。もっと重く、それでいて価値のない硬貨を何枚も入れるしかない。もう一つの課題は、中のビールをどうやって新鮮に保つかだ。

考えた末、この二つの課題を解決する方法を見つけた。

たとえば石などで専用の硬貨を作り、投入口はその硬貨しか入らない形にする。そして自動販売機の背面にビール樽を置き、そこから購入者のジョッキへ注ぐための桶にビールを入れればよい。これなら日に二度、ビールを補充しに行けば済む。

まもなくオットーはニクラスの注文に応じる時間が取れるようになり、夏の間ニクラスと一緒に制作にかかった。ニクラスは石工に硬貨代わりの石を切ってもらい、醸造所で売ることにした。オットーが仕掛けの中に取り付けた巧みなてこのおかげで、石は最初心配したほど重くはならなかった。

もうじき家具職人にも来てもらわなくてはならない。自動販売機を納める箱の寸法は、服を入れる大きな長持ほどにもなる。

ニクラスに迷いはなかった。

最初の試運転はうまくいった。一二九二年一〇月、ケルンのハーネン門のそばに、世界初のビール自動販売機が設置された。

これは聖水自動販売機のときよりさらに大きな騒ぎを引き起こした。

ビール飲みはもちろん、進歩促進を己が義務とみなす都市貴族から多大な支持を得た一方、様々な理由から拒否する声も上がった。

35　古代ローマ時代のギリシャ人数学者、工学者、発明家。主な発明に、蒸気タービンや、蒸気を使って自動で開く扉など。数学では測量法の改良者として知られる。

ニクラスの修道院時代に他の修道士がしたように、新しい発明を快く思わない市民も大勢いた。世の習いをよくしようなどというのはおこがましいことで、神への冒瀆と捉えられた。

酔っぱらいに批判的な説教師は、ビール自動販売機を次なる非難の的とし、設置後一か月もたたないうちに自動販売機は壊された。

しかし、丈夫な造りをしていたため、すぐ修理ができた。この機械がハーネン門に置かれてからというもの、ビールの一日の販売量は二樽分増えた。他の醸造家たちがオットーに機械の秘密を聞いてきたが、ニクラスはオットーに前もって秘密厳守を約束させていた。

それが原因でニクラスは、醸造仲間の間に敵を作ってしまった。ツンフトやギルドがなかったため、幸いニクラスに口を割らせることは誰にもできなかった。

リーヒャーツェッヒェからは、同業者よりさらに強い怒りを買った。醸造家を含めた数人の市民が、ビール自動販売機が設置されて以来、飲酒による不法行為が大幅に増えたと苦情を申し立てたのだ。飲みすぎた酔っぱらいが、店主からビール販売を拒否されても、といってもそんなことはめったに起こらなかったが、自動販売機なら石を入れさえすればいつでもビールが出てくる。

子供の飲酒も助長してしまう、という非難の声も多かった。お人よしの呑兵衛のポケットから石を盗んでは、意識を失うまで飲む子供がいたのだ。

ニクラスは、自動販売機に昼夜見張りを付け、こうした子供たちを寄せ付けないようにした。だがこの対策は、人の手を煩わせずに稼働させるという、自動販売機本来の意味を失わせてしまった。それでビー

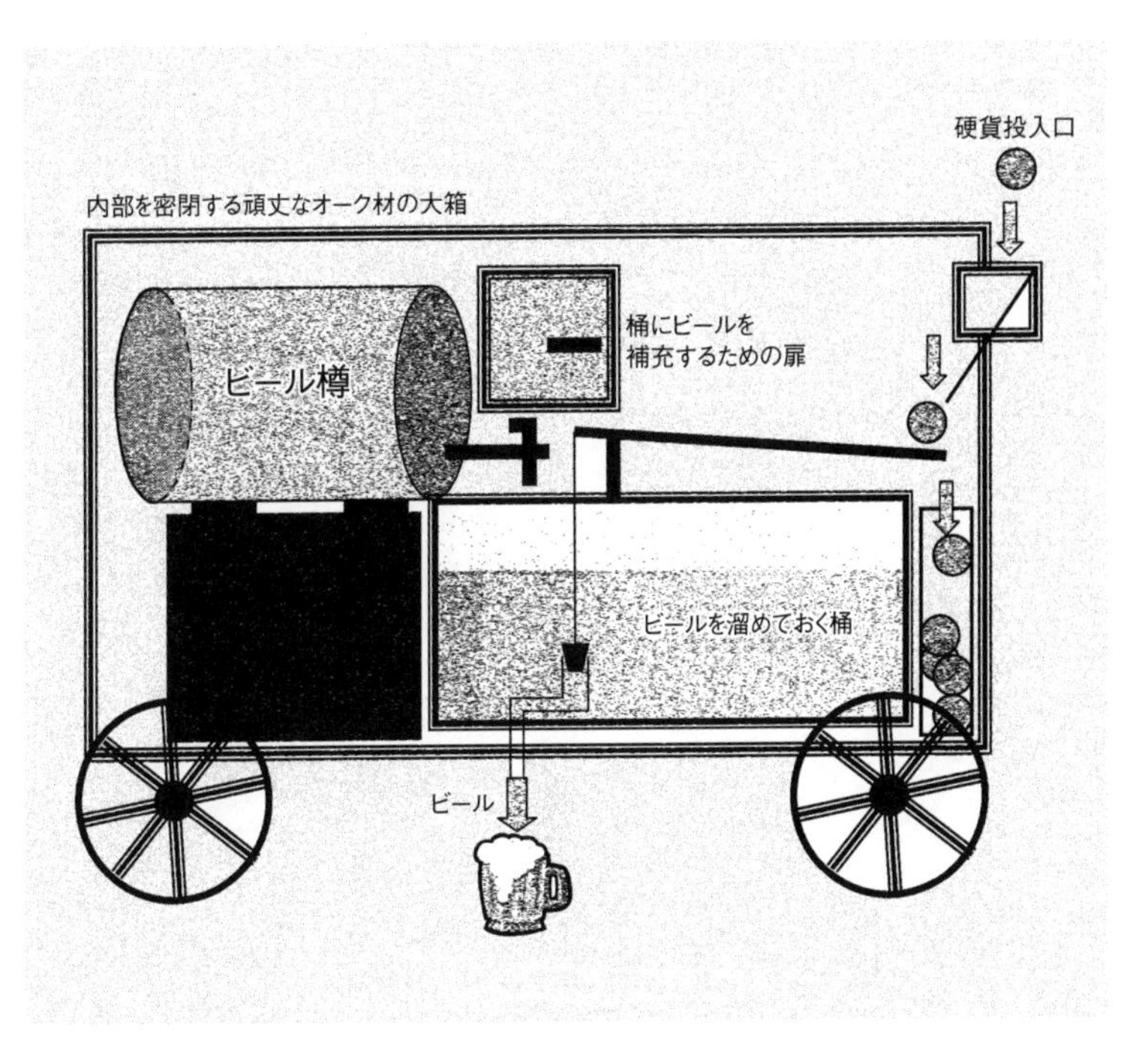

ビール自動販売機の原理

ルが安くなるわけでもなかった。

翌年の一月、自動販売機の料金箱の中に、ニクラスははじめて正規のものではない石を見つけた。石の硬貨が本物の金属の硬貨より偽造しやすいのも手伝って、贋金作りの標的になってしまった。自動販売機の投入には時期尚早だということを、ニクラスは徐々に呑み込んだ。

もめ事を大きくしないよう、ニクラスは謙虚さと後悔の念をにじませた声明を出し、ビール自動販売機の撤去を告げた。ハーネン門に置いた販売機と、オットーがちょうど作り終えたもう一台は醸造所に置いたが、ビールを入れることはなかった。

それでも、ひと冬の間の自動販売機の売上は上々で、ニクラスは一切損をしなかった。

そもそもその年の冬は、ビールが売れただけで満足だった。ドイツの他の地域では、ビールのピッチャーを棚上げせざるを得なかった。たとえばバイエルンでは、一二九二年、ふたたび不作に見舞われた。そこでニーダーバイエルンではルートヴィヒ公爵とオットー公爵が、少ない穀物はパンに回しビールには使わないように、という布告を出した。

二十章

ニクラスが造るビールの質が卓越していることは、疑いようもなかった。レーゲンスブルクからニクラスの〈シュテルン〉を訪れた客が、ニクラスのレーゲンスブルク時代のことを他の客たちに語ったおかげで、当時のあだ名〈ビールの魔術師(ビア・マーグス)〉がふたたび日の目を見ることになった。ボードーとベルナルトをニクラスはもう恐れてはいなかった。ボードーはかなりおとなしくしていたし、ベルナルトとは、ケルンに来て以来、直接対峙してはいなかった。キュッパーがベルナルトのことを話してくれたことも、次第に意識にのぼらなくなった。ニクラスはケルンで異端審問官を恐れる必要はないと思い、今回はこのあだ名が広まるのを防ごうとはしなかった。

その間に醸造家仲間の間に自分の居場所を確立することができた。何でも人より知っている方がいいとは限らない、時には知らない方が有利なこともある、と気づいたのが幸いした。〈純粋なる醸造家〉には値しないと思える醸造家たちにも、自分が考案したことの一部を教えてやったりした。ニクラスの人生にもケルンにも、数年間、平穏が訪れた。

ニクラスは大聖堂の広い建築現場に、ビールを定期的に納品するようになった。ただ、現場工事の親方アルノルトは、足場作業員に飲ませるビールが多すぎる、と文句を言い、しばしば言い争いになった。アルノルト自身はビールを一滴も飲まず、ビールを売ることに反対だったが、かといってそれを禁じることもできなかった。

アルノルトは背が低く痩せこけてはいたが、この大きな建築現場に欠かせない、ものすごい大声を出すことができた。作業員に対しては父親のような責任を感じていた。「飲み過ぎて足場から落ちる者が一人でもあれば、責任を取ってもらうからな！」とニクラスを怒鳴りつけた。

アルノルトの言うことはニクラスにも理解できた。足場から落ちるのは確かに危険だ。そこで、作業員にはその日の仕事が終わってからビールを出す、とアルノルトに約束した。こうしてしばらくの間、わずかの例外を除いてうまくいっていた。

例外となった一人は、あいにくアルノルトの息子ヨハネスで、父とは裏腹にニクラスのビールにやみつきだった。

父同様小柄だが、若くして鼻を赤くするほどの飲んべえで、しかも腹がかなり出ているので、足場を上ると嵐の中の小舟のようにゆらゆらした。

ヨハネスは一度ならず、仕事帰りに石工仲間と〈シュテルン〉に寄っては、どんちゃん騒ぎをした。ニクラスに言わせれば、建築現場で事故が起こらないのはほとんど奇跡だった。

しかし、一二六二年から大聖堂の建築現場を監督してきたアルノルトも、だんだん年を取ってきた。息子がそのうちビールをあきらめ、大聖堂の建築にもっと真剣に取り組んでくれることを願っていた。

一二九六年、アルノルトは、三〇年来就いていた親方の座をヨハネスにゆずった。ヨハネスはすぐさま、まだ建築途中の大聖堂の西側のファサードに取り掛かった。

ヨハネスは与えられた新たな責任を自覚し、驚くほど物静かになり、ビールも控えるようになった。それでもまだ、大工のゲラルト、石工の親方で義父の、サレジンのティルマンと連れだってしばしば〈シュテルン〉にやってきては、一、二杯ビールを飲みながら、大聖堂建築に関わる様々な問題について論じあった。

賑やかにばか騒ぎをすることもあった。ヨハネスとゲラルトは一度ニクラスを招き入れ、大聖堂の塔の中に醸造所を作りたいかと訊いてきた。

「知ってるかニクラス、現場でとびきり上質な水源を掘り当てたんだ。いわば神聖な泉の水から神聖なビールを造らない手はないだろう」

二人がどれほど飲んでいるのかも知らず、ニクラスはこの言葉を真に受けた。

「醸造所を作ったりして、神聖な大聖堂や東方の三博士の聖遺物の品位を損ねたりしないだろうか？」

ニクラスが無邪気に質問を続け、からかわれているのも気づかずにいると、ヨハネスとゲラルトは笑い転げた。

ニクラスは恥ずかしさに耳まで真っ赤になりながらも、つられて笑ってしまった。


ヨハネスとティルマン、そして彼のもとで働いている大聖堂建築団を市内で知らない者はなく、彼らとの付き合いのおかげで、ニクラスのビール醸造家としての評判も上がった。〈シュテルン〉からのビール供給も手伝って、建築現場はここ数年ではめずらしく、和やかに作業が進んだ。この間に完成した合唱隊席と大祭壇二つの傑作は、〈シュテルン〉のビールのおかげ、と道行く人々にからかわれた。

その間にマリーアは、ヨハネスの妻でティルマンの娘メヒティルディスと親しくなっていた。

だがそんな平和な日々が暗転するまで長くはなかった。

一二九六年の秋、娘のアグネス・マリーアが重病にかかった。かわいらしい少女に育ち、ニクラスはそろそろ適齢期になるので、そのうちケルンの醸造家のところにでも嫁がせようと考えていたところだった。アグネスは醸造所での簡単な作業や居酒屋の仕事を一生懸命手伝い、家業の支えになりかけていた。だがニクラスが何としても娘を救いたかったのはそのためだけではない。

ニクラスが診断を仰いだ医者は、アグネスの病状を天然痘と判断した。天然痘は膿疱ができる病気で、ペスト同様に恐れられていたし、死に至ることも多かった。医者はケシの花から作ったアヘン剤に、蛇の毒とヒキガエルの粉を混ぜ合わせたテーリアク[36]を処方した。

その療法に加え、ニクラスは果実風味のある特製の苦いビールを造った。

そんな薬でも奇跡が起こった。アグネスは天然痘を乗り越えた。ただ顔に醜いあばたの跡が残ってしまった。耳も悪くなり、麻痺のせいで病後も左足を引きずるようになった。ふさわしい相手に嫁がせる道は閉ざされた。

ニクラスは途方に暮れ、たった一人の娘を醜くしてしまった天然痘と運命を、妻と共に呪った。それでも娘がよい人生を送れるようにしてやりたかった。

病後アグネスは悲嘆に暮れ、友達にそっとしておいてくれと言い、家に閉じこもるようになった。

ニクラスはアグネスをどうしたものか、妻と相談した。このような場合、修道院に入れるのが一般的な方法だった。ニクラスはどこかいい修道院はないか、聞いて回った。キュッパーを通して知り合った、ドイツ北部に頻繁に行商の旅をしているエスケリヒ・シュトレトゲンという風変わりな名前の商人が、エプストルフ修道院を勧めてくれた。

エプストルフ修道院はリューネブルクから南へ丸一日行ったところにある。北部ドイツのベネディクト派女子修道会に属していた。この修道会には、他にツェレ近郊のヴィーンハウゼン修道院やリューネブルクのリューネ修道院、リューネブルク近郊のメディンゲン修道院、ホルシュタインのプレーツ修道院が属していた。エプストルフ修道院は聖マウリティウスを守護聖人としたプレモントレ修道会として、一一六〇年頃創設された。のちにヴァルスローデのベネディクト派修道女がそれを引き継いだ。エスケリヒは商売を通じてマークティルディス修道院長を知っていた。

ニクラスが手紙を書きエプストルフへ送ると、三か月後に好意的な返事が来た。アグネスは修道院で必要な最小限の荷物をまとめ、家族に別れを告げた。

リューベックで商用のあるエスケリヒがアグネスに同行した。数週間後戻ったエスケリヒは、アグネスが快く迎えられたと伝えた。アグネスの憂鬱は旅の間に消え去った。自分の人生にふたたび意義を見出すことができたからだ。ニクラスはエスケリヒ・シュトレトゲンに厚く礼を言い、いつでもビールや食事をしに店に来てくれと誘った。エスケリヒは喜んでこの招待に応じ、その後二人は、よき友人となった。

36　古代ギリシャから伝わる解毒剤。中世では万能薬とされた。

一二九八年の秋、ケルンの市参事会は、醸造家が納めなくてはならない様々な税に加え、ケルン市独自の麦芽税を導入するという、けっこうな案を思いついた。ケルンの醸造家たちははじめて一致団結し、声高に抗議した。協同でビールの値段を上げ、すべての客に市参事会のせいだと訴えた。

醸造家たちのあらゆる抵抗もむなしく、市参事会の強硬な姿勢はくずせなかった。市参事会は緊急に金を必要としていて、醸造家と良好な関係を保つどころではなかったのだ。ニクラスは、他の職種ですでに一般的だったツンフトの結成を醸造家たちに呼びかけたが、実現できなかった。醸造家の多くにとっては、ヨーロッパ最大の都市ケルンの政治や運命に、ビールが重要な影響を及ぼすとは思えなかったのだ。

二十一章

教会の伝統行事の一つである断食期間には、修道院でも町でも、ビール醸造家は常に利益を得られることを、ニクラスはウルブラッハで修練士だったころから知っていた。

何年も前にアウグスブルクにベルナルトを尋ねたとき、まだ友達だった二人は、そのことについて話し合った。そして誰がどう見ても、ビールは善良なキリスト教徒が断食の間、安心して口にすることができる数少ないおいしい物だ、という結論に達した。

醸造家ならこの商機を見逃すわけにはいかない。断食の間は度数が強く、値段も張るビールが造られた。町や地域で年間の正式な断食回数は異なり、修道院では年に最大二百日まで断食が行われたが、町民の場合、回数はずっと少なかった。そしてその短い間ですら、決まりがすべて守られることはなかった。

マリーアは乳製品摂取の禁忌をきっちり守ったので、牛乳もチーズもバターも断食期間中は一切、食卓に上らなかった。ビールが「液体のパン」として許されていたのに対し、「液体の肉」こと卵は禁止されていた。馬肉や窒息死させた動物、罠にかかった動物、血を出し切っていない動物の肉など不浄な肉はタブーだ。もっとも、モシェとザーロモンがいるので、こうした肉が供されることは普段でもなかった。

外で食事をするときは、マリーアの断食料理から解放された。他のケルン市民同様、ニクラスも断食をそれほど苦にしてはいなかった。うまいビールもあったし、口にすることが許されている食材を使って、工夫を重ね、美味しい料理を生み出す料理人もいた。それで断食の間、魚をとびきり美味しく食べることができた。栄養があり味もよい穀物のパイもあり、中にこっそり牛乳や卵、肉が入れられていることもあった。それもだめなら、せめて料理の見た目に工夫を凝らして豪華に見せるしかない。

そこへ甘みと同時に苦みもあり、ジョッキの中で泡立つ絶品の強いビールとくれば、断食期間中だからといって嘆くことはない。ミサが終わるまで我慢しなくてはならないが、その後は思う存分飲める。

というわけでケルンでは、灰の水曜日[37]から復活祭[38]当日の朝課まで続く四旬節を嫌がる者はいなかった。

37　復活祭（キリストの復活を祝う、キリスト教の最も重要な祭日）の四十六日前である、四旬節の初日。四旬節は復活祭前の準備期間。

38　春分の日の後の最初の満月の次の日曜日。移動祝日で三月二十二日～四月二十五日のいずれかの日曜日にあたる。

長い四旬節に入る前夜を、ほとんどのケルン市民は楽しみにしていた。灰の水曜日前夜には謝肉祭があるからだ。誰もが思いっきり羽目を外して楽しむ。町中、そんな人々で溢れかえる。どの広場もビール酒場も居酒屋も、興奮した陽気な人々でいっぱいになった。リーヒャーツェッヒェが騒ぐのを許可したため、市民は大分前から仮面をつけて正体がばれないようにし、あらゆる悪ふざけに興じた。

教会までもがこうした騒ぎに便乗するようになった。ごく最近までケルンの大司教は、謝肉祭を異端の悪魔的な行為だと非難していたのだが、そのうち聖職者たちも道化帽をかぶるようになった。ケルン市内の全教会では毎年一月六日の公現祭[39]の日に、そのすぐ後にくる四旬節に先立ち、低い階層の聖職者の中から道化教皇や道化司教を選んだ。市民のための余興として、選ばれた聖職者はロバに乗って、教会まで進んでいく。そしてロバに乗ったままミサを執り行い、聖歌を歌う。ミサが終わると、市民は居酒屋へ繰り出し、道化教皇をとことん飲ませた。

ケルンの敬虔な信心会員[40]たちは、復活祭の時期の断食をより重視し、謝肉祭の日にはホーエ通りを練り歩いた。彼らはときに女性の服を着たりして教会上層部の怒りを買ったが、それだけいっそうケルン市民を面白がらせた。ここでも行列が終わると、断食のビールを先取りし、しこたま飲んだ。

一三〇三年の謝肉祭の日、〈ブラウハウス・ツム・シュテルン〉ははち切れんばかりの賑わいだった。謝肉祭の日には謝肉祭劇が行われるのがならわしだ。

劇のために招いた遍歴楽士も、観客も、誰でも参加できた。踊りと歌と劇が混ざったこの催しを、みな大いに楽しんだ。

そのうちなにやら淫らで下品な雰囲気が漂いだした。人々は吐くまで飲み食いし、喉が枯れるまで笑い、歌った。

最初の演目は、リーヒャーツェッヒェがうまく立ち回れなかった裁判をもじったものだった。役者たちはケルンのお偉方の立ち居振る舞いをそれはうまく真似て、しかもそれを汚い百姓言葉を使って演じたものだから、観客席に爆笑が起こった。

その後は、いわゆる「乙女たち」と呼ばれる女たちが輪舞を披露した。

好色な男たちは色めき立った。

「あれが乙女だっていうんなら俺は宦官（かんがん）だぜ！」客の一人がわめき、自分の冗談を他の誰よりも面白がった。

次の演目は、ケルンのある有名な市民の夫婦問題を扱ったもので、これも会場を大いにわかせた。

劇中、さほど尊敬されていない老いぼれのヴィークボルト・フォン・ホルテ大司教が登場し、夫婦にいろいろと助言をして結婚生活をなんとか破綻させずに維持させようとする筋書に、観客の盛り上がりは最

39 エピファニーとも。幼子イエスを東方の三博士が訪問したとされる日。
40 十二世紀ヨーロッパに発生した信心団体。フラタニティ、兄弟団とも。

高潮に達した。

というのも、大司教は問題を解決する代償として、夫婦に大金を請求したからだ。

「猫に魚の番をさせるようなもんだぜ!」また一人がわめき、笑いすぎてこぼした涙を拭いた。

「ヴィークボルト、なあ滑稽な奴(ヴィッツボルト)、老いぼれじいさんよ、情欲ってもんを知ってるのかい?」別の一人が続けた。

「懐が潤えばいいのさ!」という声が上がった。

さらに大司教は夫に、もっと報酬を払えば、斡旋できる役所があるとも言った。すると夫は贖罪者の服を着て現れ、年老いた大司教は舞台の上で、若く魅力的な聖職者に変身した。

観客はどよめいた。

芝居の最後に、夫婦間の問題をもっと詳しく知ろうと、聖職者が妻に手を出すことを演者たちがほのめかすと、観客の盛り上がりはとどまる所を知らなかった。

ビールはバカ売れし、こうして謝肉祭劇は終わった。

その後も鼓膜を破らんばかりのどんちゃん騒ぎが続いた。叫び声が、歌と、ビールを飲み過ぎた者たちの呂律(ろれつ)の回らないがなり声と混ざり合う。役者たちは喝采を浴び、歌で褒めたたえられ、何杯もビールが注がれた。

サイコロが振られ、皆、踊ったり、ふざけあったりした。

そんな店の中でニクラスは、努めて冷静を保とうとしていた。

「おいこっちだ、そのジョッキは！」ニクラスは店の若造に向かってどなり、角のテーブルを指差した。

「お前は、今注いだのをそっちへ持っていけ！」そう言って、もう一人を反対側へ行かせた。

客の半分以上が仮面をつけていた。農民、悪魔、老婆、坊主の恰好をしたり、あるいは馬の頭をかぶったり、はたまた死神の名付け親[41]に扮したりしている者もいた。本物の傭兵も数人混じっていた。ちょうど〈コルトレイクの金拍車の戦い〉[42]でフランドル軍について戦い、フランス軍に勝利したところで、戦争体験を得意げに語った。そして靴に黄色のリボンを結び、スカートをはいて、娼婦の振りをして興に乗っていた。

店内にはビールや食べ物の匂い、尿や汗の臭いが充満していた。だが驚くべきことに、気にする者はいないようだ。

串刺しにした大きな子豚がその日最後の料理、つまり四旬節前の最後の肉だった。削いだ骨に少し肉がまだ残っていた。ニクラスは串を火からおろして子豚の残りを串から外した。

41　グリム童話の一つ。舞台は中世のドイツとされる。
42　当時、毛織物産業が発達し豊かで独立心が強いフランドルと、それを併合しようとするフランスとの戦争のなか、一三〇二年七月十一日、現ベルギーのコルトレイクでフランドル軍がフランス軍を破った戦い。市民中心の歩兵軍が、はじめて重装騎兵である騎士軍を破った戦いとして名高い。

店の中に道化師の仮面をつけた小人を見つけ、ニクラスは思わず笑みをもらした。

小人はミ・パルティ（左右で色・柄が異なる衣服）と呼ばれる色鮮やかな衣装を身に着けていた。

左の袖は青、右は赤。両脚は色が左右反対だ。

胴体の部分も色とりどりだった。

そして衣装全体に鈴が縫い付けてあり、ズボンのベルトには鏡がぶら下がっている。

頭には長いとんがり帽子の先に鈴がついたカウルという被り物をつけている。

大抵の小人がそうであるように、この小人も体のわりに頭が大きく、ひげは手入れをしておらず、歯はすべて真っ黒だった。

カウンターにやってくると、空いたばかりの椅子の上に立って言った。

「ビールを一杯おくれ、大きいジョッキに、強いやつをな！」

これを聞いて客たちがどっと笑った。

「もう飲んでいい年なのかい？」

「ちびのコボルト（いたずら好きな妖精）よ、なんで檻に入ってないんだ？」

「小人は幸せを運んでくるんだ！　さあ、このちびにビールをやれ！」

客の一人が小人に近づいて、その股ぐらを掴んだ。「小人はこっちも小さいかどうか、見てみようぜ」

笑い声が湧き起こり、小人も仕方なく周りに合わせて笑った。

こういう扱いには慣れているようだった。

ビールをもらうと、小人は自分をからかった男と乾杯し、一気に飲み干した。

それから小人は、ニクラスが横に置いたばかりの串を掴み取り、そいつの目に一気にぐっと突き通した。

血しぶきが飛び散り、すさまじい悲鳴があがったが、それが男の断末魔の叫びだった。

周りの男たちが反応する間もなく、小人はまた串を引き抜き、ちょうど背を向けていたニクラスに向きなおった。

「ニクラス、危ない！」皆の叫び声がとどろいた。

ニクラスはすぐさましゃがみ込んだ。喧嘩が起こって物が飛び交うことはよくあり、すばやく身をかわすのは慣れっこになっていた。

しかし今回は間に合わなかった。

串はニクラスの手に命中し、手を貫いて木の壁に刺さった。

ニクラスは叫んだ。こんな叫び声を上げるのはウルブラッハでの神明裁判以来だ。すさまじい悲鳴だった。

その間に小人は逃げ出そうとしたが、ほろ酔いの傭兵たちの恰好の餌食になった。小人が脇を通った瞬間、すかさず傭兵の一人がモルゲンシュテルン[43]で小人の頭蓋骨を打ち砕いた。

43　棍棒の先に棘のような突起が多数ついた球形の柄頭がついた打武器。

謝肉祭は終わった。

マリーアが駆けつけ、店の客たちと一緒にニクラスの手から串を引き抜こうとした。無事にニクラスの手を解放すると、止血するための薬草と包帯を用意した。マリーアは怪我に詳しく、幸い夫はそれほど重傷を負っていないとわかった。串は手を貫通したが、やられたのは筋肉の部分だけで、筋や神経は無事だった。とはいえニクラスには数日間休息が必要で、四旬節には悪いタイミングだった。ニクラスの手が完治するまで、居酒屋に助っ人を一人か二人、雇わなくてはならなくなった。

小人の遺体はリーヒャーツェッヒェが押収し、検死に回された。服のポケットから免罪符が見つかり、そこには、もし罰当たりな謝肉祭の騒ぎを食い止められれば、天国での永遠の命が約束され、あらゆる罪が許されると書かれていた。

この免罪符を発行したのは誰かということが、論議の的になった。

「封印されていないし、署名も判読できない」

「可哀そうなちび悪魔め、騙されたに違いない」

「署名と封印なしでは、罪の免除などできやしない」三人目がぶつぶつ言った。「免罪符は無効だ」

「おれたちの謝肉祭を誰か妬んでいるのか？」

だがニクラスは、偶然自分がねらわれたとは思っていなかった。ベルナルトが背後で糸を引いていると確信していた。だが証明はできなかった。

一三〇三年のこの謝肉祭の後、すべてががらりと変わってしまった。

リーヒャーツェッヒェは謝肉祭への助成金を廃止した。道化師の仮面を隠れ蓑に、泥棒や殺人犯、犯罪者がうろつきかねないという懸念が高まったためだ。

ニクラスは乱心者の犠牲になったにすぎない、と誰もがわかってはいたものの、翌年以降の謝肉祭でビールの売上が減少することになった一因とされ、市内の全醸造所に対し責任を負うことになった。

道化師が謝肉祭にふたたび登場するのは、それから十年以上も後になってからのことだ。

二十二章

命取りになりかねなかった謝肉祭と、自分から娘のアグネス・マリーアを奪った疫病、運命がニクラスに用意していたものはこの二つだけではなかった。一三〇五年の初め、妻マリーアと息子のマティアス・フリードリヒが病に見舞われた。二人とも突然腫瘍ができ、体力が落ちた。一時的に視力が衰え、真っ直ぐに歩けなくなった。

ニクラスは途方に暮れ、医者を呼んだ。

医者は診察するとすぐに、二人をメラーテンへ連れて行こうとした。ニクラスが訊いた。「あの薬草入りのまずいドルビア以外、メラーテンに何があるというのですか?」

医者は説教めいた口調で言った。「レビ記にこう書かれているぞ。『皮膚にツァーラアトのできた病人[44]は、その衣服を裂き、髪を落とし、その口ひげをおおって『汚れた者、汚れた者』と呼ばわらなければならない。その者は汚れているから、離れて住まなければならない。すなわち、そのすまいは宿営の外でなければならない[45]』」

ニクラスは疑わしげに訊いた。「ツァーラアト?」

そうだ、ツァーラアトかもしれない、いや十中八九そうだろう、と医者は言った。メラーテンにはツァーラアトの疑いのある患者を診療する大きな隔離療養所があった。

立派な醸造職人に育ち、二十九歳にして別の町に自分の醸造所を持とうと考えていた矢先のマティアス・フリードリヒとマリーアは、メラーテンへ連れて行かれ、まもなく「不浄かつツァーラアトである(イムンドゥス・エト・レプロスス)」との絶望的な診断書が出された。二人は一時帰宅も許されず、すぐに隔離を余儀なくされた。メラーテンの療養所には、該当者をすぐに収容できる専用の病棟があった。

ニクラスは二人のために、専用の服を買わなければならなかった。頭巾がついたゆったりとした長い灰色のケープのような服で、幅広のリボンで固定するつばの広い灰色の帽子に、手袋も必要だった。めったにないことだが、外出する場合には、カスタネットのような音が鳴る三つの木片がついた鳴子を持たされた。この音で健常者はツァーラアト患者が近づいてくることを知り、避けることができた。

入所者が原則として身に着けるものには、他にも、水筒、パン袋、買い物の時欲しい物を指す長い杖があった。物や人に触れることは厳禁だった。

ニクラスは家の中にある妻と息子の服を何もかも燃やさなくてはならなかった。療養所に二人を訪ねても、遠くから見つめることしか許されなかった。驚くべきことに二人はその後も長く生きた。瘢痕を残しつつも、マリーアは一三二六年に息を引きとるまで、マティアスは入所後六年間、病を抱えながら永らえた。

二人が最善の住環境と治療を得られるよう、ニクラスはメラーテンの療養所に多額の金を払った。ただ、二人の愛する家族が不治の病にかかったという診断書を受け取ってからというもの、ニクラスはすっかりまいってしまった。〈純粋なる醸造家〉の一族の祖となり、永久に名を残すという希望も失われた。今となってはビールという二番目に愛するもののためだけに生きるしかなかった。自分の名がビール愛好家たちの記憶に永遠にとどまるように願った。

ザーロモンとモシェも、ニクラスを慰めることはできなかった。

ニクラスは毎晩泣いては、自分の悲運を嘆いた。悲しみのあまり、やがて自分も重病にかかってしまった。心の病は高熱となって表れた。大量の汗をかいて熱に浮かされ、幾日も眠れぬ夜を過ごしたあと、ニクラスは、その昔ウルブラッハでトーマス修道師が調合した薬草を思い出した。

44 現代でいうハンセン病。主に皮膚と神経を侵す慢性感染症。「不治の病」と捉えられた時代もあったが、治療法が確立した現在では完治する病気。

45 『旧約聖書』「レビ記」第十三章四十五～四十六節。

クレソンとタイムは熱を下げ、セロリとローズマリーは精気をつける。ヴォリンゲンの戦い以来はじめて、ホップ以外の材料でビールを造った。できたビールは強く、黒く、香ばしかった。薬草が、ビールに強い芳香とピリッとした苦味をもたらした。ニクラスはこのビールを毎日朝から晩まで何杯も飲んだ。ただ、タイムの大量摂取が体に悪影響を及ぼすのを忘れていて、数日間激しい下痢に見舞われた。

しかしある日、目が覚めると、精力が戻っていた。

ニクラスはこの〈不純なビール〉を二度と造るつもりはなかったので、レシピをあるヤブ医者にちょっとした金額で売ってしまった。

心痛をすっかり忘れたくて、ニクラスは商人の友人キュッパー、エスケリヒ・シュトレトゲンと数夜飲んで過ごした。エスケリヒは、一緒にリューベックへ行こうとニクラスを誘った。「あの町では今、金がわんさか動いている」と言う。「我々ケルン人は気をつけていないと、じきにハンザ同盟での発言力を無くしてしまう。ハンザ同盟圏内では将来性のある商売ができる。もちろんビールもだ！」

「それに途中で娘の顔も見れるぞ」とキュッパーが付け加えた。ニクラスは一緒に行くことに決め、エスケリヒの次の旅に同行した。アグネスに会えるのが楽しみだった。ハンザ同盟とリューベックという都市について、ニクラスが何も知らないのに驚いたエスケリヒは、道中それらについて詳しく話してくれた。

ふたりはエプストルフで一泊した。ニクラスはアグネスを訪ね、娘が心の平和を取り戻しているのを見て、嬉しくなった。物静かで落ち着いていて、自分の運命を恨む様子など微塵もない。アグネスは誇らしげに、父を修道院の食堂へ連れていき、床に置かれた大きな絵を見せた。ニクラスはイシドールスの『自然について』で見たのと似た地図を絵の中に見つけた。こちらのものは幅も長さも、ニクラス自身の二倍はある。

アグネスが説明した。「これは世界図でね。これまで描かれた中で一番大きいのよ。この修道院の最も高価な所有物で、お年を召した修道院長代理のゲルヴァージウス様がお作りになったの。傑作だと思わない？」

ニクラスは地図の色彩、見事な絵、ディテールの数々を飽くことなく眺めた。地図は三十枚の羊皮紙で作られていて、それらを並べて全体図ができていた。

「これを使って勉強するのよ。聖地が全部載っててね。救済史[46]や世界史の重要な時代も、わかりやすく見られるようになってるの」

アグネスがこの地図に夢中なのは明らかだった。

「ここへ来る巡礼者に、この地図を使って主の創造の多様性と美を伝えているのよ」

46　贖罪の歴史、神の救いの行為の歴史、とも。

ニクラスは地図をできるだけ詳しく、時間の許す限り眺めた。そうするうちにもう別れの時間がきてしまった。今後、北部へ来るときには定期的に訪ねる、と娘に約束した。

ニシンの塩漬けにいい、とリューベックで珍重されている塩をエスケリヒが買い付けるため、二人はリューネブルクに向かっていたが、途中悪天候に見舞われてしまった。二人の馬車は、激しいにわか雨でできたぬかるみにはまり、馬車を引っ張り出そうと何度も奮闘した末、後ろの車軸が折れてしまった。持ち物と所持金があまりに多く、馬車をその場に置いておくわけにはいかないため、二人は悪態をつきながら野外で雨に打たれてその晩を過ごした。次の日助けを呼び、ぬかるみの中から馬車を引っ張りだした。急いで呼び寄せた車大工が車軸を新しいものに付け替え、二日遅れで旅を続けた。

二十三章

まもなく二人はリューベックに着いた。神聖ローマ帝国内でケルンの次に大きく、ハンザ同盟の盟主として急速に発展を遂げつつあるこの都市では、すでにビールとその原料の経済的価値が正当に評価されていた。それどころか新しい市壁が建てられたのも、間接的にはビールのおかげだった。一一四七年、生まれてまだ数年だったこの町で商売をしようと、商人たちがリューベックの岬に船を停泊させた。彼らはビールをたらふく飲んでいたため、その夜襲撃されたとき、まったく抵抗できず、皆殺しにされてしまった。一一六〇年までに、そこに堅固な市壁が建てられ、一二二七年に拡張された。

一一六〇年という年は、ハンザ同盟結成の年でもある。もっともケルンの商人たちはすでにその三年前、ロンドンのロンドン商館(スティールヤード)[47]で最初の同盟を結成しており、それがやがてハンザ同盟となった。

「要するにハンザ同盟の創設者は我々ケルン人なのだ」エスケリヒは力説した。

だがハンザ同盟を牽引し発展させたのはリューベックだった。なんといっても東欧への交通の便がいいことが幸いした。

一二五〇年頃には、当地で〈ブラージウム〉と呼ばれる麦芽が重要な輸出品となっていた。ノルウェーの王ハーコンまでもが、海賊からの襲撃を恐れつつも、家臣たちへの麦芽供給をリューベック商人に依頼した。


リューベックではじめて、ニクラスは数種の麦芽をきちんと計量して配合しているのを見た。リューベックのハンザ商人たちは正規の配合法を定めていた。燕麦の麦芽一シェッフェルに対し、大麦か小麦の麦芽を七シェッフェル。これで確実に良質の麦芽ができる。また北のこの地方では、ホップは知られてはいたが、特に人気があるわけではないことも知った。ニクラスのビールを勧められて最初に飲んだリューベ

47 ハンザ同盟のイギリス出張所。

ック人は、顔をしかめて首を横に振り、ホップの入っていない自家製の鍋ビール（ケッセルビア）[48]を欲しがった。これがリューベックでのグルートビアの呼び名だった。ホップを使う醸造家もいたが、ホップ入りビールは輸出品とは考えられていなかった。

薄いビール（デュンビア）や鍋ビールのような安いビールは、大量に売られていたが、ホップビール醸造家はそうしたビールの造り手を見下し、自分たちは濃いビール（ディックビア）醸造家だと言っていた。こうした態度をニクラスは好ましく思った。ニクラスはある醸造家と接触した。ハラルト・ブラウベルガー（醸造する者）という、醸造家に似つかわしい名で、数週間前にホップ入りビールを造り始めたばかりだという。二人は親しくなり、一緒に仕事をすることにした。ニクラスはハンザ都市を相手にドイツ西部、フランドル、オランダで、ブラウベルガーはドイツ北部、スカンジナビアとキエフ大公国で、それぞれ商売をすることにした。

ニクラスの方が経験を積んでいたので、ビールの保存性を高めて輸出用に改良することになった。うまくいけばニクラスは、ビールにハンザ都市の名を冠して供給する権限を得られるだろう。イングランドの醸造家たちは、ホップ入りビールを改良して、エールと呼ばれる高品質のビールを作り出していた。エールは日持ちがよく、そのため遠隔地への輸送に適していた。彼らはハンザ同盟の手ごわい競合相手だった。

ニクラスとブラウベルガーは仕事上のよい相棒となり、ニクラスはその後数年間、頻繁にリューベックやその他のハンザ都市を訪れた。ニクラスのビールは、輸送距離の長さにもかかわらず――ケルンからブリュージュまでは直線距離は短かいものの、輸送には最低八日、長くて十四日かかることもあった――フランドルやオランダでも人気があった。ブリュージュの商人たちが一三〇八年の冬、ニクラスの樽ビールをいくつかロンドンで売ることに成功した。いつか必ずロンドンへも行かねば、とニクラスは思った。イングランドのビールを知るためにだけでも、是非とも行きたい。

ハンザ同盟との商売を通して、異なる都市間の通貨や度量衡の換算がいかに複雑かを、ニクラスはあらためて意識するようになった。主に関税を徴収するためなので、修道院や、ビットブルクのあるビドガウ、そしてケルン市内では知る必要のないことだった。常に同じ関税区域内で過ごしていたからだ。だがそろそろ訪ねる土地それぞれの、通貨や物の計測単位を書き留めておく必要が出てきた。

ウルブラッハには「ゲルステン・シェッフェル」、ヴァイエンシュテファンには「メッツェ」という穀物の計測単位があった。ザンクト・ガレンでは「ザック」、レーゲンスブルクでは「ヘーファーメッツ」という単位が使われた。ビットブルクでは「マルター」、ケルンでは「ファス」、リューベックでは「ハーファー・シェッフェル」と「ヴァイツェン・シェッフェル[49]」だ。

液体の計測単位はどこも似ていた。「アイマー」に「マース」に「オーム」、「クヴァルト」から「クヴァルティエ」、「ケプフルン」、「ピンテ」あるいは「カンネ」。

48 中世、鍋で造る一般家庭のビール。
49 リューベックでは小麦またはライ麦の一シェッフェルは約二三リットル、大麦または燕麦の一シェッフェルは約三〇リットルに相当する。

通貨にしろ重量にしろ、どの市参事会、どの侯国、どの君主も勝手に定めていた。

これほど煩雑になったのは、人心を混乱させ、他の土地の方が自分の所より景気がいいのか悪いのか、わからないようにするためではないか、とニクラスは疑うようになった。そこで幾度となく、度量衡を換算できる一覧表を作成しようとした。ニクラスは行く先々で出会った旅人たちに、自分がまだ行ったことのない土地の度量衡を尋ねた。

ただ、「ケルンの三〇ファスはベルリンの六八シェッフェル、またはドレスデンの四五シェッフェル、またはウィーンの五七メッツェン、またはリューベックの三二ハーファーシェッフェルに相当する」、さらには「ケルンのビール一ファスは二五アイマーで、一アイマーは六四マースにあたる。ゆえにケルンの六六マースはベルリンの五九マース、リューベックの四五クヴァルティエに相当する」などと書かれていては、どんなに勉強熱心な学生でも、頭がおかしくなりかねない。

あるときケルンに帰る道中、同行者たちがドイツ南部の話を聞かせてくれた。

「あっちじゃあ、今困ったことになっている」一人が言った。

「畑がすっかり干上がって作物が実らず、人々は飢えている。フライブルク辺りでは地震が起きて地面が割れ、道路には硫黄の臭いが立ち込めている」

「反キリストが到来を告げ、ユダヤ人たちがその準備をしているんだ！」もう一人が声を荒らげた。

「ある商人から聞いたんだが、エジプトでは〈十の災い〉[50]がまた起きたという。虫が混ざった苦い雨が降っているそうだ」三人目がこう話した。

最初の一人が確信に満ちた口ぶりで言った。

「そこら中で地面から霧が発生して、それが人の気をおかしくさせている。山は火を噴いたり崩れたりしている」

「魔女とユダヤ人の仕業さ」、「悪魔と魔術だ」などと口々に続けた。

ニクラスは黙っていた。ケルンに帰郷すると、噂の真相を確かめようとした。

ケルンでも似たような噂が飛び交い、常にユダヤ人が犯人だとされていた。

ニクラスの店の客の一人は、濃いビール（ディックビア）を何杯か飲むと、ユダヤ人はキリスト教徒の大虐殺を企てている、などと口走った。

「キリスト教徒を入れない奴らのシナゴーグの中で、こっそりキリスト世界の終末を綿密に計画しているんだ。みな用心した方がいいぞ！」と大声で呼びかけた。

ニクラスは実情に通じていたが、黙っていた。自分の所のユダヤ人醸造職人たちを守りたかったが、酔っぱらいに何を言ったところで無駄だろうし、自分が介入したら話をこじらせるだけだとわかっていた。ユダヤ人共同体の友人、かつ支援者として知られていることもあり、ニクラスは考え込んだ。当面はあまりくよくよ思い煩わないようにして、仕事に専念した。将来、モシェかザーロモンを、ビールをハンザ同

50 『旧約聖書』「出エジプト記」に記された、神がエジプトにもたらした十の災難。

盟へ輸送する任に当たらせるときには見張り役をつけてはどうかと考えた。その方が安全かもしれない。だがその一方で、実際に二人に危険が迫っているとは思ってもみなかった。

これは道端でのくだらないおしゃべりに過ぎないと高をくくっていたのだ。

ケルンのユダヤ人たちは、自分たちは安全だと思っていた。しかも一三〇六年にイングランドとフランスで大勢のユダヤ人が追放され、新天地を求めてケルンに移住してきたため、ユダヤ人共同体はさらに大きくなった。

二十四章

マリーアが隔離されて数か月後、そして最初のリューベックへの旅から戻った数週間後、ニクラスはホーエ通りで女性醸造家マルガレーテにばったり出会った。昼間はどちらもビール造りに忙しく、めったに会う機会がないため、二人は再会を喜んだ。ちょうど二人とも珍しく時間に余裕があった。二人はグレーフェの店〈グイトライト〉へ行き、はちみつビール(メーデビア)を頼んだ。一杯のつもりがついつい杯を重ね、時間はあっという間に過ぎていった。二人とも、胸に秘めているものを、誰かに話さずにはいられなかった。

マリーアがメラーテンの療養所に隔離されてからというもの、ニクラスは寂しくて仕方がなかった。

マルガレーテはその豊満な肉体を、見苦しくならないぎりぎりの線まで強調している。そしてニクラスに好意があるのは誰の目にも明らかだった。

「寂しいのはあんただけじゃなくてよ。あたしだって、ウビイ人の運命の男に巡り合うのなんか、とっくに諦めてる」

そういってマルガレーテはニクラスを抱き寄せ、ニクラスはマルガレーテの胸の谷間に顔をうずめて慰めを得た。

何度か密かに逢引きを重ねたあと、二人はこれからはひんぱんに、誰はばかることなく食事と寝床を共にしようと決めた。二人とも、それぞれ自分の醸造所があり、どちらも仕事を諦めるつもりはなかった。

ニクラスとマリーアはまだ婚姻関係にあったものの、マリーアがメラーテンに隔離されたことが知れてからは、ニクラスとマルガレーテの事実婚に干渉する者はいなかった。

それでもやはり、口やかましい欲求不満のかみさんだとマルガレーテを揶揄する声も聞こえ、逆にニクラスの方には、やもめ同然で愛人の尻に敷かれるとはかわいそうに、と同情が集まった。

最も悪意に満ちた言葉は、いつもながらボードーの醸造所で発せられ、ベルナルトもそうした誹謗中傷を満悦した。他のビール酒場でも、こうした場面は見られたが、それはかなり酔いが回ってからのことだった。ニクラスとマルガレーテは気にしなかった。市参事会や役所のお咎めを受けない限り、何も問題はなかった。

マルガレーテとの恋愛はニクラスに好影響をおよぼし、新たな意欲を湧き起こした。ニクラスは久し振りに、この先を生きていくに足る力がみなぎるのを感じた。

心身共に回復してきたことを目に見える形にしたくて、ニクラスは絵を一枚注文した。

「もう子孫も望めないことだし、自分の肖像画くらい後世に残そうじゃないか」

しかし自分の肖像画を描かせるなどということはぜいたくの極みで、虚飾に満ちていて、キリスト者にふさわしくないとされ、表立ってそんなことをする者はいなかった。ニクラスは好機が到来するのを待つことにした。

聖ループス教会が祭壇画を新たに発注することになり、その機会が訪れた。聖ループス教会はトランク横丁とマキシミーネン通りが交わる角に建つ、ケルン最古の教会のひとつで、〈ブラウハウス・ツム・シュテルン〉からもさほど遠くなかった。言い伝えによると、この教会の創立者は、七世紀に九代目のケルン司教を務めた聖クニベルトだという。ニクラスはこれまでその名を、黄色いリボンを付けたケルンのガチョウと結びつけてしか聞いたことがなかった。

新しい大司教のハインリヒ・フォン・フィルネブルク二世は、大聖堂の建築を促進しただけでなく、他の教会にも新たな輝きを与えようとした。

ハインリヒ・フォン・フィルネブルクは、謝肉祭劇であざけられた、金銭に貪欲な大司教ヴィークボルト・フォン・ホルテの後継者だった。ホルテは二年前、長寿を全うして亡くなっていた。

ニクラスはヴォリンゲンでフィルネブルクと知り合い、戦友として共に戦った。フィルネブルクは戦地ではじめてニクラスのビールを飲んだ。以来〈シュテルン〉のビールが大好物となり、司教の品位を損ねかねないほど、ニクラスの店に入り浸った。ある時フィルネブルクが来店したおりに、ニクラスは祭壇画のことを聞いてみた。

「絵画マイスターのシュテファンが自ら筆をとってくれるのだ」フィルネブルクは自慢した。「頭金はもう払ってある。私は使徒ペトロに扮して肖像を描いてもらう！」

絵画マイスターのシュテファンは、この辺り一帯で名の知れた画家で、感動的な宗教画を描くことで有名だった。ニクラスがシュテファンを訪ねると、驚いたことにシュテファンはすでにニクラスを知っていた。

シュテファンは小柄で茶目っ気のある男で、頭は禿げ上がり、目はまん丸で、腹も丸く突き出ていた。シュテファンはニクラスと顔を合わせるなり、にやっと笑った。

「君はビールの魔術師だろう、俺は筆と色の魔術師だがな。だがこんな話はうぬぼれ屋のすることだ。話題を変えよう。君のビールは本当にうまいな！」

ニクラスはシュテファンに用件を伝えた。ごくありきたりの要件だった。祭壇画は高価で手間もかかるため、裕福な市民が寄付をすれば司教も喜ぶ。寄付者はその代償に免罪符をもらうか、寄付額が大きければ祭壇画の登場人物の一人になれた。智天使（ケルビム）や熾天使（セラフィム）、幼子イエスの誕生を告げられる羊飼いなどに。

シュテファンがニクラスに祭壇画の構図を説明すると、ニクラスは意地の悪いことを思いついた。

「この辺りに地獄の入口が開いている、中には罪人、獣、悪魔しかいないんだ」

「悪魔の絵をひとつ注文していいかい？」ニクラスは訊いた。

シュテファンは笑い、まん丸な目を光らせてニクラスを見つめた。

「何でまたそんなことをしたいんだい？　悪魔にしてやりたいほど憎い奴って誰だ？」

ニクラスはシュテファンに、ボードーの店を見に行くよう勧めた。

「でも目立たないようにしてくれよ。奴の顔を見るだけにして、下描きなど絶対にしないでくれ。寸法も測るな。あいつは至極疑り深いんだ、ほとんど気がふれてるとしか思えないくらいにな」

何度もボードーの店へ通ったあと、シュテファンはニクラスに連絡してきて、笑い転げながら言った。

「あの二人は君のためにただで悪魔にしてやるよ。やつらは心身ともにまさに悪魔のモデルにうってつけだ」

ニクラス自身もモデルとなってシュテファンの前に座った。せっせと寄付もし、一三〇七年七月十三日、フィルネブルク大司教は不遜にも自分の名前の聖名祝日を選び、厳かなミサをあげて聖ループス教会の新しい祭壇画をお披露目した。

ニクラスは最前列に立ち、祭壇画の扉が開かれるのを興奮しながら待った。胸の鼓動が高鳴った。

参列者がじっと目を凝らすなか、ついにフィルネブルク大司教が、祭壇画の覆いを外した。信者たちはみな、新しい三連祭壇画を見て感嘆の声をもらし、マイスターのシュテファンの熟練の技を褒めたたえた。

注意深く絵を見た者は、その中に知った顔があることに気づいた。使徒ペトロの顔にも使徒トマスの顔にも見おぼえがあった。〈疑心のトマス〉は遠い昔に信仰の大半を失った自分にぴったりなのでは、とニクラスは思っていた。無論大っぴらに言えることではないが。

「使徒トマスのビール釜はどこだ？」一人がからかった。

「醸造所の名前はもちろん〈しらふの双子〉に決まってるよな」

「救世主イエスが最後の晩餐で、ぶどう酒の代わりにホップビールを飲む場面が抜けてるな」皆は笑い、おかげで司教の叱責を受ける羽目になった。

だが数人の市民が天国で永遠の命が授かると喜ぶ一方で、祭壇画に登場した寄付者全員に邪気のないひやかしの声が注がれた。

さらに注目を集めたのは、天国の反対側の絵だった。

地獄の口がおどろおどろしく描かれ、その中に二人の悪魔がうずくまって、哀れな罪人たちを、ニクラスが最悪の夢でしか経験したことのないような方法でいじめているのだった。

その悪魔の顔を見て、ニクラスはニヤリとした。

ボードーは、ニクラスの明確な指示通り、やや不明瞭に描かれ、ボードーがモデルだと知っている者にしかすぐにはわからなかった。直接のライバルに一発くらわすには、このくらいがちょうどいい。だがベルナルトの絵は上出来という他なかった。最後に会った時のベルナルトそのままだった。シュテファンがそれをさらに醜く、グロテスクに描いていた。痩せこけた体型と歯並びの悪さが、あえて強調してある。額の傷も光っている。シュテファンはそばに小人も描いていた。

シュテファンが約束した報酬以上に価値ある作品に仕上げてくれたことに、ニクラスは大金をかけた甲斐があったとほくそ笑んだ。

それはニクラスのささやかながら巧妙な復讐だった。

ベルナルトとボードーは、道端で子供たちが〈醸造悪魔とその相棒〉の歌を歌うのを聞いて怒り狂った。

そしてどうやったらニクラスに仕返ししてやれるか、長いこと相談しあった。

この揶揄の歌は、ほぼボードーのことを歌ったもので、ベルナルトは巷でさほど知られておらず〈ボードーの相棒〉というだけであったが、復讐に燃えたのはむしろベルナルトの方だった。

「その時はきっとやってくるさ、辛抱しろ」ボードーは何度もベルナルトに言い聞かせた。

だがベルナルトはこの屈辱を一刻も早く忘れたかった。

それでもやはり、やろうと決めたことをいざ実行に移そうとすると、ベルナルトといえども多少気が引けるのだった。しかし時間はどんな良心をも消耗させる。良心がすでに蝕まれているならなおさらだ。

一三〇八年七月十三日、三連祭壇画のちょうど一周年記念の日に、祭壇画は炎に包まれた。記念のミサの開始一時間前に、教会の聖具室係が煙に気づき、すぐに警報を鳴らした。ミサを受けるためすでに大勢が教会の近くまで来ており、火消しの手伝いに駆けつけた。

おかげで延焼は防げたが、祭壇画は焼失してしまった。天国を描いた上の部分だけがかろうじて認識できる程度だった。というのも火は明らかに絵の下の地獄の部分から燃えあがっていて、大勢のケルン市民がそれを凶兆だと恐れた。

犯人はつかまらなかった。聖具室係は修道服を着た男の姿を見ていたが、後ろ姿のみで誰だかわからなかった。

時を同じくして偶然のごとく、ベルナルトが数か月間、ケルンから姿を消した。

ボードーの居酒屋ではビールがただで振る舞われたが、祭壇画の火事とは一切関係がないとのことだった。

シュテファンは新たに絵の依頼を受け、素晴らしい作品を描き、ニクラスは今回もまた天国に入れてもらったが、地獄はそのままにしておいた。復讐は十分楽しんだし、また同じことをして教会に被害を及ぼしたくなかった。

二十五章

一三〇九年の春、ニクラスはケルンで、ビールをめぐる世界史の大渦にふたたび飲みこまれることになった。それは長期にわたる興味深い皇帝権と教皇権の争いに端を発していた。

ベネデット・カエターニはボニファティウス八世と称して、一二九四年から一三〇三年まで教皇職に就いていた。ボニファティウス八世はかなり奇妙な男だった。人生で追求したことは三つだけ。長生きし、富を得て、家族を豊かにすることだ。教皇職にはあまり関心を寄せなかった。長生きできるよう、専門の異なる侍医を七人も召し抱え、魔術に精通し、秘薬を常用した。ボニファティウスは恐れられ嫌われていた。周りの人間を見下していて、残虐かつ冷酷だった。しかし野心、高慢、所有欲、旺盛な食欲などのありがたくない性格とは裏腹に、――一度など、お抱えの料理人を叱りつけたことがあったが、その理由はなんと、断食の日に肉料理を六皿しか出さなかったからというものだ――ボニファティウスは賢く大胆かつ知的で、経験豊かな法律家でもあった。

彼はローマにサピエンツァ大学を設立した。ところがその突出した知力のせいで、ついに不信心者になってしまった。「キリスト教は、ユダヤ人やアラブ人の信仰同様、人間が造ったものだ」、「私を産み落とした母が処女でないのと同じく、処女マリアも息子を産んだのであるから、処女であるはずはない」、「神が三位一体であるなどと信じるのは愚かなことだ」、さらに「一昨日死んだ私の馬のように、死者も蘇ることなどない」、「この世の終焉などない、なぜなら世界は永遠に存在するからだ。人間だけが死をもって世界の終わりとするのだ、目に見える物以外、この世にはないからだ」などと前代未聞のことを口走った。こうした発言のせいでボニファティウスは多くの敵を作った。

ボニファティウスは一三〇〇年に、ローマに詣でる巡礼者全員に、現金と引き換えに免罪符を発行すると告示し、この年を聖年とした。そこから十字軍の資金を得ようとしたのだ。二百万人もの巡礼者が、この呼びかけに応じて集まったため、巡礼者はサンタンジェロ橋を渡る際、左側を通るという新しい慣例が生まれた。

ボニファティウスはフランスの端麗王フィリップ四世と同盟を結んだ。だがその後すぐ、十分の一税と教会税をめぐり争うことになった。フィリップ四世に道理をわきまえさせようと、ボニファティウスは教皇回勅を発した。フィリップ四世は大胆にも勅書を偽造して広め、自国の民を扇動して教皇に反感を募らせるよう仕向けた。

以後二人は、憎しみをたぎらせ、和解することはなかった。一三〇三年九月七日、ボニファティウスがイタリアのアナーニにある夏の離宮に滞在中に、暗殺が企てられた。首謀者はフィリップ四世で、教皇の旗を掲げるいくつもの枢機卿の邸宅が襲撃された。ボニファティウスは教皇職を退くより死を選んだ。侵入者たちは取り押さえられ、ボニファティウスは重傷のままローマへ帰還したが、一三〇三年十月十一日に憤死した。

後継者にはベネディクト十一世が就き、フランス王との和解を試みたが、その後まもない一三〇四年に亡くなった。一三〇五年六月五日にペルージャにてコンクラーヴェが行われ、南フランス出身のベルトラン・ド・ゴが新教皇に選ばれた。コンクラーヴェは十一か月もかかった。フランスとイタリアの枢機卿の数が拮抗し、なかなか一人の候補者に決まらなかったのだ。新教皇クレメンス五世の戴冠式は本人の希望にしたがい、一三〇五年十一月十四日にリヨンで執り行われた。式には新教皇の友人フィリップ四世も参列した。ローマへの道は阻まれていたため、クレメンスはボルドー、ポアティエ、そしてトゥールーズと居を移した。そして一三〇九年の三月、アヴィニョンに新たな教皇庁を置くと定めた。

ルクセンブルク伯ハインリヒ七世にしてアルロン辺境伯ラロッシュは、一三〇八年十一月二十七日、フランクフルトで六名の選帝侯の立ち合いの元、思いがけずもローマ・ドイツ王に選出された。一三〇九年一月六日にアーヘンで戴冠式が行われた。

まもなくハインリヒ七世はさらに上の地位を求めた。神聖ローマ皇帝の冠である。ただしこれは当面アヴィニョンに行かなくては得られない。


一三〇九年の春が終わり、ニクラスにとってすこぶる好調なシーズンが一段落した。ビールはよく売れ、ハンザ同盟との取引もすこぶる好調だった。地下室にはまだビールがたくさんあったが、醸造はすでに終わっていた。三、四週間もすれば在庫が底をつくだろう。そうなったら、次のビールは秋が来るまで待たねばならない。

ある晩、身分の高そうな男たちが大勢、ニクラスの居酒屋に入ってきた。男たちは座ると、ビールと食事を注文した。店は注文を受けた。

地下室に豆を保存した大きな樽があった。漬けておいた大きい豆をたっぷりのベーコンと豚のあばら肉と共に出した。

男たちは威勢良く飲み食いした。そのうち幾人かの気が緩んで口が軽くなった。

「本格的なビールをもう一杯飲もうではないか、フランス人のところには水で薄めたワインしかないからな」一人が陰口をたたいた。

「ああ、教皇がローマにいて、神聖ローマ皇帝の権限に浴していた時代がなつかしいよ」もう一人が言った。

　その晩、ニクラスは彼らのテーブルのそばを何度か通り、一行がドイツ皇帝になるべく準備を進めている、ルクセンブルク伯ハインリヒ七世に派遣された者たちだと知った。ハインリヒ七世はその頃しばしばボヘミアとテューリンゲンに滞在し、この一行も、皇帝の戴冠式を行う日取りについて交渉するため、マイセンからアヴィニョンへいく途中だった。

　三時間も盛んに飲み続けたあと、派遣団の長ハインリヒ・フォン・シュポンハイム[51]がふいに立ち上がり、ニクラスを呼びつけた。

「この見事なビールの作り手をすぐにここへ連れてきたまえ！」店中に響き渡る大声で言った。

　ニクラスは仰せに従い、たっぷりと髭を生やした大柄な貴族の前に、おずおずと進み出た。

「これは今まで飲んだ中でもっともうまいビールだ。明日までに荷車一台分のビールを用意してもらいたい。アヴィニョンまで、そしてその先も十分に飲めるようにな」

「我々の希望を教皇が受け入れたら、ビールを少し分けてもいいが」ともう一人が口をはさんだ。

「うるさい！」シュポンハイム団長が制した。「ここから持って行くビールは我々だけで飲むのだ。教皇庁の坊主どもなぞ、お呼びでない。フランスの安いワインでも飲んでおればいい。さて、どのくらい造れる？　金ははずむぞ」

51　一二九二年から一二九五年頃生、一三二三年没。神聖ローマ帝国内のシュポンハイム伯爵領を統治。

ニクラスは、醸造シーズンはもう終わっていて、ビールはもうあまり新鮮でないことを説明した。

「皆様がアヴィニョンにご到着されるまでに、ビールはきっと悪くなってしまいます」

ニクラスはケルン大司教ジークフリートと教皇ニコラウス四世とのいざこざを思い出した。もう十八年も前のことではあるが、いまだにニクラスの心をさいなんでいた。

ニクラスはシュポンハイムの傍らに座ると、皆様にはここでゆっくり好きなだけ飲んでいただきたいと申し出た。そして特別価格を提示した。ただ樽ビールをまた教皇の元へ届けるのだけは願い下げだと言い添えた。

シュポンハイム団長はニクラスの言葉を冷静に受け止め、ニクラスの肩を骨が鳴るほど叩いて言った。

「これからもちょくちょくケルンに立ち寄って、うまいビールを堪能するとしよう。これほど腕のいい醸造家の機嫌を損ねたくはない。そなたの申し出を喜んで受けよう。こっちに座って、一緒に飲もうじゃないか」

ニクラスは派遣団の者たちと夜明けまで飲み明かした。ニクラスは自分の人生について語り、その昔教皇のビール御用達であったことも打ち明けた。

教皇の下痢のくだりを聞くと、男たちは大声で笑い、歓声を上げた。結構な量のビールを飲んだニクラスも、思い出すと笑わずにはいられなかった。

派遣団の者たちからも、いろいろな話が出てきた。

「イングランドはソドミー（性的不道徳者）によって統治されている」一人が言った。

「この間エドワード二世への使いとしてイングランドへ行った。エドワード二世はフランスの王女イザベラと結婚していたが、男の愛人がいたのだ。エドワード二世はその愛人、騎士の息子のピアーズ・ギャヴィストンにコーンウォール公爵の位を授けた。ずっとそばにいさせるためにな。エドワード二世が去年イザベラに求婚するためフランスに行っている間、コーンウォール公爵はイングランドを守護する役目まで仰せつかった」

「我々の王国がソドミーに統治されるなどと想像してみろ！」

するとと皆が口々になんやかやと言い出した。

「フランスも同じようなものだ。自分を〈端麗王〉などと呼ばせるうぬぼれた王がいるようではな！」

「二年前パリに行った」シュポンハイム団長がふたたび話の主導権を握った。「金が必要だったうぬぼれフィリップが、ちょうどテンプル騎士団の財産を没収したところだった。テンプル騎士団は莫大な資産を所有していたからな。十月のある日、一夜のうちに騎士団員全員が逮捕され、以来総長ジャック・ド・モレーはじめ最高幹部たちは拷問による壮絶な異端審問を受けている。彼らはすでに入団時にはキリストを否定し、十字架に向かってつばを吐かなければならないことを認めた。審問は今もまだ続いているが、フィリップはテンプル騎士団の金をとっくに使い果たしてしまっている」

皆ビールをぐいと一口飲むと、自分たちの王に乾杯した。

52 フランスの端麗王フィリップ四世の娘。

「フィリップは確かにそれ以来、金の心配をする必要がなくなった。それどころかアヴィニョンの教皇庁を買収することさえできた。近頃では、自分はカール大帝の直系の子孫だと言い張っている。だがアヴィニョンで神聖ローマ皇帝の冠を授かるのはドイツ王、我らがハインリヒ様だ」とシュポンハイム団長は重々しく話を締めくくった。

派遣団の一行はケルンをたいそう居心地よく感じ、急遽滞在を延長した。ビールの在庫はどんどん減っていった。そして一週間後、地下室は空っぽになった。ニクラスが予想していたよりずっと早かった。派遣団の男たちはビールを際限なく飲み、飽くことを知らなかった。

一週間遅れでルクセンブルク伯ハインリヒ七世の派遣団は、ようやく皇帝の戴冠式の準備のためアヴィニョンへ旅立った。

ニクラスのビールが底をつかなければ、ルクセンブルク伯ハインリヒ七世が神聖ローマ皇帝に即位することはなかったかもしれない。

二十六章

派遣団の面々はイングランドを愚弄していたが、一三一〇年の春、ニクラスは長いこと計画していたイングランドへの旅を実行することにし、一回り大きな荷車に上出来のビールを載せてロンドンへ向かった。

ビールは今回の旅用に特別に造ったものだ。濃度が高くアルコール度も強いし、ホップを多めに入れたため、極めて苦いビールに仕上がっていた。これでイングランドのエールに対抗するのだ。

ブリュージュから船に乗りイングランドへ向かった。航海は嵐に見舞われ、海が荒れ狂ったため、何も喉を通らなかった。口に入れたとしても、すぐに吐いてしまい海の神に捧げるしかなかった。幸い航路は短く、初の海の旅で怪我をすることもなくテムズ川河口に到達した。

ロンドン市内の勝手を知るのはたやすかった。ノルマン人が一〇六六年にロンドンを占領して以来、この町は政治的にも経済的にも自立していた。ウィリアム一世はウェストミンスター寺院で即位した後、ロンドン市に特権を与えた。一一九二年以来、ロンドン市民は市長を選出する権利を有している。イングランド王ですら、許可なくロンドン市内に入ることはできなかった。

ロンドンの政治経済の中心勢力は、ロンドン商館(スティールヤード)の重鎮である商人たちの手中にあった。彼らはほぼ全員、ハンザ同盟の一員だった。

ニクラスは温かく迎えられた。ハンザ商人の貿易事務所(コントール)であるロンドン商館に、ニクラスは寝泊まりさせてもらうことになった。ニクラスのビールに興味があるという居酒屋や宿屋の主人も紹介してもらえた。

ロンドンでは、「公共の建物(パブリックハウス)」という意味のラテン語 domus publicus(ドムス・プブリクス) という名称で飲食店の所有者たちが、すでに自分たちの組織をきちんと作り上げていた。会長がいて、パブリックハウスの主人には上品な者とそれほどでもない者、出しゃばりな者とおとなしい者、まだしらふな者と少し酔っている者がいた。

だが長時間にわたる初の試飲が終わるころには、ニクラスを含め、全員が酔っぱらっていた。パブリックハウスの主人の一人が、自分はイングランド貴族を軽蔑していると言った。皆は冗談を言い合い、ニクラスにイングランドの重量、通貨、容量の単位を教えようとした。

ロンドンの容量の単位をニクラスはすぐに覚えた。ロンドン市民はビールを〝ボンバーズ〟という皮製のジョッキで飲んでいた。一ボンバードは八パイントないし四クォート（約四・五リットル）に相当した。ニクラスが換算しながら笑ってしまったことには、レーゲンスブルクの六ケプフルとほぼ同量だった。これはなかなか悪くない。

すぐに各地の度量衡を書き留めている帳面に、ボンバード、パイント、クォートを追記した。

ニクラスがロンドンを渉猟している間、モシェとザーロモンはある日、ドミニコ会士の服を着た怪しい人物が醸造所をうろついているのを見つけた。

二人がその男に、そこで何をしているのかと声をかけ、名を尋ねると、男は何も言わずに立ち去った。何も無くなっていないことを確かめると、モシェもザーロモンも男のことは忘れることにした。修道士はきっと便所を探していて開ける扉を間違えたのだろう。

だが二人は、その招かれざる客が醸造所の隅に、〈悪魔の薬草〉を目立たぬよう置いていったことに気づかなかった。もし気づいたとしても、クロマメノキ、ローズマリー、スズメノチャヒキ、マーシュラブラドルティー、そしてアナミルタ（いずれも薬草だが、量や使い方を誤ると有害）が災いをもたらすものだとは思わなかっただろう。

ロンドンの食べ物はひどかった。パンからして話にならなかった。パンは階級によって切り分けられていた。どうやらイングランド人は、パンを丸ごと食べられるようには焼けないらしい。ロンドン商館の作業員には焦げたパンの底があてがわれ、ロンドンに定住している商人には生焼けの真ん中の部分、ニクラスなど客人には上の部分が供された。イングランドではパンでも仕事でも、上の部分をもらえるのが大事なのだと、仕事仲間から教えられた。

パンは、ベーコンを擦りこんだ、古い虫食いの痕がある木の板にのせて出された。ベーコンのせいで、板に載せてあるものは何でも、古い脂肪の臭いがした。

それに加え、煮すぎた野菜と焦げた肉も出てきた。

ニクラスは美味しいスープや新鮮な魚、チーズやハムが恋しくなった。

ロンドンをもっと知ろうとニクラスは町に出た。まずはロンドン塔を見に行った。要塞、武器庫、王の宮殿、そして牢獄が一体になったものだ。できてから二百年以上経っている、ロンドンでもっとも古い建物の一つだ。元来この塔は、ノルマン人の侵略からロンドンを守るために考案されたもので、ロンドンの象徴となった難攻不落のこの要塞を、市民は誇りにしていた。

セント・ポール大聖堂は十年前に落成したばかりだったが、長い身廊はまだ建築中だった。この大聖堂はあらゆる教会の中で最大、最長のもので、ニクラスは高さ百五十メートルもある塔を持つ、壮大なこの建物を前に感動して立ち尽くした。

そして我に返ると思った。ケルンにももうすぐ大聖堂ができる。これよりも大きく、ひょっとしてもっと高いのがな。

最後にウェストミンスター寺院を見に行った。正式名称は聖ペトロ修道教会ウェストミンスターだが、ロンドンの住民はみなウェストミンスター寺院と呼びならわしている。

イングランド王たちは代々、このロンドン最古の教会で即位し、埋葬されている。ケルンの建築現場ほど大きくはないが、ウェストミンスター寺院にも建築現場があった。イングランドの建築作業員たちもビールを愛飲した。

ニクラスは作業員たちと話し、一緒にビールを飲み、飲みっぷりのいい彼らにもっとビールを飲んでもらうにはどうしたらいいか、探りだそうとした。そうこうするうちにニクラスは、イングランド人の奇妙な特徴を見つけた。そのいくつかは愉快なものだったが、なかには顔をそむけたくなるほどぞっとするものもあった。

イングランドの気候はワイン造りに向かず、ケントに小規模なワイン葡萄農家があるだけだった。ビールの最大の競合相手はワインではなく火酒だった。イングランド人はその〈燃える水〉をすでに大規模に蒸留していた。発酵可能なものは穀類でも、トチノミでも、甜菜でも何でも使った。「米」という名だとニクラスが教えられた植物も発酵させていた。だが火酒はまずかった。強いし苦いし、喉がヒリヒリする。ほんの少し飲むだけで酔いが回る。この〈燃える水〉が引き起こす酩酊状態は、ビールのそれとは違うことが、特にニクラスの気を惹いた。火酒を飲むと顔が赤くなり、不健康に見える。喧嘩っ早くなり、常飲していると体が早く衰え、頭も相当鈍ってしまう。

だがこの米というものは覚えておこう、とニクラスは思った。もっと米について調べ、ビール醸造にも使えないか確かめてみよう。

ニクラスがとりわけ惹かれた飲み物があった。イングランド人が〈命の水〉または古いゲール語で同じ意味を表す〈ウースカ・ベーハ〉と呼ぶものだ。イングランド人の不倶戴天の敵アイルランド人は、戦いの前にこれを飲んで士気を高めた。イングランド人はアイルランド人の勇敢さに感嘆し、この〈命の水〉に目をつけ、ロンドンでも売ることができるようにしていた。ニクラスが夢中になったのは、この無色透明な液体も麦芽から造られるという点で、本当に麦芽の香りがした。麦芽の味もするのかは確かめようがなかった。一口飲むなり喉が焼けそうになったからだ。ニクラスは咳込んで〈命の水〉をぷーっと吐いた。イングランド人たちは笑った。

「この酒は地獄のように熱い。だがなニクラス、これだけは言っておく。毎日コップ一杯飲めば、医者要らずだ。世界一効く薬だ。アイルランド人以外に、これをまともに造れる人間がいないのが残念だが」と、〈ロイヤル・オーク〉の主人が言った。彼はみなにオークと呼ばれていた。ニクラスはオークやその他のパブの店主たちと、ホップ入りビールの代わりに〈ウースカ・ベーハ〉だけで一夜を過ごした。ニクラスは翌朝、これまでで最悪の二日酔いに見舞われ、二度と〈命の水〉を飲み過ぎないようにしようと誓った。

その方がよっぽど健康だろう。それでもケルンに戻ったら、この〈命の水〉を使っていい酒が造れないか試してみるつもりだった。

ロンドンには、ニクラスがとても気に入った習慣がいくつかあった。

ドイツでも通夜はときおり飲酒をともなう賑やかなものになるが、イングランド人は最低その二倍は飲み続ける。通夜の際には、何日も死者のそばに座り、生き返りはしないかどうか文字通り見張るのだ。その間、何樽ものビールが空けられる。

ニクラスは当初の計画より長くロンドンに滞在することにした。ロンドンの町も、食べ物以外のその他もろもろも、とても気に入り、商売もうまくいっていた。ケルンではモシェとザーロモンがうまくやってくれているだろう。ニクラスは便りを送り、新しい醸造シーズンの幕開けの状況を尋ねた。ケルンを離れて、もうかれこれ半年になる。さらにイギリス向けビールを補充したいから送ってくれとも頼んだ。ところがビールの追加は届かず、醸造所からの返事もない。その代わり、極めて気がかりな知らせが届いた。それもケルンからだけでなく、フライブルクからクサンテンまでのあらゆるところから。

すぐにニクラスは帰途についた。だが遅すぎた。想像もつかないことがすでに起こっていた。

二十七章

道端での噂話は狂気の沙汰にまで激化していた。ケルンで新たなツァーラアトの発病が確認された。

こうした事態は、地獄の硫黄の臭いがするとか、飢饉が起きるとか、ペストがはやるとか、様々な流言飛語が飛び交う中、人心を惑わせた。犯人捜しが始まり、すぐに見つかった。井戸に毒を入れるために、ユダヤ人が罹患者を金で釣って集めていたのだという。

ユダヤ人は罹患者から皮膚、体内の組織、血や尿を取り、これらをこねて丸めて井戸へ投げ入れた。そこから疫病が発生したというのだ。

こうした誹謗中傷は、ユダヤ人は井戸水が汚染されて危険なことをあらかじめ知っていたから飲まなかったのだ、という主張によって真実味を帯びた。

もちろん誰も公然とは言わず、ひそひそと囁くだけだった。

あとはもう一触即発だった。一三二一年始めのある日の昼間、太陽が外側に光の輪(コロナ)を残して暗くなった。人々は顔をこわばらせて空を見上げ、金縛りにあったようにじっと天空の現象を見守った。まさに恐れを抱かせるに足る出来事だった。太陽の中心は真っ黒になり、光輪だけがたいまつが燃えるがごとく輝いた。この金環日食が引き金となり、人々は半狂乱に陥った。

「黙示録の予兆だ、破滅が近いぞ！」

「手遅れにならないうちに、反キリストの卑しい行いを終わらせろ！」

責められるべき者たちを罰するため、暴徒が大挙して動き出した。

ベルナルトが待ちに待った好機が到来した。ベルナルトにとって運命のこの時は、あいにく不在のニクラスにとっては最悪なものとなるはずだ。

狂乱沙汰はゼヴェリン門から起こった。ユダヤ人の他、門前のキルヒ広場で商売をしている占い師や薬草使いの女たちまでが力ずくで引きずられていき、怒号を上げる群衆の前で弾劾された。

簡素な木組みがキルヒ広場に作られ、最初に捕らえられたユダヤ人と薬草使いの女三人が、生きながら火あぶりにされた。

次に自白が強要された。占い師とユダヤ人がそれぞれ二人ずつ、木の台に縛り付けられ、拷問にかけられた。四人のふくらはぎを切り開き、煮えたぎったタールを切り口に流し込み、足裏を焼き、真っ赤に焼いた釘を指に突き刺した。その苦痛はすさまじく、解放されたい一心で、四人とも無実の罪をすべて認めた。群衆はそれを聞いて歓声を上げ、四人の息の根を止め、市内を練り歩いた。

火を放ち、人を殺め（あや）ながら群衆はユダヤ人街を通り抜け、グローセ・ブーデン横丁に出た。ニクラスの店の外には六芒星の看板がかかっていて、モシェとザーロモンが中で麦汁を煮ているところだった。暴徒の先導者の中には、シルダー横丁の醸造家ボードーのみならず、古びて擦り切れた修道服を身に着け、額に大きな傷跡のある痩せこけた男もいた。

男は声高にわめいた。

「この印を見ろ。ニクラスは悪魔の醸造家だけじゃなく、隠れユダヤ教徒だぞ」暴徒にわずかな違いの区別などつかないことは、先刻承知だ。

「それにやつのビールには、ツァーラアトの練り玉が入っているのが見つかったとさ。ユダヤ人と共謀してるんだ。ニクラスと情婦は魔術も使ってるらしいぞ。報復してやれ！」

その言葉に扇動されて群衆が口々に叫んだ。

「店を壊せ！」

「反キリストの魔女のビール、神への冒瀆もこれまでだ！」

「叩き殺しちまえ！」

「情婦をつかまえて磔にしろ！」

興奮した群衆は醸造所になだれ込んだ。まず醸造見習いのブルーノと湯炊き女が、邪魔だというだけの理由で犠牲になった。二人は引きずり倒され踏み殺された。

「ビール造りのユダヤ人小僧どもと親方の魔術師を探し出せ！」ベルナルトがふたたび叫んだ。

「見ろ、悪魔の薬草があるぞ」隅っこに置かれていた薬草を掴むと、高々と掲げて見せた。「これ以上の証拠があるものか！」

モシェとザーロモンになす術はなかった。群衆に捕まり、殴られた。モシェはマイシェ桶に突き落とされ、煮えたぎるマイシェを浴びて、悲鳴を上げた。ザーロモンは醸造釜に投げ込まれ、大きな木のフォークで底へ沈められ殺された。だが拷問はそれでも終わらず、熱狂した暴徒は、ザーロモンの真っ赤にただれ腫れあがった体を引き上げて八つ裂きにし、けだもののような雄たけびを上げた。

それから半死状態のモシェをマイシェ桶から引きずりだし、冷却船に縛り付けた。ボードーとベルナルトは家中を探したが、ニクラスも、マルガレーテも見つからなかった。そもそもマルガレーテは普段からめったにここには姿を見せなかった。

「ニクラス、待ってろよ、見つけ出して尋問してやるからな！」二人は憎悪をたぎらせて大声でわめきちらした。

しまいに醸造所に火が放たれ、モシェは生きながら火あぶりにされた。

暴徒が立ち去ると、近所の人々が火消しにやってきた。住居は無事だったが、モシェと醸造所は助からなかった。

三週間後、ニクラスがロンドンから戻ると、醸造所は瓦礫と化していた。モシェとザーロモンの亡骸はすでに埋葬済みだった。

マルガレーテ以外、ニクラスにはもう誰もいなくなった。アグネスは修道院に、マリーアとマティアスはメラーテンの療養所に、そしてモシェとザーロモンは死んでしまった。

人々が暴徒化したのと同様に、暴動が沈まるのもあっという間だった。マルガレーテの醸造所は離れたところにあったため直接の攻撃は受けなかったし、ニクラスの醸造所を破壊した後、暴徒は素早く散っていった。大暴動は突如終わりを告げ、そこに居合わせた者は皆沈黙した。市参事会も、リーヒャーツェッヒェも他の市の貴族たちも、責任の在処や処罰や賠償についての言及を控えた。

表面下ではまだわだかまりが残っていたが、みな潮が引くように日常生活に戻っていった。

ニクラスにとって、すべてが終わった。悲しみは心を蝕み、何もかもが嫌になり、新たに何かを始める気力ももう残っていなかった。すでに六十二歳になっていた。三つの修道院で醸造職人として働き、レーゲンスブルクでは醸造所を運営し、自分の醸造所を二つ持った。ケルンの醸造所を失ってもまだ裕福だった。ハンザ同盟との取引がさらなる富をもたらしていたからだ。同時代の大多数の人間より多くを経験し、平均寿命より長く生きた。大多数の人間よりも多く悲惨な出来事、暴力、死を見てきた。

残りの人生で、さらに何をしろというのか？

夏は自分の資産の整理をして過ごし、グローセ・ブーデン横丁の家を売った。所有しているものはすべて金に換えた。リューベック、ブリュージュ、ロンドンの口座を解約した。ウルブラッハへ手紙を書いて、相応の金額を支払うから老後を過ごさせてほしいと頼んだ。ウルブラッハ修道院はニクラスを覚えていた。ニクラスが去った後、彼以上の醸造職人は現れなかったからだ。喜んで迎えるとの返事がきた。

資産のうち四分の一をメラーテンのツァーラアト患者隔離施設に、もう四分の一をエプストルフ修道院に寄付した。これで家族のことは、もう心配いらないだろう。

マルガレーテとは涙ながらの別れとなった。ニクラスは別れの贈り物としてマルガレーテに自分のビールのレシピをいくつか教えた。中にはヴォリンゲンの戦いの時に造ったクルマバソウのビールもあった。マルガレーテが数年後、このビールでひと財産作ることになるなど、この時は知る由もなかった。

キュッパーとシュトレトゲン、そして醸造家エマにも別れを告げた。三人ともニクラスが去るのを惜しんだ。

ユダヤ人虐殺（ポグロム）の後、最初に駆けつけ、助けの手を差し伸べてくれたのはこの三人だった。

ブラウベルガーにはイングランド向けビールのレシピをしたため、挨拶の言葉を書き添えておくった。

モリナリウス・ハインリヒが四十年も前に遺してくれた本を含め、わずかに残った持ち物を携えて、ニクラスはウルブラッハに戻ることにした。

そうしてケルンでの最後の晩、がらんとした家に座していた。すると扉を叩く音がした。

狩りは終わった……

二十八章

ニクラスの手記の最後にはこう記してあった。

ああ、今の時代はなんと素晴らしい発明に満ちていることか！　私のような何の役にも立たず、目のよく見えない老いた者でさえ、その恩恵を受けられる。修道院から磨きあげられた水晶をもらったが、これを使うと視力が倍になる。これで生活が随分楽になった。この発明そのものも素晴らしいが、その造りにも感心する。水晶は二つの部分に分かれ、二つは蝶番(ちょうつがい)でつながっていて、左右の目それぞれに一つずつあてがうようになっている。この新しい道具は眼鏡という。多くの新しい発明がそうであるように、この眼鏡もイタリアからもたらされた。我々ドイツ人は発明の才に欠けている。ただ少なくともうまいビールを世界に提供してきた。

これほど長生きできたことに感謝している。私をもっと前に帰天させる機会が、主にはいくらでもあったはずだ。幸いヴォリンゲンの他に戦に駆り出されることはなく、殴り合いの類もできるだけ避けてきた。あの小人の一件のように、私の醸造所でも争いごとは少なくなかったが、うちの客の何人かのように酔っぱらって足を踏み外し、溺れてしまうような危険な目にも遭っていない。旅の途中で獣や追い剥ぎに襲われたこともない。もうすぐ七十八歳になるとは奇跡のようだ。信じられないほど神の御加護を受けている。

あの時ケルンで死んでいてもおかしくなかった。神明裁判を二度も乗り越えるなど、聖人でもなければ普通、あり得ない。ただ判決を下したのはベルナルトだから、あれが神明裁判だとは思わない。運よくベルナルトを騙す方法がひらめいた。ザンクト・ガレンにいた頃、毒入りビールを飲んだ者がどう反応したかを思い出し、その真似をしてみせたのだ。ベルナルトはまんまと騙され、勝利を喜び、手にしていた悪魔のビールを飲んだ。地獄で火あぶりになっているにちがいないが、どうかあいつの魂に神のお慈悲がありますように。無論私が毒入りビールを選ぶ可能性もあった。だが私は善を信じている、ベルナルトは勝利を得るに値しない。

私の波乱の人生は終わろうとしている。一三二六年の終わりまで生きてはいないだろう。ウルブラッハに戻ってきてから、これまでの経験とビールのレシピなど、記憶に留めるべきと思ったことを、ここに書き留めてきた。我が人生が記録に残すに足るものであったかどうかはわからない。ただ神を畏れ、多くを見聞きしてきたつもりだ。ここ数年、大きな飢饉が幾度も国中を襲い、あちこちで麦芽作りとビール醸造が禁止され、違反すると処罰すると脅されている。いつかまたビール造りができるようになることを願っている。この手記もいずれ役に立つ時があれば、こんなに嬉しいことはない。

ニクラスの最後の記録は、その時々の健康状態に応じてか、古いドイツ語になったりラテン語になったり、筆跡もさまざまだった。そのため読みやすい部分もあれば、専門家にしか判読できない箇所もある。ビール醸造に使う器械や工具の正確なスケッチもあれば、ヴァイエンシュテファン、ザンクト・ガレン、ビットブルク、そしてケルンの醸造所の見取り図もあった。

私の人生に、記録に残すだけの価値があるかどうかはわからない。ただ多くを見て経験してきたことは確かだ。この手記を書き終えずに死ぬことがあれば、ヴァイエンシュテファン修道院にいる古き友、アルベルトに送ってほしい。

アルベルトは私よりもう少し長生きしてくれることと思う。そしてまた誰かに、この手記を渡してくれるだろう。これを手にした者は、ビール醸造家として賞賛に値すると思われる人物にさらにこの手記を引き継いでもらいたい。この手記には多くの労苦の成果が詰まっている。そしてこの先さらに多くの成果に満ちた人生が綴られるだろう。

私はもうすっかり年を取り、疲れてしまった。喜びを感じさせてくれるものは、もうあまりない。今手にしているこの書物くらいだ。ヴァイエンシュテファンのアルベルトがイタリアから持ち帰り、夏に訪ねてくれた時にくれたものだ。翻訳書も一緒に持ってきてくれた。ラテン語はたしかに読めるが、このイタリア語は私には難しい。

目がすっかり悪くなってしまい、眼鏡を使っても読書にはかなり苦労する。ライナルト修道士がときおり修練士をよこしてくれ、音読してもらえるので助かっている。

ダンテ・アリギエーリとかいう者の書いたこの書物は、私に慰めと喜びをもたらしてくれる。きっと巷で大評判になるだろう。悪人がいかに地獄で苦しみ、善人がいかに天国で報われるかを、読んだり聞いたりできるのは素晴らしいことだ。私は天国に行きたい。たとえその前に煉獄で浄められなくてはならないとしても。

これまでに習得してきた知識を、今でも誇らしく思う。だがそうした自惚れは軽蔑に値する、私の最悪の罪だ。私は煉獄山の第三冠に送られ、浄められるまで罪の重荷を担ぐことになろう。

かつての顧客だった教皇ニコラウス四世は、地獄へ落ちるだろう。だが嘘つきと不和の種をまく者が行く、地獄界の第八圏ではない。

前任者の一人ニコラウス三世のその甚だしい縁故主義を、ダンテは厳しく罰している。

『さてその穴のどの口からも逆立ちした罪人の
足とそのさき脛とが脹脛のところまで
突き出していた。あとの残りは穴に埋まったままだ。
みなの足の裏には左右ともに火がついていた。
関節をはげしくばたつかせるから、
細枝や緒も断ち切ってしまいそうな勢いにみえた。
油がしみついたものに火がつくと
炎はきまって表面だけを走るものだが、
踵からつま先にかけて炎が走る様もそれと似ていた[53]』

ああ、できることならダンテに手紙を書き、インチキで不純で不誠実な醸造家たちを、私なら地獄の第何圏に送り込むか、伝えたいものだ。

彼らは地獄なら、どこに送ってもいいだろう。

麦芽をケチる醸造家は、重荷を背負わせられる第四圏だ。

第六圏の赤く燃える棺には、労働を神に捧げない、不信心の醸造家が送られる。

ビールに高すぎる値をつける醸造家は第七圏で、暴利を貪る他の者たち共々、火の雨にさらされる。

第八圏には詐欺師だ。ビールを実際より美味しいと褒める偽善者には、金張りの鉛の外套が着せられる。

定価で売りながら、規定より少ないビールを出して客の金を盗み取る者は、姿を蛇に変えられる。

わざと質の悪いビールを造る醸造家は、おぞましい病を患うことになる。

そして裏切り者には、地獄の最下層で最悪の苦痛が与えられる。ビールで故郷の評判を悪くした醸造家がここへ落ちる。故郷を裏切った者は、ダンテが氷漬けにして喉元まで凍らせてしまう。

裏切り者と偽善者には、我がネメシス、[54]ダウアーリンクのベルナルトも含まれる。奴は友人、信仰、所属していた修道会を裏切った。氷漬けにされるにしろ、地獄の火にあぶられるにしろ、想像するとかすかな喜びを感じずにはいられない。だがこれはむしろ、多くを見てきて今や終焉を迎えんとする、一老人の虚言にすぎない。

53 『神曲』（ダンテ＝著、平川 祐弘＝訳、河出書房新社、二〇一〇年）「地獄編」第十九歌より。
54 ギリシャ神話に登場する復讐の女神。

昨日の朝、また太陽が完全に真っ暗になる光景を見ることができた。これが吉兆なのか凶兆なのかいまだにわからない。私は日食の時に生まれたらしいが、別の日食はモシェとザーロモンの死と、私の醸造所の破壊を招いた。日食がたとえ凶兆だとしても、もはや死を恐れてはいない。数日前、マリーアがメラーテンから永遠の旅路についたという知らせが届いた。マティアス・フリードリヒと一緒に私を待っていてくれるだろう。そして一緒にアグネス・マリーアを待つのだ、ただしそれは、もうしばらく先であってほしい。

人の生死を決めるという伝説の鳥〈カラドリウス〉がすでに枕元に座しているのを感じる。今度は目を逸らし、死へと送りだしてくれるだろう。それを感じるのだ。「最後の審判の日に、どんなビールを造ったかが問われる」とのことわざに鑑みれば、私はかなりうまくやったと思う。善と悪の戦いを、善の側に立って戦った。望むらくは、よき戦士と認められんことを。

若ければ自分で自分の面倒をみられるのだが。ライナルト修道士が私の治療の参考にしている『秘中の秘』[55]という本では、性交、入浴、香辛料の効いた飲み物が推奨されている。ただそれらの多くは、特に性交は、年を取りすぎて私にはもう無理だ。だがこれからまた直面することに比べれば、どれもまだましだ。もうじきライナルト修道士がまた薬を携えて来て、確実に効き目のある治療を施してくれる。嫌で仕方がないが、私の病んだ老体をすぐに浄化するには、嘔吐と瀉血と浣腸が唯一の方法なのだ。

特に嫌なのは、豚の膀胱を使って肛門に浣腸されることだ。カモミールの煮汁や小麦のぬかや蜂蜜を詰め、バターを塗りこんで滑りがよくしてあっても、嫌なものは嫌だ。おまけに催吐剤はひどくまずい。

この治療の一番いい点は、その後、眠れることだけだ！

55 偽アリストテレスから弟子のアレクサンダー大王への書簡の形をとり、様々な学問について書かれた論文。

エピローグ

これにてこの物語は終わる。

ニクラスは、ライナルト修道士の最後の治療に耐えて生き長らえることはできなかったようだ。

やるべきことが二つ残っている。史実の確認と、ニクラスの死後、この手記がどういう道を辿って、アンダーナハのモルト工場に辿りついたかを確かめることだ。

まず私は、骨は折れるが実に興味深く教えられることの多い歴史上の事実を確認していった。いくつかはすぐにわかったが、探求に時間がかかるものもあった。

●登場する地名

ハーンフルト村とダウアーリンク村は、ペストによって完全に廃村になり、その後住民は誰も戻ってこなかったようだ。年代記や史書には、もっと大きな場所や町のことしか記されておらず、この二つの村については一片の記録も残されていない。当時のヨーロッパの、特に小さな場所では、大勢の人々が出ていったり、ペストで人口が減少したりした後、誰も住まなくなったところが多い。古い記録にそのような荒廃した場所の名前がぽつぽつ見受けられる。

同じようにウルブラッハ修道院も、歴史から完全に消滅している。地震やペスト、あるいは別の自然災害に襲われたのかどうかもわからない。経営悪化のせいとも考えられる。財政難で修練士が集まらず、不作が続いてさらに経営が悪化し、解体の憂き目に遭ったのかもしれない。頻繁に起こることではないが、実際そういう修道院もあった。

これと正反対なのがヴァイエンシュテファンだ。この修道院は、今日のミュンヘン工科大学における醸造関連の研究の土台となった。同大学のヴァイエンシュテファンキャンパス内には、バイエルン州立ヴァイエンシュテファン醸造所があり、今なお高品質のビールを製造している。同醸造所は「現存する最古の醸造所」と名乗り、ホームページにその波乱万丈の歴史を次のように記している。

> 七二五年、ヴァイエンシュテファン修道院は決定的な転機を迎えた。聖コルビニアンがその年、十二人の弟子とネーアベルクにベネディクト派修道院を建て、図らずもヴァイエンシュテファンの醸造技術の礎（いしずえ）を築いた。
>
> 史実としてヴァイエンシュテファンではじめてホップについて言及されたのは、七六八年のことだ。当時ヴァイエンシュテファン修道院のそばにホップ園があり、その持ち主は修道院に十分の一税を納めていた。このホップが修道院でビール醸造に使われたことは容易に推測できる。
>
> 九五五年、マジャール人がヴァイエンシュテファン修道院を襲撃し破壊した。これを発端にして、ヴァイエンシュテファンのベネディクト会修道士たちはその後、何度も修道院を建て直さなければな

らかった。

一〇八五年から一四六三年の間にヴァイエンシュテファン修道院は四度も全焼した。三度のペスト蔓延、度重なる食糧難、大地震により、修道院は破壊されたり、縮小したりした。

九五五年にマジャール人が始めたことを、その後一三三六年には神聖ローマ皇帝ルートヴィヒ四世が、三十年戦争においてはスウェーデンとフランスが、そしてスペイン継承戦争の際にはオーストリアが引き続きおこなった。彼らはヴァイエンシュテファン修道院を破壊し略奪したのだ。

ヴァイエンシュテファン修道院の千年の歴史を通して、これらの災難ですら成し得なかったことが、一八〇三年三月二十四日にあっさりと遂行されてしまった。修道院が解体されたのだ。国有化の流れで修道院の全財産と権利がバイエルン州に譲渡された。


ヴァイエンシュテファンがあるフライジングの町の紋章には今でも熊が使われているが、これは聖コルビニアンの伝説に由来している。

ザンクト・ガレン修道院の創立は七一九年とされ、ヴァイエンシュテファン修道院より六年古い。聖ガルスの墓のそばに建てられたため、ザンクト・ガレン（聖ガルス）修道院と名付けられた。すぐれた経営のもと、ヨーロッパ精神世界の重要な中心地の一つに発展した。特に九、十世紀においては、この修道院はまさに世界の中心だった。秀逸なのは当代並びに後世の手記を収めた付属図書館で、八百点を超える八

〜十世紀の寄進状、二千点にのぼる手稿——うち四百点は千年以上前のもの——を所蔵し、蔵書総数は十五万冊を誇る。

この付属図書館にはケルト装飾写本のもっとも重要な一冊が所蔵されている。また七九〇年に製作されたラテン語・ドイツ語辞書は、ドイツ語の本としては最古のものだ。

醸造所はすでに十世紀に、一日一〇〇〇から一二〇〇リットルという膨大なビール醸造能力を持っていて、およそ三百人の修道士に加え、巡礼者や旅行者の喉を潤していた。

ザンクト・ガレン修道院は、九二六年にマジャール人の襲撃に遭い、九三七年には壊滅的な火事が起こった。しかし修道院は再建され、十一世紀にはまた過去の栄華をよみがえらせた。

十三、十四世紀には、ハプスブルク家の政策のせいで幾度となく存亡の危機に見舞われた。

宗教改革の時代、一五二九年には、人々が蜂起して修道院に押し寄せ、修道士たちは逃げ出した。一八〇五年五月八日、修道院は解体された。ザンクト・ガレン修道院の付属図書館と大聖堂は一九八三年、ユネスコ世界文化遺産に登録された。

●ビール醸造技術と中世の発明について

酵母は、近世にいたるまで一般的に「ツォイク（Zeug）（「もの」「道具」の意）」と呼ばれていた。中世ではビール醸造とパン焼きに使用されていたが、正体が微生物だということは知られていなかった。発酵がうまくいくか否かは、マイシェの中に最初に入ってくるもので決まった。つまり空気中の酵母菌か、あるいはビールを腐敗させ酸っぱくする他の菌か、である。
そして高温で酵母が死滅してしまうことも知られていなかった。
ニクラスはこうした事象を知る由もなかった。酵母の正体が発見され研究されるようになるには、数世紀後の顕微鏡の発明を待つことになる。

冷却船（クールシップ）は二十世紀後半まで多くの醸造所で重用されたが、現在では博物館くらいでしか見られない。

濾過槽と呼ばれるタンクで自動的に麦汁を濾過するのと同様、麦芽の粉砕も、ビール醸造では必須の工程である。濾過槽の仕組みは、ニクラスがビットブルクで組み立てたものと今でも原理的に変わらない。

グルートビアは現在、実験的あるいは学術的な目的以外では造られていない。

ヴァイエンシュテファン修道院のペーター修道士の失敗作、コリアンダービールは珍しいものではなかった。ただしコリアンダーの葉と種はまったく異なる風味を持つ。葉の味はよく石鹸や潰したカメムシのようだと形容される。石鹸は中世の時代すでに知られていたが、病気を体内に取り込むと信じられたため、使用を厳禁されていた。だがビールに石鹸の味がしてはならないのは、それだけが理由ではない。コリアンダーの温かみのある、香ばしい香りは今日、香水によく使われている。種はレープクーヘン[1]やカレー、パンのスパイスとして、またリキュールやビールにも使われている。「ゴーゼ」と呼ばれる上面発酵のコリアンダービールは、ゴスラーで生まれ、デッサウ、ハレ、ライプツィヒに広まった。

ダウアーリンクのベルナルトが発明した〈ブラケス〉は、数世紀の時を経て、発音が変化し、今日ではブレーツェ、またはブレーツェルと呼ばれている。

ドイツ最初の製紙風車がいつ作られたかについては諸説あるが、十二世紀末だと推測される。アラビア人は十一世紀までに、すでに製紙業を興していた。しかしドイツで証明書、契約書など正式な文書に紙が使われるようになるのは十四世紀に入ってからのことである。

ハインリヒとその製紙風車の命取りとなった屑拾い病は、後世、ぼろ布を加工する製紙業者につきものの職業病になる。紙の製造に木材が使われるようになってようやく、この病気は製紙業者につきものではなくなった。当初この病はペストの一種とみなされていた。その後の研究では肺炭疽症とする説が有力になった。汚染したぼろ布をちぎったり分別したりする際、炭疽菌が放出されたのだ。

ドイツ最古の手記は、おそらくリヨンで購入されたスペイン産の紙に書かれており、一二四六年にパッサウの司教座教会参事会員で同会首席のアルベルト・ベハイムがつけ始めた記録簿である。名前が残され

1　ドイツで、クリスマスにつきもののスパイスの効いた伝統的な菓子。

ているドイツ最初の一般市民出身の製本家は、一三〇二年頃ウィーンで働いていたヘルマンである。

ドイツではじめて紙が使用されたのは便箋としてで、一三〇二年、ヨハン・ファン・ブーレンなる男がアーヘン市を相手どってしたためた挑戦状であることがわかっている。

ハーンフルトのニクラスの本（一二七〇～一三二六年）は、当時書かれた最初の専門書というわけではない。すでに十三世紀初めには、様々な分野において多数の書物が著されている。

法律書、解剖書、事典、笑話集、博物学、鳥類学、馬の治療法、さらには演劇の台本、料理レシピ、ゲームの本などで、ゲームの本にはヨーロッパに伝播したチェスについても詳しく書かれている。

ニクラスの手記はさておき、ドイツ語で書かれた最古の伝記は、ドイツの神秘家ハインリヒ・ゾイゼの生涯を書き記したものである。『ゾイゼ』という題で、ドミニコ会修道女エルスベート・シュターゲルがゾイゼから聞き書きし、一三六二年ゾイゼ自身が完成させたものだ。


レーゲンスブルクの救貧院醸造所は一二二六年以来、絶えずビール醸造を行ってきた。聖カタリナ救貧院は、教会と養老院、それにビール醸造所が一つ屋根の下に統合された独特な施設である。ただビールの価格だけは安定せず、十五世紀末にはヴィンタービア（冬のビール）一マース（一リットル）がたったの一プフェニヒだったのに対し、一九二三年のインフレの時期には一六四・六七マルクもした。現在は正当な価格の四ユーロに落ち着いている。救貧院とその醸造所については、レーゲンスブルク市史同様、詳しい記録が残されている。

醸造所〈豚の串刺し亭〉の所有者アルブレヒト・フォン・デム・マルフテがレーゲンスブルクの醸造所を所有していたことは史実であるが、〈豚の串刺し亭〉そのものについてはどうやら何も記録は残っていないようだ。

商品としてのビールは、ビットブルクにおいても長い歴史がある。聖ヨハネ救貧院の居住者たちは、すでに十三世紀、良質のビールを求める正当な権利を有していた。ただしビットブルクにビール醸造所があったことが最初に記されたのは一七六〇年のことだ。

アルバッハ川沿いには近世まで三つの製粉風車があった。最後のものは一七六六年に建てられ一九五七年まで稼働していた。

キルブルク近郊の聖トーマス女子修道院では一七四二年に火事があり、修道院は全焼し教会だけが残された。

オルスフェルト近郊のキルブルク上級裁判所の元刑場前の道路は、今でも「Am Gericht（刑場前）」と呼ばれている。

プリュム侯爵領にあるベネディクト会のプリュム修道院は、七二一年に小ピピンの義母により建設費用が寄進され、小ピピンがフランク王になった後、七五二年に小ピピンとその妻（カール大帝の母）によって建てられた。

プリュム修道院の名声と領地は十三世紀初頭まで拡大し続けたが、その後は衰退の一途をたどることになる。神聖ローマ皇帝フリードリヒ二世の定めた法により、プリュム修道院もその領地共々、侯爵を修道院長とする独立侯爵領に一括されてしまった。一五七六年プリュム修道院はトリーア選帝侯の所領となる。一八〇二年、ナポレオン治世下の世俗化政策によってプリュム修道院は解体された。財産はすべて分配されるか競売にかけられた。

プリュム渓谷の下部をドライブしたり散策したりすると、ホルストゥーム近郊で、珍しいものを発見できる。アイフェル地方ではそこでしか見ることができない特殊作物[2]ホップだ。アイフェルでは一五六〇年からホップが栽培されていたことがわかっている。一八六八年にビットブルクでおよそ四百軒の会員からなるホップ栽培協会が設立された。当時すでに栽培面積は百モルゲン（二十五万平方メートル）以上あった。世紀の転換期にホップ栽培は隆盛期を迎えた。ビットブルクは現在でもラインラント・プファルツ州内でもっとも重要な栽培地である。

ケルンの歴史は、市壁の建設や大聖堂の建築、ヴォリンゲンの戦いに始まり、その他ケルン史における様々な出来事の詳細まで、よく知られており、文献も多数残されている。一二八八年六月五日に起きたヴォリンゲンの戦いは、中世を通してラインラント地方で最も血なまぐさい事件であると同時に、ケルン史上最も重要な事件の一つでもある。この戦いを題材にした歌や詩や絵がいくつも作られている。大司教の権力を剥奪した後、平民階級出身の指導者がツンフトや職人たちと共に町を繁栄させ、当時ドイツ最大だった町に長い栄華をもたらした。ケルンほどその歴史が長きにわたって詳細に記録されてきた町はまずない。

ビール醸造についても同様だ。一二九八年に引き上げられた麦芽税が、ケルンの醸造家ツンフトの形成を急がせたのは確かであろう。もっとも実際にツンフトが発足するのはそれから百年も後のことだ。一三九六年、ケルンの全有権者は、〈組合憲章〉により二十二の同業組合（ガッフェル）に分けられたが、そのほとんどは必ずしも関連があるとはいえない複数のツンフトから成るものだった。醸造局はケルンのツンフトの一つで、単独でガッフェルを形成した。つまり醸造局においてはツンフトとガッフェルが一致していたのだ。ケルンについては豊富に資料が残されているが、驚くべきことにこの時点まで、組織化された醸造家ツンフトについては言及がない。おそらく自家醸造が大幅に定着化していたので、数少ない専門の醸造家が団結する必要性がなかったのだろう。一三九六年に、ツンフトを基盤とするガッフェルの法規が新たに定められてようやく、醸造業は、同業者をまとめた自立した集団、ツンフトとして、ガッフェルに組み込まれた。

ケルンの醸造家たちはそれ以来、〈ヴェローナの聖ペテロ兄弟団〉と名乗っている。この奇異な名前は、

2　多大な労働力と資本を必要とし、作業の手間がかかったり、気候などの条件に左右されやすい作物のこと。

ドミニコ会士ヴェローナの聖ペテロに由来している。ペテロは一二五二年に教皇より遣わされた上級審問官としてイタリア北部を旅していた際、アルビ派によって差し向けられた殺し屋に殺害された。ペテロのその壮絶な殉教は、当時のキリスト教世界に大きな波紋を呼んだ。一年後には聖別され、その後まもなく、ケルンの醸造職人の守護聖人に選ばれた。その理由は今のところ定かではない。

理由の一つに考えられるのは、ペテロが頭痛持ちの人々の守護聖人でもあるということだ。兄弟団は今なおペテロを偲び、毎年会食を行い、団体の守護教会である聖アンドレアス教会でミサを行っている。〈ヴェローナの聖ペテロ兄弟団〉の旗には、殉教者聖ペテロが左手に剣を持っている姿が描かれている。聖アンドレアス教会は第二次世界大戦後、フリングス枢機卿によりドミニコ会へ移譲された。以後聖アンドレアス教会には、醸造家にとってとても重要で有名な三連祭壇画〈薔薇の花輪図〉が置かれている。十五世紀後半に作成されたこの祭壇画の右翼にはヴェローナの聖ペテロが描かれ、頭部に開いた傷口が見え、左手には剣を持っている。左翼には他でもない異端審問官ハインリヒ・インスティトーリスが描かれている。歴史上もっとも邪悪で影響力のあった本『魔女の鉄槌』を記した人物だ。〈薔薇の花輪図〉は一四七五年に神聖ローマ皇帝フリードリヒ三世によりドミニコ会に寄贈された。

本書に挙げられた醸造家や醸造所、ケルンの著名人の名は、ほぼすべて実在のものである。
〈グイトライト〉のメーデビア醸造所は、旧市街の醸造所ヨハン・ジオンの本店である。
〈ツア・ブリッツェレ・アム・アプフェルマルクト〉は現在ガッフェル醸造所の居酒屋である。

現在のクヴァーターマルクトという通りは、リーヒャーツェッヒェのメンバーとしてニクラスの教皇毒殺疑惑に判決を下したヨハン・クヴァーターマルトの一族にちなんで名付けられた。

大司教の館(ホーフ)前広場には現在、〈ケルナー・ホーフブロイ・P・ヨーゼフ・フリュー〉の醸造所がある。したがって「ホーフブロイ（宮廷御用達醸造所）」という名は、御用達だからではなく、醸造所の立地に由来している。

名無し広場は今日のロンカリ広場である。

聖ループスは、かつてケルンにあったカトリック教区と教区教会の名前である。この教会は一一七一年にはじめて教区教会として記載され、一八〇八年に取り壊された。聖クニベルトが創立者であったとされる。


六芒星は醸造家の間で少しずつ知られるようになり、十五世紀には正式に醸造家ツンフトのシンボルとして採用された。二十世紀になっても多くの醸造所が六芒星をロゴに取り入れていた。たとえばウィーンのオッタクリンガー醸造所は、今でも底に六芒星を刻印した瓶を多数使っている。中世以降は、ビールの醸造と販売の許可を持つ家も、六芒星を掲げることが許された。ワインにおけるところのベーゼン（箒）[3]である。驚くべきことに、五芒星も六芒星同様に扱われた。なぜそうなったのかは不明である。それどこ

3　Besen、正式にはBesenwirtschaft（ベーゼンヴィルトシャフト）。ワイン農家、ワイン醸造家が自分のワインを飲ませる季節営業の店を指す。名前の由来は目印として柴箒を入口にぶら下げることから。

ろか時に十二芒星まで使われた。フランケン地方では現在でも六芒星がツォイグル[4]のシンボルとして残されており、自家製の無濾過ビールを造って売る醸造所の印となっている。

十七世紀に入ると、六芒星はユダヤ人共同体の公式な紋章やユダヤ教の祈祷書、そして墓石に取り入れられるようになる。シオニズム運動が起こると、六芒星は一八九七年にその象徴となった。ナチス統治下では、ユダヤ人は黄色のユダヤの星を付けることが強制されるという異常なことが起こった。一九四八年、この醸造家の星はイスラエルの国旗に採用された。すでにナチス時代から、当時追放されたユダヤ人のシンボルと醸造家にはどういう共通点があるのか、という疑問がしばしば呈された。

しかし、今では醸造家とユダヤ人両者のシンボルが同じ形なのは、歴史上の稀有な偶然にすぎないと誰もが認めている。

ホップは十六世紀以降、ビールに不可欠なものとなる。今日麦芽以外でビールの原料として使われる植物はホップだけである。さらには、ホップが入らないものはビールではないと定義されるまでになった。ホップは現在、エキスとして使用されるのが一般的だが、生のホップ同様、エキスのホップも湿気の少ない冷暗所での保存が望ましい。

数世紀にわたり、醸造家の間でもビール飲みの間でもグルートビアの支持者とホップ入りビールの支持者が激しい戦いを繰り広げてきた。たとえば一三五〇年には、リエージュとユトレヒトの司教ヨハンが、最近フムルス（humulus）とかホッペ（hoppe）とかいう奇妙な薬草を入れたビールが出回っている、と神聖ローマ皇帝カール四世に苦情を申し立てている。ホップの入らないビールの酵母をパン種にしていたパン職人は、常にグルートビアを支持した。中世の時代、この問題に法的な決断が下されたことが幾度かあり、大抵は高い税を納める醸造家に配慮したものだった。それでも一三八一年には、ケルンで大司教が、一時的ながらホップ入りビールの醸造を禁止した。

●中世の疫病

黒死病（ペスト）は今日に至るまで人類史上もっとも厄介な病気とされる。

それももっともな話で、一三四七年から五年の長きにわたってヨーロッパを席巻したペスト大流行時には、ヨーロッパの総人口の三分の一が犠牲になった。ペストのせいで死者が出るだけでなく、人々が土地を離れていくため流行地域から住民がいなくなる。いち早く逃げ出せるのは、貴族や聖職者だ。それが原因で医者や司祭が不足すると、困苦はいや増した。治療も受けられず、懺悔や終油などの秘蹟も受けられなくなった人々の絶望は測り知れなかった。その挙句、心身ともに廃人となって死ぬことを余儀なくされた。

ペストの脅威は、少なくともヨーロッパにおいては無くなったが、ペストそのものは未だ根絶されてい

4　Zoigl　特にオーバープファルツ地方の小村の、小家族経営の醸造所で昔から作られている、無濾過上面発酵ビール。

ない。今日ペストは、早期に診断できて抗生物質を投与すれば治癒できる。

ニクラスの娘アグネスが罹患した天然痘は、数千年も前から知られている病だ（例『旧約聖書』の第六の災い）。ヨーロッパでは長いこと天然痘は子供の病気とされていた。ようやく近世初期になってもっとも深刻な難病の座をペストに明け渡した。イギリスの田舎医師エドワード・ジェンナー（一七四九〜一八三二年）が、一七九六年五月十四日に世界ではじめて天然痘の予防接種に成功した。天然痘は現在は根絶されたとみなされている。


ケルンのユダヤ人共同体の歴史はきわめて変化に富んでいる。十世紀から十三世紀までは発展し続けたが、十四世紀に入るとキリスト教徒とユダヤ人の間に緊張が高まった。ペストが流行すると、ついに暴力的な形でそれが噴出した。当時ペストは未知の病で、原因不明だったため、噂や憶測だけが飛び交った。中でも広く拡散したのはユダヤ人のせいだとする攻撃だ。ユダヤ人が井戸に毒を入れたせいでペストが蔓延したというのだ。その他多くの都市同様ケルンでも、再三再四、自然発生的に前代未聞の暴力を伴うユダヤ人迫害が起きた。最悪の迫害は、一三四九年八月に起きた。ユダヤ人街は破壊され、住民の大多数が殺害された。市参事会も司教座聖堂参事会もユダヤ人虐殺に対し有罪判決を下すことはなかった。だが殺されたユダヤ人の遺産に対しては、市も大司教も周囲の貴族たちも権利を主張した。

一九二二年にユダヤ人墓地の跡地が発見され、一九三六年、ケルン市はそこに市場用のホールを建てた。一九五三年から一九五七年にかけて行われた旧ユダヤ人街の発掘調査で、民家以外にユダヤ人共同体の公共建造物も見つかった。これらの建物の平面図は今日敷石に刻まれて見られるようになっている。ミクワー[5]は改装され、見学ができる。

ケルン大司教エンゲルベルト・フォン・ファルケンブルクが一二六六年にユダヤ人に与えた墓地所有権は、石板に刻まれており、今なおケルン大聖堂内で見ることができる。

当時ツァーラアトと呼ばれたハンセン病は、中世の人々にとってペストと並ぶ大禍であった。ただ人を介して蔓延する流行病ではなく、常に存在する病だった。『旧約聖書』が定める、この病の患者を非感染者の居住地域から厳密に隔離する規則は、十八世紀初頭に中欧でこの病気が消滅するまで、この病の罹患者へのもっとも重要な処遇として考えられた。治療薬がないことが主な理由で、伝染を恐れたせいでもある。そして素早く患者を発見することが求められた。

今日ヨーロッパではハンセン病は根絶されている。世界各地では今なお毎年およそ七〇万人が罹患している。

●ハンザ同盟とイギリス

ハンザ同盟は商人による組織で、隆盛を極めた時代には、七十の大都市と百の小都市が加盟していた。

5　ユダヤ教の浄化の儀式に使われる浴場。

入退会、合併、不和は日常茶飯事だった。小都市の多くは単独ではなく最寄りの大都市に吸収合併されて、大きなハンザ都市を形成することで同盟に所属していた。

ハンザ都市の領域は、今日のヨーロッパの七か国にわたっている。西はオランダのゾイデル海[6]から東はバルト海に面するエストニアまで、北はスウェーデンのヴィスビューから南はドイツのケルンとエアフルト、ポーランドのヴロツワフ、クラクフを結ぶ線までである。これらの地域からハンザ商人たちが経済圏を拡大していった。十六世紀には、ポルトガルからロシアまで、そしてスカンジナビアの国々からイタリアまで、つまり今日のヨーロッパの二十か国に拡がった。

正式な同盟締結以前、およそ十一世紀ごろから、ドイツの商人たちは同業組合を形成し、国外で貿易特権を得ていた。このような組合の最初のものが、一一五七年にロンドンに存在していたことが、記録上明らかになっている。この組合にケルンの商人たちが加入し、土地を購入した。それがロンドン商館(スティールヤード)である。

ハンザ同盟は全盛期には、経済的利益の追求のためなら、王国や侯爵領に対しても経済封鎖を敷いたほどの力を持ち、稀に戦争を起こすことすらあった。

十三世紀から十五世紀半ばには、ハンザ同盟はヨーロッパ北部の遠隔地貿易をほぼ掌握したものの、独占的地位を確立するには至らなかった。

ハンザ同盟は加盟都市の数や名前を記録することを好まなかった。イギリス王から同盟都市の名を記載した詳細なリストの提出を求められた際も、それを拒否した。単にそうしたリストがなかっただけかもしれないが。

ハンザ同盟の商人は、北欧、東欧産のぜいたく品、食品、原材料を西欧および中欧に供給した。毛皮、蠟、穀物、魚、亜麻、麻、木材やピッチ、タール、炭酸カリウム等の建築資材などだ。反対に西欧中欧からは布製品、金属製品、特に武器、香辛料、ビールなどを持ち帰った。

これら貿易品の積み替えは、各地にあるハンザ同盟の主要な商館、北西ロシアのノヴゴロドにある〈聖ペーター・ホーフ〉、ノルウェーのベルゲンにある〈ドイツ人の橋〉、フランドルのブリュージュ商館、そしてロンドン商館(スティールヤード)で行われた。その他ロシアからポルトガルに至るまで、ヨーロッパの半分の地域にわたって無数の小さな支所が存在した。

エプストルフ修道院の世界地図は十三世紀(おそらくは一二三九年)に、イギリス人のティルブリーのジェルヴァーズ[7]によって、あるいは彼の構想に従って描かれた。ジェルヴァーズは一時、エプストルフ修道院の院長代理を務めた人物である。地図は直径三・五メートルほどのTO図[8]で、彩色されている。大きさはほぼ一三平方メートルあり、中世に作られたものの中では最大かつ最も詳細に描かれた世界地図だ。この地図は一八三〇年、修道院内の窓のない納戸を片づけていた際に、偶然発見された。六百年もの間そ

6 オランダにかつて存在した湾。現在は外海から切り離され淡水のアイセル湖となっている。
7 イギリスの正教会の弁護士、政治家、聖職者。
8 中世ヨーロッパで使われた円形の世界地図。

「ビール街」ウィリアム・ホガース、1751 年

「ジン横丁」ウィリアム・ホガース、1751 年

こに眠っていたらしく、それ相応に劣化していた。一八四三年にハノーファーの公文書館へ収められたが、その後ベルリンに移され、分割された後、写真撮影が行われた。切断された原本は第二次大戦中に焼失した。

写真をもとに原本に忠実な複製が四部作られ、エプストルフ、リューネブルク、コーブルクに一枚ずつ渡り、四枚目はギリシャ王妃の私有物となった。現在エプストルフ修道院は人気の観光名所となっている。

ロンドン商館、スティールヤードには、それ以前にできたドイツ人商人のギルド会館が含まれている。スティールヤードは一五九八年に閉館したが、ハンザ都市リューベック、ブレーメン、ハンブルクが同館を売却したのは一八五三年になってからのことである。テムズ川沿いの敷地には、現在キャノンストリート駅がある。

パブという名称はヴィクトリア時代に生まれた。しかしこの言葉は古代ローマの占領軍に由来し、元来「公共の家」を意味した(英 public house ／羅 domus publicus)。イギリスはその後幾度か占領されたが、パブは生き続けた。征服者たちがエールをいたく気に入ったのも、その一因である。七世紀にはケント王エゼルベルトが、当時エールハウスと呼ばれていたパブの数と器の大きさをはじめて規定した。中世になると水質が急激に悪化したため(疫病、皮なめし業の汚水などによる)、アルコールの除菌作用のあるエールは、イギリスで唯一安心して飲めるものだった。そのためエールハウスの存在はさらに重要になった。だが十八世紀初めにジンの蒸留規制が緩和されると、国中がこの安価なアルコールに文字通り溺れることになった。アルコールの消費量は甚大で、衛生環境が改善されたにもかかわらずロンドンの人口は目に見えて減少した。イギリス人はまさに死ぬまで飲み続けた。特に貧困層はジンに溺れた。同時代の画家ウィリアム・ホガースの作品「ジン横丁」には、母親が酔いつぶれて乳飲み子を落としてしまう様が描かれ、他方「ビール街」には健全で朗らかな人々が描かれている。

ウィスキーという言葉はスコットランド・ゲール語の〈uisge beatha（ウィシュケ・ビャハ）〉、またはアイルランド語の〈uisce beatha（イシュケ・バハ）〉が語源とされ、命の水を意味する。五世紀にキリスト教の修道士、とりわけアイルランドの守護聖人、聖パトリックがケルト民族の地で布教活動を行い、機械や薬の製造法や香水をアイルランドやスコットランドにもたらした。ある伝説によると、水のように透明な命の水（羅 aqua vitae（アクア・ウィタエ））を最初に蒸留したのは、彼ら宣教師たちだという。その後の数世紀間に、修道院が増えていくとともに、蒸留に必須な知識も広まっていった。修道院は当時、入植地の中心であり、宿場も経営していた。一一七〇年頃、イングランド王ヘンリー二世がアイルランドに侵攻したことにより、イングランド人も〈イシュケ・バハ〉を知る。この〈イシュケ・バハ〉がアイルランドの敵を〈勇敢な戦士〉に変貌させた。その後の展開は歴史が伝える通りである。

歴史上の人物について

ヒルデガルト・フォン・ビンゲンとジークフリート・フォン・ヴェスターブルクは、ドイツ史上、著名な人物である。アルベルトゥス・マグヌスは当時最も偉大な賢者の一人で、一二四八年、ケルンの大学設立時に重大な役割を果たした。ケルン大学が輩出した人物中、最も才気あふれる神学者、トマス・アクィナスもアルベルトゥス・マグヌスの教え子である。アルベルトゥスがケルンのビール税争いにおいて仲裁役を務めたこと、そしてジークフリート・フォン・ヴェスターブルクと親しかったことも史実である。

ニクラスがレーゲンスブルクで、徒弟マルクス・シュナイターとルーカス・ヴェルザーに〈純粋なる醸造家〉の誓いを立てさせ、それがのちにミュンヘンの二大名門醸造所の設立につながったというのは疑わしい。

ミュンヘンのレーヴェングルーベ十七番地の醸造所は「ビール醸造家イェルク・シュナイター」の名と共に、一五二四年にはじめて言及されている。これがのちに世界的に有名な醸造所〈レーベンブロイ〉となる。

一三九七年のミュンヘンの税務帳簿によると、ノイハウザーガッセ四番地にハンス・ヴェルザーという醸造家と、その醸造所〈ヴェルザー・プロイ〉があった。これがミュンヘンの〈シュパーテン醸造所〉が産声を上げた瞬間で、一八〇七年にガブリエル・ゼードルマイアーがそれを買取り、同醸造所はやがてヨーロッパ有数の醸造所となった。

この二つの醸造所は一九九七年に合併した。

それより前、一九二二年に、同じくゼードルマイアー家の所有である〈フランツィスカーナー醸造所〉と〈シュパーテン醸造所〉が合併し、ガブリエル・ウント・ヨーゼフ・ゼードルマイアー・シュパーテン - フランツィスカーナー - ライストブロイ株式会社となった。

これらすべての醸造所は、二〇〇三年から二〇〇四年にかけてベルギーのインベブ・グループに吸収合併された。

デ・ポルタ家とデ・フォーロ家はビットブルクの有力貴族で、のちにラテン語名を廃し、ドイツ語でフォン・デア・プフォルテ、フォム・マルクトと名乗った。

醸造家フーゴー・ラ・ペンナはビットブルクの貴族フリューゲル家の出身と思われる。フリューゲルはラテン語でペンナという。ビットブルクではじめて正式登録された醸造家として確実視される最古の人物はクリストフ・フリューゲルといい、トリーア通りとボーレン通りの角にあった醸造所を一七七三年に兄弟に譲渡している。この兄弟が、この醸造所を改造して〈バヴァリア醸造所〉にし、一八三〇年にツァンゲルレ家に譲渡した。〈バヴァリア醸造所〉は一九四四年まで存続したが、その後爆撃で全壊した。ツァンゲルレ家の娘が一九〇五年に、醸造所の名門ジーモン家のベルトラント・ジーモンと結婚した。

一八一七年、ビットブルクのヨハン・ペーター・ヴァレンボルンが、シャーケン門の前に麦芽工場を併設した上面発酵ビールの醸造所を開いた。ヴァレンボルンは、キルブルクで醸造所と製革工場を経営する一族の出身で、先祖は十八世紀までオーバーカイルに住んでいた。ヴァレンボルンの死後、妻が経営を引き継ぎ、娘が一八四二年に、キルブルク出身のルートヴィヒ・ベルトラント・ジーモンと結婚し、醸造所を〈ジーモンブロイ〉と名付ける。この夫妻の孫がのちにツァンゲルレ家と婚姻関係を結んだ。この二人ヨハン・ペーター・ヴァレンボルンとルートヴィヒ・ベルトラント・ジーモンが、現〈ビットブルガー醸造所〉の正式な設立者である。

〈ビットブルガー醸造所〉は、現在ドイツ国内有数の醸造所となっている。

これに関連してもう一つ興味深いのは、あまり知られていないことだが、〈ジーモンブロイ〉と〈バヴァリア醸造所〉に加え、ビットブルクには十九世紀から二十世紀初頭にかけて第三の醸造所が存在したことだ。〈シャーデベルク醸造所〉といい、ビットブルク旧市街の城砦壁の外、かつてローマ人が作った城壁の外側沿いの建物の中にあった。シャーデベルク家は一九二〇年に醸造所をジーモン家に売り渡し、クロイツタール・クロムバッハへ移住した。その子孫は一九六一年から家族経営の〈クロムバッハ醸造所〉を所有しており、この醸造所も大企業に成長している。二〇〇七年現在の所有者は一九二〇年クロイツタール生まれのフリードリヒ・シャーデベルクと妹のバーバラ・ランブレヒト‐シャーデベルク、それにフリードリヒの子供たちベルンハルト・シャーデベルクおよびペトラ・シャーデベルク‐ヘルマンである。

ヴォリンゲンの戦いで勝利したブラバント公ジャン一世は、この戦いの後、ケルン市の発展の基礎を築いたとして、民衆の英雄とたたえられた。

ケルン市は勝者ブラバント公をたたえてブラバント館を建てた。ブラバント公の肖像画は最初ギルド広間に掲げられていたが、その後、醸造家ギルドのツンフトハウスすべてに掲げられるようになった。そして、翻訳および解釈により、ドイツ語名ヨハンはフラマン語名ヤンを経てヤン・プリムス（初代）となり、十六世紀後半からは伝説的な人物、ガンブリヌスとなった。ガンブリヌスは王であり守護聖人であり、ビールの発明者でもあるとされる。ガンブリヌスの名前の由来については諸説あるが、これが一般的に知られている説である。

ガンブリヌス王を褒めたたえる詩は多くあるが、中でも有名なのは、次の古い民謡であろう。

フランドルとブラバントの王である
私はガンブリヌスと呼ばれた
大麦から麦芽を作り、
そこからビールを醸造した
故に醸造家は真実、こう言えよう
我らの王は親方であると

アレクサンドリアのヘロンは古代ギリシャの数学者であり工学者である。生没年は不詳だが、アルキメデスより後、おそらく紀元一世紀以後の生まれであろう。ヘロンの著作は主に数学や光学、力学を扱っている。自動かつ、部分的にプログラム化可能な機械や、水や空気を動力として利用することについての考察、そして〈ヘロンの蒸気機関〉ともいわれる〈アイオロスの球〉の発明が特に知られている。ヘロンはまた機関銃を発明したともいわれる。

ケルンの大聖堂建築家ヨハネスは、大聖堂建築の三代目の現場監督である。一二七〇年頃、二代目現場監督アルノルトの息子として生まれ、一三三〇年以降に亡くなった。歴史上ヨハネスについてはじめて言及されるのは、一二九六年以降のことで、単に二代目現場監督のアルノルトの息子と言われているだけだ。一二六二年頃から大聖堂建築に携わっていた父の現場監督の仕事を引き継いだ。大聖堂の西側ファサードには四メートルもある図面が現存するが、これを描いたのはこの親子ではないかと考えられている。大聖堂担当大工のゲラルト、石工マイスター、サレジンのティルマンと娘のメヒティルディスの存在も確認されている。

言い伝えによると、ケルン大聖堂の塔の一つには、建築家が壁でふさいだ井戸が隠されているという。

ニクラスの本に登場する教皇たちも実在した人物であるが、ビール好きだったかどうかは証明されておらず、憶測の域を出ない。

ヴィークボルト・フォン・ホルテは一二九七年、ケルン大司教に選ばれたが、その時すでに高齢であった。フォン・ホルテは、前任者がヴォリンゲンの戦いで敗北したことで受けた政治的ダメージを緩和しようと努めたことが、研究によって知られている。フォン・ホルテは、相応の対価と引き換えに教会での役職を授けたことから、何よりも金銭を愛した聖職売買者であるとの悪評がある。一三〇四年三月、ゾーストにて死去し、かの地に埋葬された。

フィルネブルク伯ハインリヒ二世は、一三〇四年から一三三二年まで、ケルン大司教区の大司教を務めた。一二八八年、ハインリヒは父、並びに弟ルプレヒトと共に、ブラバント公の側につきヴォリンゲンの戦いに参戦した。ハインリヒはケルン大聖堂建築に大きく寄与した。一三二二年九月二十七日、内陣を完成させ、晴れがましく落成式を行った。ハインリヒはまた、マイスター・エックハルト[1]に対する異端審問に加わったともされる。一三二五年にエックハルトの告訴状が届くと、異端審問手続きをアヴィニョンの教皇庁に委ねた。同時代人の証言によれば、ハインリヒは口数が多く、酒好きだったという。一三三二年一月六日、ボンで死去し、ボン大聖堂内のバルバラ礼拝堂に埋葬された。その墓は今日残っていない。

1　一二六〇頃～一三二八年。テューリンゲン出身のドミニコ会神学者および哲学者。

絵画マイスター、シュテファンとその作品は、後世に伝えられていない。

フランス王フィリップ四世は一三一〇年、教皇ボニファティウス八世に対し、死後なお訴訟を起こすことに成功した。その動機は敵であった教皇への個人的な嫌悪に違いないが、その際集められたボニファティウスに関する多数の証言には信憑性があり、内容も一致している。

教皇ボニファティウス八世が、ある時は虚無的で快楽主義的な、またある時は極めて批判的で自由思想的な発言をしたことは確かだといえよう。教皇庁のアヴィニョン移転、いわゆる教皇の「バビロン捕囚」は、一三〇九年、教皇クレメンス五世の在位時に始まり、一三七七年、教皇グレゴリウス六世の在位時に終了した。合計七人の教皇と、さらに多くの対立教皇がアヴィニョンで過ごした。

のちの皇帝ハインリヒ七世は一二七八年、ルクセンブルク伯家に生まれ、一三一二年に神聖ローマ皇帝となる。両親は、一二八八年にヴォリンゲンの戦いで命を落としたルクセンブルク伯ハインリヒ六世と、ベアトリス・ダヴェーヌである。シュタウフェン家のフリードリヒ二世が一二二〇年に皇帝の座につき、一二五〇年に死去した後、帝座は長らく空位のままだった。ハインリヒ七世は六十二年後に神聖ローマ皇帝の称号を復活させ、皇帝の権力の回復に努め、教皇やフランス王と対立した。ルクセンブルク伯家出身の三名の神聖ローマ皇帝のうちの最初の一人である。

ハインリヒ七世はまもなくフランス王フィリップ四世と対立した。ハインリヒは早くからローマ行きを計画し、イタリアでの政治活動を活発化させていた。それは教皇宛ての親書で、自分がローマ王に選ばれたことを報告し、神聖ローマ皇帝としての早期の戴冠を望んだことにも表れている。一三〇九年、ハインリヒの使節団はアヴィニョンへ向けて出立し、皇帝の戴冠式の日取りを首尾よく取り決めた。式は一三一二年二月二日に予定された。フィリップ四世との確執とイタリアの内戦が元で、ハインリヒはイタリアに足止めを食らい、一三一二年六月にようやくローマで戴冠式をおこなった。ハインリヒの統治は長くは続かなかった。シエナ包囲の間にマラリアにかかり、一三一三年八月、ブオンコンヴェントという小さな町で亡くなった。遺体は厳粛にピサへと運ばれ、ピサ大聖堂内の壮麗な墓所に埋葬された。

フィリップ四世はあだ名を〈端麗王〉といい、フランス王フィリップ三世とその最初の妻イザベル・ダラゴンの二番目の息子である。フィリップ四世の治世下で特に記憶すべきは二つの事件である。テンプル騎士団の解体と教皇庁をアヴィニョンに移したことだ。

ジャック・ド・モレーは、テンプル騎士団最後の総長である。一三〇七年、テンプル騎士団に対する異端審問で、拷問により虚偽の告白を強いられ、終身刑を言い渡された。その後告白を撤回し、一三一四年、パリで火あぶりの刑に処された。

エドワード二世はイングランド王で、在位は一三〇七年から一三二七年。一三〇八年一月、イザベルと結婚。イザベルはフランス王フィリップ〈端麗王〉の一番下の娘で、「フランスの雌狼」の異名をもつ。

エドワードには常に同性愛者の噂がつきまとったが、二人は四人の子供をもうけた。伝説によると、エドワード二世は幽閉され、看守に殺害された。看守はノコギリで牛の角の先端を切り落とし、それに灼熱の鉄串を通してエドワード二世の腸内へ突き刺したと言われる。肛門から突き刺したのは、拷問の証拠が残らないようにするためだ。

こうした暗殺方法が取られたのは、同性愛関係にあって、エドワードの寵愛を受けたとされるピアーズ・ギャヴィストンへのあてつけでもあった。

歴史的事実については以上である。

本書における天文学的な出来事は、かなり正確に割り出すことができる。

ニクラスの誕生日に起こった皆既日食は、一二四八年五月二十四日の十二時十四分のことである。

ヴァイエンシュテファン醸造所は、一二七〇年九月三十日二十二時過ぎの月食の間に地震に見舞われ、倒壊した。

一三一一年一月二十日の正午過ぎに見事な金環日食があり、ケルンのユダヤ人迫害を引き起こす端緒となった。

ニクラスの人生最後の日食は、一三三六年四月三日に起こった。その翌日ニクラスは、その生涯を終えたらしい。

ニクラスの手記が何世紀にもわたって受け継がれてきた経緯は、次の通りである。

ニクラスの死後、手記はヴァイエンシュテファンへもたらされ、アルベルトの手に渡った。アルベルトはその三年後に亡くなり、手記は修道院の図書館に保管された。一三三六年に修道院が取り壊されると、バイエルン王ルートヴィヒ四世がこの手記を持ち去り、ミュンヘンに数十年間保管した。

一四〇〇年になる直前、手記はまたヴァイエンシュテファンに戻り、古文書保管庫に収められたが、その後醸造家ルーカス・ヴェルザーに発見され、再度ミュンヘンへもたらされる。ガブリエル・ゼードルマイアーが一八〇七年、ヴェルザーの子孫から〈シュパーテン醸造所〉を引き継いだ際、この手記の価値を見出し、有能な同僚に譲り渡す。やがて手記はルートヴィヒ・ベルトラント・ジーモンの息子テオバルト・ジーモンの手に渡る。

テオバルトは手記をアンダーナハに放置したが、その理由はわからない。ひょっとすると麦芽工場なら〈純粋なる醸造家〉が見つかると思ったのかもしれない。少なくとも私はこの手記にふさわしいと思われることをしたつもりだ。アンダーナハの麦芽工場は、昨年倒産申請をし、すでに閉鎖されているので、本の返却を求める者はいないだろう。

ビールを販売する旅館や醸造所に六芒星が掲げられている他に、ニクラスの死後も〈純粋なる醸造家〉が存在したのか、存在したとすればいつまでだったのか、示唆できるものはない。

それとも何か見落としがあるだろうか？

著者あとがき

この本をよく理解していただくため、物語や会話は標準ドイツ語で書き直している。しかし中世において、異なる地方出身者同士が意思疎通をはかるのはたやすいことではなかった。古フランク語、アレマン語、モーゼルフランク語といった方言が混じり合ったものに、平俗ラテン語（口語ラテン語）をいくらか加えて、かろうじて互いを理解することができた。

読者が判読しにくそうな、あるいはまったく理解できなそうな箇所については、本文や物語を補足した。

通貨単位や度量衡の詳細は、本文の理解を深め、面白くすると思われる場合を除いて省略した。中世の極度に混乱した状況は、現代の私たちにとってはまったく理解しがたい。そのため本文中、あるいは注で説明を加えた。

またこの手記を一字一句翻訳することはせず、読みやすい散文体に書き直した。手記の内容は主にビール醸造所と周囲の社会的環境、他の人物に関するもので、中世の人々の自己認識においては自分を人間として客観的に記述することは一般的でなかったため、人物像については部分的に私が補足を加えている。そのせいで物語の魅力が損ねられていないとよいのだが。

年号、祝日、その他の日付は、今日のグレゴリオ暦にもとづいている。手記中、明らかにユリウス暦による日付や、日付の記載のないものは、歴史的背景と物語全体にうまくおさまるよう、グレゴリオ暦に当てはめた。

とりわけ私の友人、トリーアのロルフ・Sにここであらためて感謝の意を表したい。彼は計り知れない忍耐をもって手記の解読に取り組み、多大な貢献をしてくれた。

さらに、ビールをテーマにしたこのデビュー作に快く協力してくださった、正に〈ビールの魔術師〉ヴァイエンシュテファンのルートヴィヒ・ナルツィス教授や、執筆上、貴重な助言をしてくださったクラウス‐ペーター・ヴァルター博士、本書『ビア・マーグス』のファン第一号マーレン・マイヤーとトーマス・マイヤー、本書の出版に尽力してくれたギュンター・ガイアー、そして忍耐強く校正をし、建設的な批評をしてくれた愛するアレクサンドラに、心から感謝申し上げる。

二〇〇八年一月、オーストリアのブルン・アム・ゲビルゲにて
ギュンター・テメス

年表

一〇九八年　ビンゲンのヒルデガルト誕生
一一五二年　ティルベリーのゲルヴァシウス誕生
一一七九年　ビンゲンのヒルデガルト死去／ケルンの新しい市壁建設開始
一二〇〇年　アルベルトゥス・マグヌス誕生
一二二六年　レーゲンスブルクの救貧院醸造所設立
一二三九年　ティルベリーのゲルヴァシウス死去／エプストルフ修道院の世界地図完成／トリーア・ルクセンブルク条約締結
一二四五年　レーゲンスブルクが自由帝国都市になる
一二四七年　ダウアーリンクのベルナルト誕生
一二四八年　アルベルトゥス・マグヌス、ケルンの新修道会学校の校長に就任（至一二五四年）
一二四八年　ハーンフルトでニクラス誕生／ケルン大聖堂の建築開始
一二五〇年　シュタウフェン朝最後の皇帝フリードリヒ二世死去
一二五六～一二七三年　大空位時代
一二五七～一二六〇年　アルベルトゥス・マグヌス、修道会学校校長再任
一二六〇～一二六二年　アルベルトゥス・マグヌス、レーゲンスブルク司教在任

一二六〇年　ニクラスがウルブラッハ修道院で修練士として修行開始
一二六一～一二六四年　教皇ウルバヌス四世在位
一二六二年　ビットブルクに自由都市認可状が出される
一二六五～一二六八年　教皇クレメンス四世在位
一二六六年　ニクラス、ウルブラッハ修道院を去る
一二六八年　ニクラス、ヴァイエンシュテファン修道院で修行を開始
一二七〇年　ケルンに対し破門が言い渡される
ヴァイエンシュテファンで地震／ニクラス、ヴァイエンシュテファンを去る／ザンクトガレン修道院にて醸造を開始
一二七一～一二七六年　教皇グレゴリウス十世在位
一二七三年　ニクラス、ザンクトガレン修道院を去る／家族がペストで死亡
一二七四～一二七六年　ニクラス、レーゲンスブルクの醸造所で働く
一二七六年　ニクラスの息子マティアス・フリードリヒ誕生
一二七六～一二八一年　ニクラス、ビットブルクで醸造所を経営
一二七八年　ニクラスの娘、アグネス・マリーア誕生
一二八〇年　アルベルトゥス・マグヌス死去
一二八一年　ニクラス、ビットブルクを去る

一二八二〜一三一〇年　ニクラス、ケルンで醸造所を経営
一二八八年　ヴォリンゲンの戦い
一二八八〜一二九二年　フランシスコ会最初の教皇ニコラウス四世在位
一二九〇〜一二九一年　ニクラス、教皇へビールを納める
一二九六年　アグネス・マリーアが修道院に入る
一三〇五年　マリーアとマティアス・フリードリヒがハンセン病に罹患
一三〇七〜一三〇八年　ニクラス、リューベックへ商用の旅を重ねる
一三一〇年　ニクラス、ロンドンへ赴く
一三一一年　ニクラスの醸造所が壊される／ニクラス、醸造家としての仕事を終える／ベルナルト死去／マティアス・フリードリヒ死去／ニクラス、ウルブラッハ修道院に隠遁
一三二六年　マリーア死去
　ニクラス、ウルブラッハ修道院で死去
一三九六年　ケルン、醸造家のツンフト形成認可
一三九七年　ミュンヘンの〈ヴェルザー醸造所〉とハンス・ヴェルザーの名、初出
一五二四年　ミュンヘンの醸造家イェルク・シュナイターの名、初出
一八一七年　〈ビットブルガー醸造所〉設立
二〇〇六年　アンダーナハのモルト工場（手記の発見場所）閉鎖

訳者あとがき

二〇一一年三月、ドイツはミュンヘン郊外にある醸造専門学校ドゥーメンスで、二週間のビアソムリエ講座を受講しました。ドイツの食品・飲料に関わる仕事をしていると、ビールを避けて通ることはできません。かねてから耳にしていた同校が開講しているこの講座を受けてみることにしたのでした。

受講前の予備知識にと、いろいろ調べていた時に偶然見つけたのが、この『ビア・マーグス——ビールに魅せられた修道士』でした。不思議なタイトルに惹かれ読んでみると、ビールをめぐる中世ドイツの世界にぐいぐい引き込まれました。ドイツビール好きなら誰もが知る有名醸造所の実在の人物や、歴史上の重要人物や出来事が登場し、フィクションの中にリアリティも感じられる点が特に面白いと思いました。

作者のウェブサイトを見つけ、小説を読みましたとメールしたら、日本にも読者ができて嬉しいとの返事があり、その後ビアソムリエ講座を受講し、無事合格した時はおめでとうとメッセージをくれました。日本でもビアソムリエ講座が始まり、私も簡単にドイツビールについて話をしていたのですが、やがてこの小説を日本でも出版できたら、という思いがむくむくと湧いてきました。

ビールといえばドイツ、ドイツといえばビール、とは日本人の多くが認識していることと思います。さらにドイツへ行ったことのある人、ドイツやビールが好きな人なら様々なビールの銘柄やビアスタイル、オクトーバーフェストに代表されるビールの祭りなども知っていることでしょう。

ただ、こうして今ドイツがビール大国である背景にどんな歴史があり、ビールがどう人々の生活に根付いてきたのかまで知る機会は少ないのではないでしょうか。私にはビールのそんな側面が、ビールの銘柄や種類を知るよりも興味深く感じられました。今日嗜好品として日常的に消費されるビール。何気なく飲んでいるそのビールは、長い歴史や様々なドラマを経て現代の私たちの喉を潤してくれているのです。

さてこの小説を日本で出版したいと思ったものの、経験もあてもつてもありません。できるかどうかも分からないまま、合間を見つけては拙いながらも少しずつ訳していきました。最初にこの本を読んで十年が経とうとする二〇一九年、とうとうサウザンブックス社から出版してもらえることになったのでした。

物語の語り手は、モルト工場に勤務中、偶然古い手記を発見します。それは十三世紀ドイツの、あるビール醸造家が書き残したものでした——この序章がまるで本当にあった話を読むようで、読む者をわくわくさせます。そしてその古い手記に書かれているものとは、と物語の世界に引き込んでいきます。

十三世紀のドイツ。神聖ローマ帝国、チンギス・ハーンやモンゴル帝国、オスマン帝国などが繁栄した時代。ビール醸造を取り巻く環境においても、修道院がビール醸造技術を発展させ、ビールの原料としてホップの使用が広がり始め、ハンザ同盟が栄えてその重要な輸出品としてビールがたくさん造られるなど、興味深い時代でもありました。そんな時代を貧しい農家出身の主人公ニクラスが、様々な困難を乗り越え、ビール造りへの情熱や学びを通して、一人前のビール醸造家になるべく生き抜いていきます。ニクラスに敵意を燃やし執拗に追い続ける人物の存在が、ニクラスの波乱の人生に影を落とします。

作者ギュンター・テメスは、ドイツ西部ビットブルク生まれのビール醸造家。ビール醸造とモルト製造の修行をし、ミュンヘン工科大学で醸造学を学びました。後に世界各地で醸造の仕事に携わり、ビール醸造について雑誌などへの寄稿も手掛けています。二〇〇八年、本書で作家デビュー。本書はドイツ本国で高い評価を受け、異なる時代を舞台にビール醸造家を主人公にした全五作のシリーズになっています。

読書が趣味という著者がこの本を書いたのは、ビール醸造家を主人公にしたり、ビールをテーマにしたりした小説がほとんどなかったから、というのが理由と聞きました。著者のビール醸造家としての知識や経験がふんだんに生かされているため、遠い昔の話であっても、ビール造りの詳細な描写はリアリティに満ちています。著者の経験や苦労が物語の語り手やニクラスにおおいに投影されているように思います。

ビールを造る人、飲むのが好きな人、ドイツが好きな人、歴史好きの人ならこの本に興味を持ってくださるのではと想像しています。ニクラスのものづくりに対する情熱は共感できる方も多いと思いますし、生き生きとした中世ドイツの世界をぜひ感じてみて欲しいと思います。

今回の出版にたどり着くことができたのは、どうしたものかと長年途方に暮れていた状況にけりを付けるべく、最後にもう一度だけ出版のチャンスを探してみようと思い立ったことが始まりでした。どこにあたればいいのか調べていたところ、クラウドファンディングで海外書籍を出版する出版社があることを知りました。サウザンブックス社のことを教えてくれた伊吹和真さんに感謝します。

サウザンブックス社の古賀一孝さん、安部綾さんは、小説の翻訳未経験者の私のわがままな要望を汲み、うまくプロジェクトが進むよう計らってくださいました。お二人に出会えて本当によかったです。

翻訳に初挑戦の未熟な私に、最強のサポートが得られたのも幸運でした。ドイツ語の文芸翻訳界の第一線でご活躍される遠山明子先生が、共同での翻訳をお引き受けくださったのです。私の無謀な試みを寛大に温かく、そして真剣に支えてくださり、感謝してもしつくせません。さらにもうお一人の第一人者、酒寄進一先生も原稿をお読みいただき、貴重なアドバイスを多くくださいました。両先生のお仕事ぶりや素晴らしい訳の数々に直に接することができたことも、今回の大きな収穫です。お二人のお荷物になってしまった感がぬぐえませんが、私の一生の中でも貴重な経験の一つとなりました。厚く御礼申し上げます。

編集・校正担当の鹿児島有里さんからもサポートいただき、ありがとうございました。

ラテン語表記については大貫俊夫先生よりご指導をいただきました。お礼申し上げます。

ビール色のステキなカバーを手掛けてくださった宇田俊彦さん、ありがとうございました。

そしてもちろん、今回の出版を可能にしてくださったクラウドファンディングでのご支援者の皆様にも、改めて感謝の意を表します。お会いする機会があればぜひ直接お礼の言葉をお伝えしたいです。

最後に作者ギュンター・テメス氏へも感謝を。日本語訳ができるのを長年応援し、翻訳作業中いくつもの質問に答え、クラウドファンディングのリターンを提供してくれたこと。そして本書との出会いにも。

二〇二一年五月

森本智子

著者紹介

ギュンター・テメス (Günther Thömmes)

1963年、ドイツアイフェル地方のビットブルク市生まれ。熟練のビール醸造家、研究熱心な醸造マイスター、作家。ビール醸造のこととなると夢中になり、どこへでも足を運ぶ。ビールの歴史を描いた〈ビア・マーグス〉シリーズを5冊と、様々なミステリー、旅行ガイドを書いている。ブログや業界紙にビールについて多数執筆。2010～2016年には、いまでは造られなくなったタイプのビールを〈Bierzauberei（ビールの魔術師）〉ブランドで醸造し、ドイツ、オーストリア、ハンガリー、ブラジルを旅しながら各地の醸造所を借りて同ブランドのビールを造る「移動醸造」の活動をしていた。ドイツ語圏の推理作家協会である「シンジケート（Syndikat）」会員。フリードリヒ・グラウザー賞（Glauser-Literaturpreis、毎年同協会が授与しているミステリー賞）の審査員を2度務める。妻と息子とともにウィーン近郊に在住。

訳者紹介

森本智子（もりもと・ともこ）

ドイツ食品・食文化に関連する仕事に従事。2011年ドイツ、ドゥーメンスアカデミーにて日本人初のビアソムリエ資格を取得。
著書に『フォトエッセイとイラストで楽しむちいさなカタコト＊ドイツ語ノート』（国際語学社）、『ドイツパン大全』（誠文堂新光社）、『ドイツ菓子図鑑』（誠文堂新光社）。

遠山明子（とおやま・あきこ）

ドイツ文学翻訳家。主な訳書にキルステン・ボイエ『パパは専業主夫』（童話館出版）、アグネス・ザッパー『愛の一家　あるドイツの冬物語』（福音館文庫）、ケルスティン・ギア『紅玉は終わりにして始まり』など〈時間旅行者の系譜〉シリーズ、ニーナ・ブラジョーン『獣の記憶』（ともに創元推理文庫）、ニーナ・ゲオルゲ『セーヌ川の書店主』（集英社）、ヨハンナ・シュピリ『アルプスの少女ハイジ』（光文社古典新訳文庫）。

本書には現代の見地からは差別的と思われる表現がありますが、作品の時代背景を踏まえたうえでの表現で、差別を助長する意図はありません。

ビア・マーグス——ビールに魅せられた修道士

2021年7月21日　第1版第1刷発行

著　者　ギュンター・テメス
訳　者　森本智子、遠山明子
発行者　古賀一孝
発　行　株式会社サウザンブックス社
〒151-0053　東京都渋谷区代々木2丁目23-1
http://thousandsofbooks.jp

装丁デザイン　宇田俊彦
編集・制作　アーティザンカンパニー株式会社
印刷・製本　シナノ印刷株式会社

Special thanks
岩本正俊、かわのゆかり、（一社）ジャパンビアソムリエ協会、
小林豊、日本ビール株式会社、Beer Pub anco 増田浩一

ISBN978-4-909125-28-6　C0097